软件开发中的沟通技巧

徐礼金　杨　泽　主编

清華大学出版社
北　京

内 容 简 介

在快速变化的软件行业中，沟通与协作是软件开发成功的关键和项目管理不可或缺的部分，本书旨在为读者提供一套全面、系统的沟通与协作知识体系，助力软件项目高效推进与成功实施。

本书具备一套严谨完备的知识体系。开篇从软件项目管理的基础概念切入，引领读者逐步深入沟通领域的各个层面，循序渐进地搭建起一个完整且连贯的知识架构。在内容编排上，本书着重阐述了一系列实用的沟通技巧，详细剖析了在软件开发项目场景中，如何运用清晰简洁的表达策略、行之有效的说服技巧以及非语言沟通形式（如身体语言、面部表情、声音语调）进行沟通，同时涵盖书面沟通方式，如商务邮件、专业报告的撰写要点等，全方位助力读者提升沟通效能。此外，本书还引入了丰富的案例分析，生动展现了各类沟通技巧在不同项目场景中的具体应用，极大地增强了内容的实用性与可操作性。为了帮助读者及时检验学习成效，加深对知识的理解与掌握，每一章结尾均配备了相应的练习题，以供读者自我检测与巩固提升。

本书主要目标人群是普通高等学校计算机及相关专业学生以及从事计算机软件开发和工程应用人员，为他们在软件项目开发过程中的沟通与协作提供全方位指导和知识支持。

图书在版编目(CIP)数据

软件开发中的沟通技巧 / 徐礼金, 杨泽主编.
北京 : 清华大学出版社, 2025. 6. -- ISBN 978-7-302-69173-0
I. TP311.52；C912.11
中国国家版本馆 CIP 数据核字第 2025XR5456 号

责任编辑：王　定
封面设计：周晓亮
版式设计：恒复文化
责任校对：马遥遥
责任印制：宋　林

出版发行：清华大学出版社
网　　址：https://www.tup.com.cn，https://www.wqxuetang.com
地　　址：北京清华大学学研大厦 A 座　　**邮　　编：**100084
社 总 机：010-83470000　　**邮　　购：**010-62786544
投稿与读者服务：010-62776969，c-service@tup.tsinghua.edu.cn
质 量 反 馈：010-62772015，zhiliang@tup.tsinghua.edu.cn
印 装 者：大厂回族自治县彩虹印刷有限公司
经　　销：全国新华书店
开　　本：185mm×260mm　　**印　　张：**14　　**字　　数：**341 千字
版　　次：2025 年 6 月第 1 版　　**印　　次：**2025 年 6 月第 1 次印刷
定　　价：59.80 元

产品编号：110899-01

PREFACE

在当今快速变化的软件行业中，沟通与协作不仅是软件开发成功的关键，更是项目管理不可或缺的一部分，这与党的二十大精神强调的高质量发展、协同发展理念相契合。本书旨在为读者提供一套全面、系统的沟通与协作知识体系，助力软件项目的高效推进与成功实施，积极响应党的二十大对于产业高质量发展的号召。

本书共分为 12 章，内容涵盖了从软件项目管理基础到跨文化沟通、从团队沟通与协作到沟通技巧的持续发展等多个方面。第 1~3 章重点介绍了软件项目管理、研发过程体系建设以及沟通概述。第 4~6 章深入探讨了沟通过程模式、沟通障碍以及沟通技巧，帮助读者掌握沟通的核心技能，助力软件从业人员提升专业素养，推动软件行业朝着高质量方向发展，这也是践行党的二十大提出的建设现代化产业体系的要求。第 7~9 章聚焦倾听技巧、跨文化沟通以及沟通工具与技术，使读者能够在全球化背景下更好地进行团队协作，这体现了党的二十大中开放发展、合作共赢的精神内涵，促进软件行业在国际范围内的交流与合作。第 10~12 章围绕讲解沟通计划与策略、团队沟通与协作以及沟通技巧的持续提升展开。本书通过丰富的案例分析和实际应用策略，帮助读者将理论知识转化为实际操作能力，为软件行业的创新发展和人才培养提供有力支持，符合党的二十大对创新驱动发展战略的重视。本书每一章都配备了详细的习题，帮助读者检验学习效果，深化理解。

本书编写分工如下：第 1~3 章由杨泽编写，第 4~6 章由徐礼金编写，第 7~9 章由李世豪编写，第 10~12 章由杨丽玲编写；杨泽、徐礼金担任全书主编，徐礼金负责全书统稿，杨泽完成全书习题整理。

我们希望本书能够帮助广大软件从业人员提升沟通与协作能力，促进软件项目的顺利进行，共同推动软件行业的繁荣发展，为实现中华民族伟大复兴的中国梦贡献软件行业的力量，这也是深入贯彻党的二十大精神的重要实践体现。

尽管我们力求完美，但鉴于编者水平有限，书中难免存在不足之处，敬请各位专家和读者朋友批评指正，您的宝贵意见将是我们不断进步的动力。

本书提供教学大纲、教学课件、电子教案、习题参考答案和模拟试卷，读者可扫下列二维码下载。

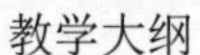

教学大纲　　教学课件　　电子教案　　习题参考答案　　模拟试卷

编　者

2025 年 1 月

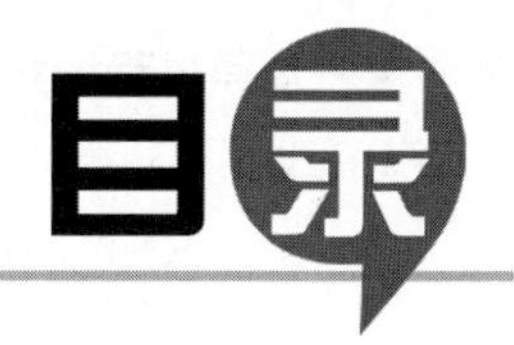

CONTENTS

第1章

软件项目管理

在快速迭代的软件开发行业中，项目管理不仅是技术实现的支撑框架，更是确保项目顺利交付、满足客户需求并达成业务目标的核心驱动力。随着技术的不断进步和市场环境的日益复杂，软件项目管理的重要性越发凸显。有效的软件项目管理如同航海中的指南针，能为开发团队指明方向，确保其在浩瀚的代码海洋中稳健前行。它要求项目经理不仅具备深厚的技术背景，还需具备卓越的沟通、协调和领导能力，以应对项目执行过程中可能出现的各种挑战。从项目启动到项目收尾，每一个环节都离不开精心的策划与严谨的执行。项目计划的制订、资源的合理分配、风险的及时识别与应对、质量的持续监控以及团队的高效协作都是软件项目管理过程中不可或缺的组成部分。

1.1 软件项目管理概述

软件项目管理是确保软件开发过程高效、有序和成功的关键。它涉及对软件项目的规划、组织、领导和控制，以达成预定的目标，满足项目相关方的期望。软件项目管理不仅关乎技术的执行，而且关注资源的合理分配、时间的有效管理和风险的及时应对。软件项目管理是一个多维度、多层次的复杂活动，而作为管理者，不仅要精通技术，更要擅长组织与沟通，能够应对不断变化的环境，确保软件项目顺利实施，并最终实现预设的目标。随着行业和技术的持续发展，软件项目管理的实践也会不断演进，给软件开发领域带来更多的创新和价值。接下来，我们将深入探讨软件项目管理的丰富内涵，明确其多重目标，并深刻理解其在现代软件开发中的重要地位。

1.1.1 软件项目管理的演变

在信息技术日新月异的背景下，软件项目管理作为确保软件项目成功交付的关键环节，经历了从简单到复杂、从手工到自动化的演变过程，如图 1.1 所示。这一过程不仅反映了项目管理理论的成熟，而且见证了信息技术对软件项目管理实践的深刻影响。在 20 世纪中期及以前，处于手工记录阶段，这一时期主要依靠人工书写、记录来管理软件项目相关信息，管理效率和准确性受人为因素影响较大。20 世纪后期至 21 世纪初，进入单机版软件阶段，计算机单机软件开始应用于软件项目管理。相较于手工记录，计算机单机软件的信息存储和处理能力有所提升，但软件功能局限于单机操作。21 世纪初至中期，发展到网络版软件阶段，随着互联网技术的发展，软件项目管理软件具备网络功能，项目相关人员可通过网络共享和协作，提高了管理的协同性。21 世纪中期，处于移动互联网阶段，移动设备的普及使得软件项目管理可以在移动终端上进行，实现随时随地的项目监控和管理，管理的灵活性大大增强。21 世纪中期以后，将进入人工智能阶段，借助人工智能技术如机器学习、数据分析等，为软件项目管理提供更智能的决策支持、风险预测等功能，推动软件项目管理向智能化、自动化方向发展。从图 1.1 能够直观地看到软件项目管理随着技术进步不断变革的历程。

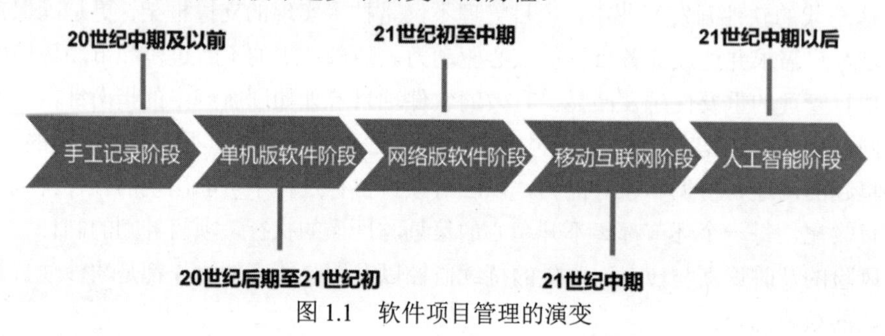

图 1.1 软件项目管理的演变

1. 手工记录阶段

早期，软件项目管理主要依赖手工记录工具(如日历、甘特图、里程碑表等)来跟踪项目进度、时间表和任务分配。这些工具虽然基础，但在当时的技术条件下，为项目经理提供了一定的可视化和管理手段。项目经理需要手动更新项目进度，协调团队资源，并确保项目按时交付。然而，这种手工记录方式存在诸多局限性。首先，效率低下。项目经理需要花费大量时间来更新和维护项目进度表。其次，易出错。由于手工记录的不准确性，项目经理难以保证项目数据的准确性和一致性。最后，局限性。随着项目规模的扩大和复杂度的增加，手工记录方式逐渐暴露出难以实时更新和共享信息等局限性，导致团队协作效率低下。

2. 单机版软件阶段

为了克服手工记录方式的局限性，项目经理开始寻求更为高效和准确的项目管理工具。随着计算机技术的快速发展，单机版软件应运而生。单机版软件(如 Microsoft Project 等)通过提供更为复杂的功能，如资源管理、风险管理、进度跟踪等，极大地提升了项目管理的效率和准确性。相比手工记录方式，单机版软件具有显著的优势。单机版软件使得项目经理可以进行详细的项目规划、资源调配和进度监控，从而更好地控制项目进展；提供了更为丰富的项目管理功能，如任务分解、资源平衡、成本估算等，使得项目经理可以更全面地掌握项目情况；具有更强的数据处理能力，可以快速生成项目进度报告和统计数据，为项目经理提供决策支持。

尽管单机版软件在项目管理方面取得了显著的进步，但它们仍然存在一些局限性。例如，由于数据存储在本地计算机上，团队成员之间的实时协作和信息共享难以实现。此外，单机版软件通常需要较高的学习成本和使用门槛，对于非专业用户来说可能存在一定的使用难度。

3. 网络版软件阶段

为了克服单机版软件的局限性，项目管理软件开始向网络化方向发展。随着网络技术的普及和发展，网络版软件(如 Basecamp、Asana 等)应运而生。这些软件支持多人协同工作，使得项目团队成员可以实时跟踪项目进度、共享信息和资源。网络版软件的出现极大地提高了团队协作的效率和项目管理的灵活性，它不仅提供了实时的协作环境，使团队成员可以随时随地访问项目信息并进行实时更新和协作，还提供了丰富的通信和协作工具，如讨论区、文件共享、即时消息等，使得团队成员可以更加便捷地进行沟通和协作。此外，网络版软件通常具有强大的权限管理功能，可以确保项目数据的安全性和保密性。

虽然网络版软件在团队协作和项目管理方面取得了显著的进步，但是它们仍然面临一些挑战。例如，由于数据存储在云端服务器上，可能存在数据安全和隐私保护的风险。此外，网络版软件通常需要稳定的网络连接才能正常使用，对于网络条件较差的地区或用户来说可能存在一定的使用限制。

4. 移动互联网阶段

为了克服网络版软件的局限性并满足移动办公的需求，项目管理软件开始向移动端延伸。随着移动互联网的快速发展和智能手机的普及，移动端软件(如 Trello、Wunderlist 等)应运而生。这些软件使得项目成员可以随时随地查看和更新项目信息，进一步提升了团队协作的便捷性和效率。移动端软件通常具有简洁易用的界面和强大的同步功能，可以确保团队成员在不同设备之间实时同步项目数据。此外，移动端软件还提供了丰富的提醒和通知功能，可以确保团队成员及时了解项目进展情况和待办事项。

尽管移动端软件在便捷性和实时性方面取得了显著的进步，但是它们仍然存在一些局限性。例如，由于屏幕尺寸和输入方式的限制，移动端软件在功能复杂度和操作便捷性方面可能不如桌面端软件。此外，对于需要处理大量数据和复杂计算的项目来说，移动端软件可能无法满足所有需求。

5. 人工智能阶段

为了克服移动端软件的局限性并进一步提升项目管理的智能化水平，项目管理软件开始融合人工智能技术。当前，随着人工智能技术的不断成熟和应用场景的拓展，项目管理软件正朝着智能化方向发展。Monday.com 等智能化项目管理软件通过融合机器学习、自然语言处理等人工智能技术，实现了对项目进展的自动化协调、优化和预测。智能化项目管理软件不仅可以利用历史项目数据训练机器学习模型，从而提供更为准确的项目进度预测、风险识别和应对建议，还可以通过自然语言处理技术实现与团队成员的智能交互和沟通，进一步提升团队协作的效率和便捷性。智能化项目管理软件的出现标志着软件项目管理进入了一个全新的发展阶段，不仅提高了项目管理的效率和准确性，还为项目经理提供了更为强大的决策支持和风险预测功能。

智能化项目管理软件具有诸多优势，但其应用仍然面临一些挑战。例如，由于人工智能技术的复杂性和不确定性，智能化项目管理软件可能存在预测偏差和误判的风险。此外，对于非技术背景的项目经理来说，理解和应用这些智能化功能可能存在一定的学习成本和使用门槛。

综上所述，软件项目管理的演变是一个不断适应技术发展和项目管理需求变化的过程。从手工记录方式到智能化项目管理软件的应用，每一次演变都极大地提升了项目管理的效率和准确性，为项目的成功交付提供了有力的保障。未来，随着技术的不断进步和应用场景的拓展，软件项目管理将继续朝着更为智能、高效和便捷的方向发展。

1.1.2 当前软件项目管理的趋势

在当前的数字化时代，软件项目管理正经历着前所未有的变革，呈现出几个显著的趋势。这些趋势既影响着项目管理的实践，也在推动着整个行业向更高效、更智能的方向发展。以下是对当前软件项目管理趋势的详细分析，我们将深入探讨这些趋势如何塑造项目管理的未来，并讨论项目经理如何应对这些变化。

1. 人工智能和自动化：重塑项目管理流程

人工智能和自动化技术在软件项目管理中的应用日益广泛，成为行业发展的一个重要趋势。人工智能和自动化技术能够处理大量数据和信息，进行复杂的分析和计算，从而帮助项目经理做出更准确的决策。

人工智能和自动化技术在提高工作效率方面发挥着重要作用。传统的项目管理方法往往依赖人工进行数据收集、分析和报告，这种方式不仅耗时耗力，而且容易出现错误。而人工智能和自动化技术可以自动完成这些任务，大大减轻了项目经理的工作负担，使他们能够更专注于项目的核心问题。例如，自动化工具可以实时跟踪项目进度，自动发送状态更新和提醒，减少项目经理在手动更新和通知上的时间消耗。

人工智能在风险预测和决策支持方面也表现出色。通过分析历史数据，人工智能可以预测项目可能遇到的风险，并提供相应的应对策略。这有助于项目经理在项目早期就识别潜在的风险因素，并采取相应的措施进行预防和应对，从而显著提高项目的成功率和交付质量。此外，人工智能还可以帮助项目经理进行资源优化和成本控制，通过对项目数据的实时分析，自动调整资源分配，确保项目在预算内和预计时间内顺利完成。

2. 敏捷开发方法：满足快速变化的需求

敏捷开发方法是一种灵活且高效的软件开发方式，已经成为软件项目管理领域的热门方法。敏捷开发方法强调灵活性和快速响应变化，使团队能够在不断变化的市场环境中保持竞争力。

敏捷开发方法的核心思想是通过迭代开发和持续反馈来不断改进和优化产品。与传统的瀑布式开发方法相比，敏捷开发方法更加注重团队合作和沟通，鼓励团队成员之间的紧密协作和知识共享。在敏捷项目中，项目质量管理贯穿整个开发过程，团队成员会定期进行代码审查、测试和质量评估，以确保产品的质量和稳定性。这种持续的质量关注有助于减少错误和缺陷，提高最终产品的用户满意度。

敏捷开发方法的另一个重要特点是能够快速适应需求变化。在软件开发过程中，客户需求和市场环境常常发生变化。采用敏捷开发方法，团队能够迅速调整开发计划，优先满足最重要的功能需求，确保产品始终满足市场和客户的期望。这种灵活性使得团队能够更好地应对不确定性，减少需求变更导致的项目延误和成本超支。

3. 项目管理软件的广泛使用：简化流程与增强协作

随着信息技术的不断发展，项目管理软件在软件项目管理中的应用也越来越广泛。这些软件提供了一站式的解决方案，涵盖了任务分配、进度跟踪、文档管理、团队协作等多个方面，极大地简化了项目管理流程。

项目管理软件使得项目经理能够更加方便地进行任务分配和进度跟踪。通过项目管理软件，项目经理可以清晰地了解每个任务的状态、负责人和预计完成时间，从而更好地掌握项目的整体进度。同时，项目管理软件可以自动生成各种报表和图表，帮助项目经理进行项目分析和决策。这些实时更新的数据使得项目经理能够更准确地评估项目状态，及时调整策略，以应对潜在问题。

在文档管理方面，项目管理软件提供了强大的支持。传统的项目管理方式往往需要使用大量的纸质文档或电子邮件进行信息传递和共享，不仅效率低，而且容易出现信息丢失或版本混乱的问题。而项目管理软件可以集中存储所有与项目管理相关的文档和资料，支持多人同时编辑和共享，大大提高了文档管理的效率和准确性。团队成员可以实时访问最新的文档版本，减少版本不一致导致的混淆和错误。

此外，项目管理软件还提供了丰富的团队协作功能。通过项目管理软件，团队成员可以实时进行在线沟通和协作，分享项目进度、问题和经验。这种实时协作方式不仅提高了团队的沟通效率，还增强了团队成员之间的互信和合作。团队成员可以更容易地共享知识、协调工作和解决问题，从而提高整个团队的效率和生产力。

4. 远程工作和虚拟团队：跨越地域的协作挑战

远程工作和虚拟团队成为当前软件项目管理的一个重要趋势。随着全球化进程的加快和信息技术的发展，越来越多的软件项目开始采用远程工作和虚拟团队的方式进行开发和管理。

远程工作和虚拟团队给项目管理带来了新的挑战和机遇。项目经理需要掌握新的管理技巧来应对远程团队的管理问题。如何保持团队的沟通和协作、如何激发团队的积极性、如何确保团队成员之间的知识共享和经验传递等，都是项目经理需要关注的重要问题。为了解决这些问题，项目经理需要建立清晰的沟通渠道和协作流程，确保团队成员能够有效地进行远程协作。另外，远程工作和虚拟团队也要求项目经理更加注重团队成员之间的信任和合作。在远程工作环境下，团队成员之间的物理距离会增加，这可能导致沟通不畅、协作困难等问题。因此，项目经理需要采取措施来增强团队成员之间的信任和合作，如定期进行在线会议、鼓励团队成员分享经验和知识、建立明确的沟通渠道和协作流程等。通过这些措施，项目经理可以促进团队成员之间的互信和合作，提高整个团队的凝聚力和效率。

在这个过程中，项目管理软件发挥了重要作用。通过项目管理软件，远程团队可以方便地进行在线沟通和协作，共享项目进度和文档资料。同时，项目管理软件可以提供实时的项目进度跟踪和报告功能，帮助项目经理更好地掌握项目的整体情况。这些工具使得远程团队能够更有效地进行沟通和协作，减少地域限制导致的协作障碍。

5. 持续学习与发展：满足不断变化的行业需求

在快速变化的软件项目管理环境中，持续学习与发展对于项目经理至关重要。项目经理需要不断更新知识、学习新的技术和方法，以适应项目管理的最新趋势。

项目经理需要关注行业发展的最新动态和趋势。随着信息技术的不断发展和市场竞争的加剧，软件项目管理的方法和工具也在不断更新和演进。项目经理需要保持敏锐的市场洞察力，及时了解并掌握最新的项目管理理念和技术方法。例如，敏捷开发方法、云计算和大数据技术在项目管理中的应用等都是项目经理需要关注的重要领域。

项目经理需要不断学习和掌握新的技术和工具。除了传统的项目管理技能，项目经理还需要了解并掌握新兴的技术和工具，如人工智能、自动化工具、云计算平台等。这些新技术和工具的应用可以帮助项目经理更高效地进行项目管理，提高项目的成功率和交付质量。例如，学习并应用自动化工具可以减少手动任务的工作量，提高工作效率；掌握云计算平台的使用可以更好地进行资源调配和项目管理。

项目经理需要注重个人能力和素质的提升。除了专业知识和技能，项目经理还需要具备良好的沟通能力、团队协作能力、领导力和决策能力等。这些能力和素质的提升可以帮助项目经理更好地应对项目管理中的各种挑战和问题。例如，提升沟通能力可以更好地与团队成员和客户进行交流，增强领导力可以更好地激励团队成员并引导项目向成功方向发展。

在当前的数字化时代，软件项目管理正经历着前所未有的变革和挑战。项目经理需要关注行业发展的最新趋势和动态，不断学习和掌握新的技术和方法，注重个人能力和素质的提升，以适应不断变化的项目管理环境。同时，项目经理需要积极应对远程工作和虚拟团队等新的挑战和机遇，采取有效的措施来保持远程团队的沟通和协作、激发团队成员的积极性、确保项目的成功交付。通过这些努力和实践，项目经理可以在不断变化的市场环境中保持竞争力并实现个人和组织的共同发展。

1.2 传统与敏捷项目管理框架

在项目管理领域，传统方法与敏捷开发方法代表两种不同的管理哲学和实践框架。随着软件行业的快速发展和市场需求的不断变化，传统方法与敏捷开发方法在项目规划、执行和交付方面的差异日益突出。本节将深入探讨传统项目管理中的瀑布模型(Waterfall Model)与敏捷项目管理中的Scrum框架，并分析敏捷与传统融合的项目管理方法，旨在为项目管理实践者提供全面的理解和指导。

1.2.1 瀑布模型的核心原则与实践

1. 瀑布模型的核心原则

瀑布模型作为传统项目管理的代表，自20世纪70年代由温斯顿·罗伊斯(Winston Royce)提出以来，在软件开发领域占据着重要地位。瀑布模型强调各阶段之间的顺序性和依赖性，即前一阶段工作的完成是后一阶段工作开始的前提。其核心原则是，将软件开发过程划分为一系列线性且顺序固定的阶段，形如瀑布流水，逐级下落，具体如下。

(1) 阶段划分明确。软件开发过程被细分为六个基本活动，即制订计划、需求分析、软件设计、程序编写、软件测试和运行维护。这种划分确保了每个阶段都有其独特的目标和明确的输出成果。例如，在制订计划阶段，项目团队将确定项目的范围、目标、资源需求和时间表；而在需求分析阶段，项目团队则专注于收集和分析用户需求，形成详细的需求规格说明书。

(2) 顺序依赖性。瀑布模型的另一个核心原则是阶段之间的顺序依赖性。这意味着每个阶段都必须在其前一个阶段完全结束之后才能开始。这种严格的顺序性有助于确保每个阶段的工作质量得到充分保证，同时确保了项目进展的有序性。例如，软件设计阶段必须在需求分析阶段完成后才能开始，以确保设计工作是基于准确的需求信息进行的。

(3) 文档驱动。在瀑布模型中，文档成为各个阶段之间传递信息的唯一媒介。每个阶段的输出成果都以文档的形式存在，这些文档不仅记录了该阶段的工作成果，也为下一阶段的工作提供了必要的输入。例如，软件设计文档将成为程序编写阶段的指导文件，而测试计划文档则是软件测试阶段的依据。

(4) 早期验证。在瀑布模型中，每个阶段都有其验证和确认的过程，尤其是在项目的早期阶段。这种早期验证有助于及时发现问题并采取措施，从而降低项目后期变更的成本和风险。例如，在需求分析阶段，对需求规格的详细审查和验证可以确保后续设计工作的正确性，避免需求变更导致的返工。

2. 瀑布模型的实践

在实际应用中，瀑布模型适用于需求相对稳定、变更较少的项目。项目团队在项目启动阶段进行详细的需求分析和项目规划，确保项目目标的明确和资源的合理分配。随着项目的推进，项目团队依次完成设计、编码、测试等阶段的工作，并在每个阶段结束时进行评审和确认。这种顺序性和依赖性使得瀑布模型在项目管理过程中具有较高的可预测性和可控性。

然而，瀑布模型也存在一些局限性。首先，由于各阶段之间的严格顺序性，项目难以应对需求变更和突发情况。一旦需求发生变化，项目可能需要回到早期阶段重新进行需求分析和设计，导致时间和资源的浪费。其次，瀑布模型过于依赖文档工作，可能导致开发过程过于烦琐和耗时。最后，瀑布模型在后期阶段才进行集成测试，可能导致一些潜在问题在前期难以被发现和解决。

为了克服这些局限性，一些改进版的瀑布模型应运而生，如迭代瀑布模型。迭代瀑布模型在每个阶段结束后都会进行一次评估，以确保项目的进展与预期相符，并根据实际情况进行必要的调整。这种迭代方式使得瀑布模型在一定程度上具备了应对需求变更的能力。

1.2.2 Scrum 框架的关键元素与迭代流程

Scrum 作为一种敏捷项目管理框架，旨在通过小型、跨职能的自组织团队来快速响应变化并实现项目目标。Scrum 框架以其简洁、灵活和高效的特点在软件开发领域得到了广泛应用。

1. Scrum 框架的关键元素

Scrum 框架包括角色、制品和事件三个关键元素，通过迭代流程不断推进项目进展。

Scrum 团队由三个核心角色组成，分别是产品负责人(product owner)、敏捷教练(scrum master)和开发团队(developers)。产品负责人负责定义产品愿景、优先级排序和利益相关者沟通；敏捷教练负责促进团队遵循 Scrum 价值观和原则，移除阻碍团队进展的障碍；开发团队负责完成产品待办列表(product backlog)中的工作项。

Scrum 框架中的制品包括产品待办列表、Sprint 待办列表(sprint backlog)和增量(increment)。产品待办列表是项目需求的集合，按优先级排序；Sprint 待办列表是开发团队在当前冲刺中承诺完成的工作项集合；增量是每个冲刺结束时交付的可工作软件部分。

Scrum 框架中的事件包括冲刺、规划会议(planning meeting)、每日站会(daily scrum)、评审会议(review)和回顾会议(retrospective)。这些事件为团队提供了定期沟通和协作的机会，确保项目按计划推进并不断改进。

2. Scrum 框架的迭代流程

Scrum 框架的迭代流程作为敏捷项目管理方法的核心组成部分，通过一系列精心设计的环节，确保项目能够高效、灵活地推进，最终交付高质量的产品。这一流程的核心在于其重复的循环——冲刺，每个冲刺通常持续 2~4 周，形成了一个紧凑而高效的工作周期。

在每个冲刺的起始阶段，都会举行一次冲刺计划会议。这是整个迭代流程的关键节点，产品负责人会详细介绍产品待办列表中优先级较高的项目，这些项目通常是基于市场需求、用户反馈或业务目标精心挑选的。开发团队则与产品负责人进行深入讨论，共同确定本次冲刺的目标以及计划完成的工作量。这一过程的输出是 Sprint 待办列表，它详细列出了团队在接下来的一段时间需要完成的具体任务。

为了确保团队持续、高效地推进工作，Scrum 框架还引入了每日站会这一环节。这个站会通常只持续 15 分钟左右，团队成员会快速汇报前一天的工作进展、当天的计划以及遇到的任何障碍。Scrum 团队则负责协调和移除这些障碍，确保团队能够顺利推进工作。这种频繁的沟通机制有助于团队保持高度的协同性和响应速度。

在冲刺期间，开发团队会全力以赴地根据待办列表中的任务进行编码、测试和设计等开发工作，致力于在冲刺结束时交付可工作的软件增量，这些增量通常是潜在可发布的，即它们已经经过了充分的测试和验证，可以直接用于生产环境或展示给客户。

当冲刺结束时，团队会举行评审会议。在这个会议上，开发团队会向产品负责人和利益相关者展示他们完成的工作成果，并收集反馈。这些反馈对于团队来说至关重要，因为它们可以帮助团队了解自己的工作是否满足客户的期望和需求，从而及时调整策略和方向。同时，团队可能会根据这些反馈更新产品待办列表，以反映新的见解或需求变更。

在评审会议之后，团队还会举行回顾会议。在这个会议上，团队会讨论在冲刺中做得好的地方和需要改进的地方，并共同制订具体的行动计划，以便在下一个冲刺中实施。这种持续改进的精神是 Scrum 框架的核心价值观之一，它鼓励团队不断反思和学习，从而不断提高自己的工作效率和质量。

通过这种迭代流程，Scrum 团队能够持续交付可工作的软件增量，及时获取客户反馈并进行调整。这种灵活性使得 Scrum 框架能够快速地响应需求变化和市场环境的不确定性，从而提高项目的成功率和交付质量。然而，在实际应用中，Scrum 框架也面临一些挑战。例如，团队成员需要具备较高的自我管理和协作能力，以确保迭代流程的顺利进行。此外，Scrum 强调快速响应变化，可能会导致项目范围的蔓延和需求的频繁变更。因此，产品负责人和团队需要共同努力，确保需求的清晰和优先级的合理排序，以避免不必要的混乱和延误。

1.2.3 敏捷与传统融合的项目管理方法

随着市场需求的快速变化和项目复杂性的增加，越来越多的企业开始尝试将敏捷开发方法与传统方法相结合，以提高项目管理的灵活性和效率。敏捷与传统融合的项目管理方法旨在充分发挥两者的优势，克服各自的局限性，以满足不同项目的实际需求。

1. 融合策略

在项目启动阶段，可以采用传统方法进行详细的需求分析和项目规划。在瀑布模型的制订计划和需求分析阶段，确保项目目标的明确和资源的合理分配；同时，借鉴敏捷开发方法的用户故事和特性列表等方式，将需求以更加灵活和可理解的形式呈现给团队成员。

在项目执行阶段，可以采用敏捷开发方法进行迭代开发和持续交付。通过 Scrum 框架中的冲刺流程，快速响应需求变化并进行持续改进。开发团队根据优先级排序的产品待办列表进行工作分配和任务执行，确保在每个 Sprint 结束时交付可工作的软件增量；同时，通过每日站会、评审会议和回顾会议等方式加强团队协作和沟通，确保项目按计划推进并不断改进。

在风险管理方面，可以借鉴传统方法的系统性、全面性对项目风险进行识别、评估和控制。通过瀑布模型中的阶段评审和确认机制，确保每个阶段工作的质量和完整性，减少后期变更的成本和风险；同时，结合敏捷开发方法的快速响应能力，在项目的每个迭代中进行风险监控和管理，及时发现并处理潜在的风险和问题。

在团队协作方面，可以借鉴敏捷开发方法的理念强调团队成员之间的沟通、协作和共同成长。通过 Scrum 框架中的自组织团队和共识决策机制，鼓励团队成员积极参与项目决策过程并共同承担责任；同时，结合传统方法的组织架构明确团队成员的角色和职责，以确保项目目标的实现。

2. 实践案例

(1) 项目背景。某大型软件企业承接了一个复杂的软件开发项目，旨在为企业客户构建一个高度定制化的企业资源计划(ERP)系统。该项目不仅要求高度集成现有业务流程，还需具备快速响应未来业务变化的能力。面对这一挑战，企业决定采用敏捷与传统项目管理方法相融合的策略，以期在确保项目质量和进度的同时，提升项目的灵活性和适应性。

(2) 项目启动阶段：瀑布模型的应用。在项目启动初期，企业充分运用瀑布模型的优势，进行了详尽的需求分析和项目规划。项目团队通过组织多轮需求研讨会，与客户紧密合作，明确了项目目标、范围、时间表和预算。项目团队利用甘特图、PERT(项目计划评审技术)图等工具，制订了详细的项目计划，并明确了资源分配和里程碑节点。这一阶段的工作为后续敏捷迭代奠定了坚实的基础，确保了项目方向的准确性和一致性。

(3) 项目执行阶段：Scrum 框架的实施。进入项目执行阶段后，企业迅速切换到 Scrum 框架的实施，以迭代的方式进行开发和持续交付。产品负责人根据优先级排序，将需求整理成产品待办列表。在计划会议上，开发团队与产品负责人共同确定本次冲刺的目标和具体任务，形成待办事项列表。

在迭代过程中，开发团队遵循 Scrum 的核心原则，强调个体、互动和工作软件高于详尽文档，客户合作高于合同谈判。每日站会成为团队沟通和协作的重要平台，团队成员分享进度、计划和障碍，确保信息透明和问题及时解决。此外，评审会议和回顾会议分别用于展示成果、收集反馈信息和总结改进，形成了一个持续改进的闭环。

(4) 风险管理与团队协作。在风险管理方面，企业结合传统方法的系统性和敏捷开发方法的快速响应能力，通过制订详细的风险管理计划，识别潜在风险并制定应对措施。同时，利用敏捷迭代的优势，团队能够迅速响应市场变化和客户需求调整，有效降低了项目的不确定性。

在团队协作方面，Scrum 框架促进了跨部门、跨职能团队的紧密合作，提升了团队的整体执行力和凝聚力。

(5) 项目成果与客户反馈。经过数月的努力，项目按时交付并获得了客户的高度评价。ERP 系统成功上线后，不仅显著提升了客户的业务运营效率，还为其未来业务扩展提供了强大的技术支持。客户对项目的灵活性、适应性和高质量交付表示高度认可，认为这种敏捷与传统融合的项目管理方法在复杂软件开发项目中具有显著优势。

传统项目管理中的瀑布模型与敏捷项目管理中的 Scrum 框架代表两种不同的管理哲学和实践框架。瀑布模型强调顺序性、依赖性和文档驱动，适用于需求相对稳定、变更较少的项目；而 Scrum 框架强调灵活性、快速响应和持续改进，适用于需求变化频繁、创新性强的项目。随着市场需求的快速变化和项目复杂性的增加，越来越多的企业开始尝试将敏捷开发方法与传统方法相结合以提高项目管理的灵活性和效率。通过融合两者的优势并克服各自的局限性，企业可以更好地应对市场变化并实现项目目标。在实践中，企业应根据自身项目的特点和需求，灵活选择和应用合适的项目管理方法，并不断进行改进和优化，以提高项目的成功率和交付质量。

1.3 项目管理框架的实施要点

项目管理框架作为指导项目实施的方法论和工具集，其选择与适应性对于项目的成功具有重大的影响。不同的项目特性、团队结构、组织文化以及外部环境因素都会对项目管理框架的选择产生深远影响。同时，随着项目管理实践的不断发展，从传统的项目管理方法向敏捷开发方法的过渡成为许多组织面临的重要课题。此外，在一些大型或复杂的项目中，可能会出现多种项目管理框架并存的情况，这对项目经理提出了更高的管理要求和策略挑战。

1.3.1 项目特性与框架选择的匹配原则

项目特性与框架选择的匹配是项目管理中的一项核心任务。项目的规模与复杂度、项目的不确定性、团队成员的地理位置分布、组织文化与结构、行业与监管要求等都会对项目管理框架的选择产生显著影响。以下是一些关键的匹配原则。

1. 项目的规模与复杂度

对于小型且相对简单的项目，可能只需要基本的项目管理工具(如甘特图)来进行时间和资源的简单分配。对于大型且复杂的项目，特别是那些涉及多个团队、跨部门或跨国界的项目，则需要更为结构化和系统的管理框架，如PMBOK或敏捷开发框架，以确保项目的有序进行。

2. 项目的不确定性

如果项目需求明确且稳定，传统的项目管理方法可能更为合适，因为它们强调详细的计划和预测。如果项目需求经常变化，或者项目环境具有高度的不确定性，敏捷开发方法可能更为适合，因为它们强调快速适应和迭代开发，能够更好地应对变化。

3. 团队成员的地理位置分布

如果团队成员位于同一地点，面对面的沟通和协作可能更容易实现，因此可以选择更多依赖团队互动的管理框架。如果团队成员分布在不同的地理位置，那么就需要选择能够适应远程工作和虚拟团队协作的框架，如敏捷开发方法中的分布式敏捷框架。

4. 组织文化与结构

组织现有的文化和结构对项目管理框架的选择具有重要影响。例如，如果组织已经习惯了传统的项目管理方法，并且拥有相应的流程和工具，那么引入敏捷开发方法可能需要更多地变革管理。如果组织文化强调创新、快速响应和团队合作，那么敏捷开发方法可能更容易被接受和实施。

5. 行业与监管要求

某些行业或特定的监管环境可能对项目管理有特定的要求。例如，在医疗或金融行业，可能需要遵循更为严格的合规性标准，这可能会影响项目管理框架的选择。在这种情况下，项目经理需要确保所选的框架能够满足行业的特定要求和监管标准。

1.3.2 从传统到敏捷的过渡策略

随着市场环境的快速变化和客户需求的不断演变，越来越多的组织开始从传统的项目管理方法转向更为灵活和适应性强的敏捷开发方法。然而，这种转变并不是一蹴而就的，而是需要有一个明确的过渡策略来确保转型平稳。以下是一些关键的过渡策略。

1. 培训与教育

对团队成员进行敏捷开发方法的培训与教育是至关重要的，这有助于团队成员理解敏捷的原则、实践和工具，并建立共同的语言和理解。培训与教育可以包括内部研讨会、外部课程或在线学习资源，以确保团队成员对敏捷开发方法有全面的了解。

2. 逐步实施

建议不要一开始就全面采用敏捷开发方法，可以选择一个或几个试点项目逐步实施。通过试点项目，组织可以在实践中学习和调整，同时减少对整体运营的干扰。逐步实施有助于建立敏捷开发方法的成功案例，并为在其他项目中推广提供经验。

3. 整合传统与敏捷

在过渡期间，可能需要整合传统方法和敏捷开发方法。例如，可以继续使用传统的项目规划工具来制定项目的大致方向和里程碑，但在执行阶段采用敏捷的迭代和增量开发方式。这种整合有助于平衡稳定性和灵活性，确保项目在过渡期间能够顺利推进。

4. 建立跨部门协作

敏捷开发方法强调跨部门、跨职能团队的紧密合作。因此，需要建立相应的协作机制和沟通渠道，确保不同部门之间的顺畅交流和信息共享。这可以通过定期的团队会议、跨部门协作平台或其他沟通工具来实现，以促进团队之间的协作和项目整合。

5. 持续评估与改进

过渡是一个持续的过程，需要定期评估实施效果并进行相应的调整和改进。这可以通过回顾会议、绩效评估、项目审计或其他反馈机制来实现。持续评估与改进有助于确保敏捷开发方法的实施效果，并根据项目实际情况进行必要的调整。

6. 领导层的支持和参与

领导层的支持和参与是过渡成功的关键。领导层需要提供明确的指导和资源支持，并积极参与敏捷方法的实践和推广。领导层可以通过制定明确的敏捷转型战略、提供必要的培训和支持以及鼓励团队成员积极参与敏捷实践来推动过渡的成功。

1.3.3 多框架并存的项目环境管理

在一些复杂或大型的项目中，可能会出现多种项目管理框架并存的情况。这可能是由于项目的不同部分具有不同的特性，或者由于组织内部存在多种项目管理文化和方法。在这种情况下，项目经理需要具备管理多种框架的能力，并确保它们之间的协调和整合。以下是一些关键的管理策略。

1. 明确各框架的应用范围

项目经理需要明确每种项目管理框架的应用范围和目的。例如，某些部分可能采用传统的项目管理方法来确保稳定性和可预测性，而其他部分则可能采用敏捷开发方法来应对高度的不确定性和变化。明确各框架的应用范围有助于确保团队成员了解在不同部分应使用何种方法，并避免混淆和冲突。

2. 建立统一的沟通机制

在多框架并存的环境中，沟通尤为重要。因此，需要建立统一的沟通机制和渠道，确保不同团队之间的信息共享和协作。这可以通过定期的项目状态会议、跨部门协作平台、共享的项目管理工具或其他沟通工具来实现。统一的沟通机制有助于促进团队之间的协作和整合，确保信息的顺畅流动。

3. 整合项目计划与执行

尽管项目可能采用多种框架，但仍然需要有一个整体的项目计划和执行策略。项目经理需要整合不同框架下的计划和执行活动，确保它们之间的协调和一致。这可以通过制定统一的项目时间表、资源分配计划、风险管理策略等来实现。

4. 灵活应对变化

在多框架并存的环境中，变化是常态。项目经理需要具备灵活应对变化的能力，能够根据项目实际情况调整框架的应用方式和策略。这包括及时评估变化对项目的影响，调整计划以适应新的需求，与团队成员沟通变化并确保他们理解新的要求，等等。

5. 培养跨框架团队协作能力

团队成员可能需要适应不同的项目管理框架和工作方式。因此，项目经理需要培养团队成员的跨框架团队协作能力，让团队成员能够在不同的框架之间切换并协同工作。这可以通过提供跨框架的培训与教育，鼓励团队成员之间的交流和合作，以及建立共同的团队目标和价值观来实现。

6. 持续学习与改进

管理多框架并存的项目是一个不断学习和改进的过程。项目经理和团队成员需要持续学习新的项目管理方法和工具，并根据项目实际情况进行改进和优化。这可以通过参加行业研讨会、阅读专业文献、与其他组织交流经验等方式来实现。

项目管理框架的选择与适应是项目管理中的一项关键任务。项目经理需要根据项目特性、组织文化、外部环境等因素选择合适的项目管理框架，并制定相应的过渡策略和管理策略来确保项目的成功实施。同时，在多框架并存的项目环境中，项目经理还需要具备整合不同框架、应对变化和促进团队协作的能力。通过不断学习和改进，项目经理可以更好地适应复杂多变的项目环境，并带领团队实现项目的成功。

1.4 项目阶段和项目生命周期

项目管理和软件开发的成功很大程度上取决于对项目阶段和项目生命周期的深入理解与有效管理。本节将详细探讨项目阶段的定义与特点以及软件项目生命周期的各种模型，旨在为项目经理和软件开发团队提供一套系统的理论框架和实践指导。

1.4.1 项目阶段的定义与特点

1. 项目阶段的定义

项目阶段是指在项目从启动到结束的整个生命周期内所历经的一系列活动或工作单元。这些活动或工作单元是有序排列的，并且在逻辑上相互关联，如同链条上的一个个环扣，紧密相连。每个阶段都像是一个有着独特使命的小世界，具备特定的目标、任务、活动、输出和入口及出口标准。具体而言，目标是阶段的核心指引，明确了该阶段努力的方向；任务则是围绕目标展开的具体工作事项；活动是完成任务的实际操作步骤；输出是阶段工作的成果体现；入口标准规定了进入该阶段所需要满足的条件，而出口标准则明确了阶段完成的衡量准则。

通过清晰明确地划分和精心管理项目阶段，项目团队如同获得了精确的导航仪和高效的指挥棒，能够更好地掌控项目进程。就像船长依据航海图和指令驾驭船只一样，项目经理可以依据各阶段的规划合理分配资源，将有限的人力、物力、财力精准地投放到每个阶段最需要的地方。同时，这种方式有助于更好地管理风险，在每个阶段对可能出现的风险进行预判和应对，从而为项目推进保驾护航，确保项目目标能够顺利达成，犹如列车沿着预定轨道安全抵达目的地。

2. 项目阶段的特点

项目阶段的特点丰富多样，主要涵盖以下几个关键方面。

(1) 有序性。项目阶段通常依据严格的逻辑顺序依次排列，这种顺序并非随意设定，而是基于项目的内在逻辑和业务流程。每个阶段都在整个项目体系中有其特定的位置和不可替代的作用，就像拼图中的每一块都有其特定的位置，缺一不可。前一阶段的圆满完成是后一阶段启动的必要前提，这种先后关系如同多米诺骨牌，一环扣一环，构成了项目推进的连贯路径。例如，在建筑项目中，只有完成了设计阶段并通过审核，施工阶段才能正式开始，否则可能导致施工过程中的反复修改甚至工程事故。

(2) 目标导向性。每个项目阶段都有清晰明确的目标和预期成果，这些目标如同灯塔，在阶段工作的茫茫大海中为团队照亮前行的方向。它们不仅从宏观上指导着阶段内各项工作的开展，还作为评估阶段完成情况的关键尺度，是决定项目是否可以顺利进入下一阶段的重要依据。例如，在软件开发项目的需求分析阶段，目标是全面、准确地收集和梳理用户需求，形成详细的需求文档。只有当这份文档完整且准确地反映了用户的需求时，才意味着该阶段目标达成，可以进入设计阶段。如果目标不明确，团队工作就会像无头苍蝇般盲目，可能导致资源浪费和进度延误。

(3) 可管理性。通过将项目划分为不同阶段，原本庞大复杂的项目就像是被拆解成了一个个小巧玲珑的模块，变得更小、更易于管理。这种分解方式使得项目经理和团队成员能够将注意力放在当前阶段的任务上，如同放大镜将阳光汇聚于一点，从而提高工作效率。在资源分配方面，将项目划分为不同阶段，能够使资源的使用更加有的放矢，根据每个阶段的具体需求精准调配资源，避免资源的闲置或过度使用。而且，一旦在某个阶段出现问题或挑战，团队可以更迅速地发现并及时调整策略，就像调整机器的某个零部件一样，确保整个项目的正常运转。例如，对于一个大型活动策划项目，将其分为筹备阶段、宣传阶段、执行阶段和收尾阶段，每个阶段都有专门的团队负责，这样可以更高效地管理各项工作。

(4) 可评估性。项目阶段的划分就像是在项目的长跑赛道上设置了一个个清晰的里程标记，使得项目进展和绩效可以更便捷地进行评估和监控。在每个阶段结束时，项目团队可以停下脚步，回顾本阶段目标的实现情况，就像运动员在比赛间隙回顾自己的表现一样。通过这种回顾，团队能够敏锐地识别出在本阶段工作中出现的问题，无论是技术难题、沟通不畅还是资源短缺等问题都将无所遁形。同时，通过回顾，团队可以总结经验教训，将成功的经验积累下来，为后续工作提供借鉴，将失败的教训作为警示，避免在后续阶段重蹈覆辙。这样的评估和总结为下一阶段的工作做好了充分准备，使得项目能够在不断优化中持续推进。例如，在产品研发项目的测试阶段结束后，根据测试结果评估产品质量是否达到预期标准，分析出现缺陷的原因，为改进产品和进入下一阶段的量产做好准备。

(5) 灵活性。尽管项目阶段在规划时是有序排列的，但在实际的项目管理中，灵活性是至关重要的。在项目执行的动态过程中，外部环境变幻莫测，如市场需求的突然转变、政策法规的调整；项目内部条件也可能发生意想不到的变化，包括关键技术难题的出现、团队成员的变动等。在这些情况下，项目阶段不能僵化不变，需要灵活调整、重新排序甚至重新定义。这种灵活性就像汽车的转向盘，能够根据路况及时调整方向，确保项目能够适应新的情况并保持其可行性。例如，在一个新兴科技产品研发过程中，如果市场上突然出现了竞争对手推出类似产品且具有新功能，项目团队可能需要暂停当前阶段的工作，回到需求分析阶段，重新评估产品功能需求，调整项目计划，以增加新的特色功能，确保产品在市场上仍具有竞争力。

(6) 重复性。在某些复杂或充满不确定性的项目情境中，项目阶段可能呈现出一种迭代的方式，即会重复进行。这种重复性就像是螺旋上升的阶梯，每一次重复都不是简单的原路返回，而是在更高层次上对之前阶段的重新审视和优化。特别是在面对复杂多变的需求、难以预测的技术难题或高风险的项目环境时，团队可能需要多次回顾之前的阶段。例如，在软件开发项目中，如果在开发过程中发现前期需求分析不够准确或者遗漏了某些关键需求，团队可能需要重新回到需求分析阶段，重新评估和完善需求；或者在遇到技术难题导致项目进度受阻时，团队可能需要回到设计阶段重新调整技术方案，以应对新的风险和挑战。这种重复性是为了更好地保证项目的质量和成功可能性，确保项目在复杂环境中能够不断适应和改进。

(7) 交付物明确。每个项目阶段结束时，都应该有清晰、明确的交付物或成果，这些交付物或成果就像是每个阶段的成绩单，是对阶段工作的全面总结。它们不仅是团队辛勤工作的结晶，更是进入下一阶段的坚实基础和必要依据。例如，在建筑项目的基础施工阶段，交付物是符合设计要求的地基工程；在软件开发项目的编码阶段，交付物是完成编码且通过初步测试的软件模块。明确的交付物或成果使得项目各阶段之间的衔接更加顺畅，避免出现责任不清、工作脱节等问题，同时方便对项目阶段进行质量检查和验收。

理解并遵循项目阶段的这些特点，对于项目经理和团队而言，就像是掌握了一把神奇的钥匙，能够开启项目成功的大门。它有助于确保项目的系统性、有序性和可控性，如同精心编织的渔网，将项目的各个要素紧密地网罗在一起，同时大大提高项目成功的可能性，使项目在复杂多变的环境中依然能够朝着预定目标稳步推进。

1.4.2 软件项目生命周期模型

软件项目生命周期模型是描述软件开发过程中各个阶段、活动、任务以及它们之间关系的框架。不同的模型反映了不同的软件开发方法、过程和哲学。选择合适的软件项目生命周期模型对于项目的成功具有重要影响。以下是几种常见的软件项目生命周期模型。

1. 瀑布模型

瀑布模型是较早被广泛采用的软件开发模型之一，其开发流程如图 1.2 所示，它按照线性的顺序排列了软件开发的各个阶段：计划阶段、开发阶段、运行阶段。每个阶段都有其特定的任务和输出，并且只有在前一个阶段完成后，下一个阶段才能开始。瀑布模型强调文档的完整性和阶段性评审，适用于需求明确且变更较少的项目。

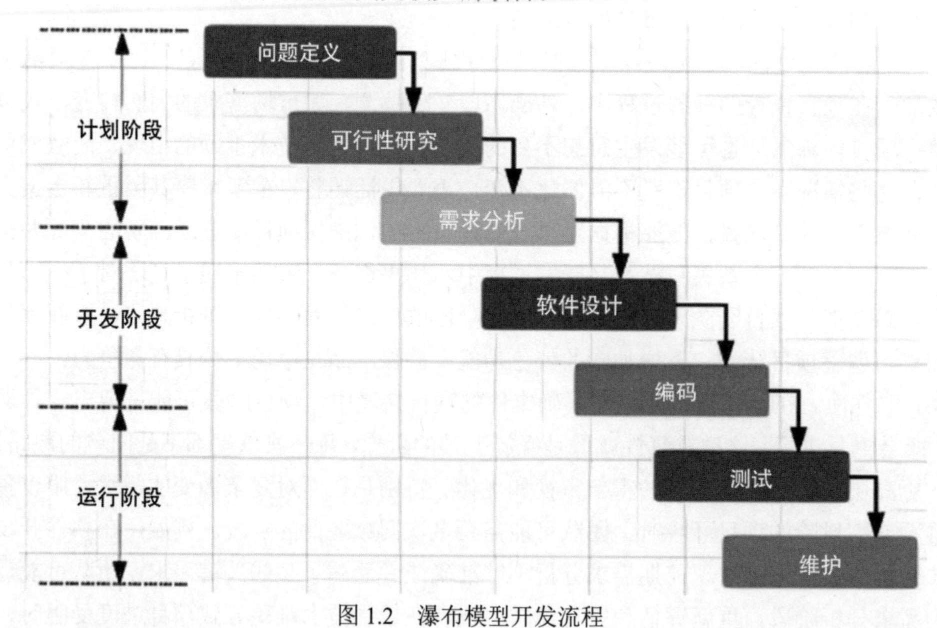

图 1.2 瀑布模型开发流程

2. 快速原型模型

快速原型模型(rapid prototyping model)是一种迭代式的开发方法，它强调在软件开发初期快速构建一个原型系统，以便与用户进行交互和反馈。通过不断地进行原型构建、收集用户反馈和修改，快速原型模型逐步完善系统功能和用户界面。快速原型模型适用于需求不明确或需求频繁变更的项目。

3. 增量模型

增量模型(incremental model)是一种将软件系统分解成多个增量或模块进行开发的模型。每个增量都是一个可交付的、独立的功能模块。增量模型允许团队在开发过程中逐步添加新的功能，同时保持已有功能的稳定性和可用性。增量模型适用于大型、复杂且需要分阶段交付的项目。

4. 螺旋模型

螺旋模型(spiral model)是一种结合了瀑布模型和快速原型模型特点的开发方法。它强调在每个阶段都进行风险评估和原型构建，以确保项目的可行性和质量。螺旋模型通过不断迭代和螺旋上升的过程，逐步完善软件系统的功能和性能。螺旋模型适用于高风险、复杂且需要频繁变更的项目。

5. 敏捷开发模型

敏捷开发模型(agile development model)是一种注重快速响应变化，强调团队协作和持续交付的开发方法，如图 1.3 所示。它包括了一系列敏捷开发方法和实践，如 Scrum、Kanban、XP(extreme programming)等。敏捷开发模型强调迭代式开发、持续集成、测试驱动开发和客户参与，适用于需求不明确、变化频繁且需要快速交付的项目。

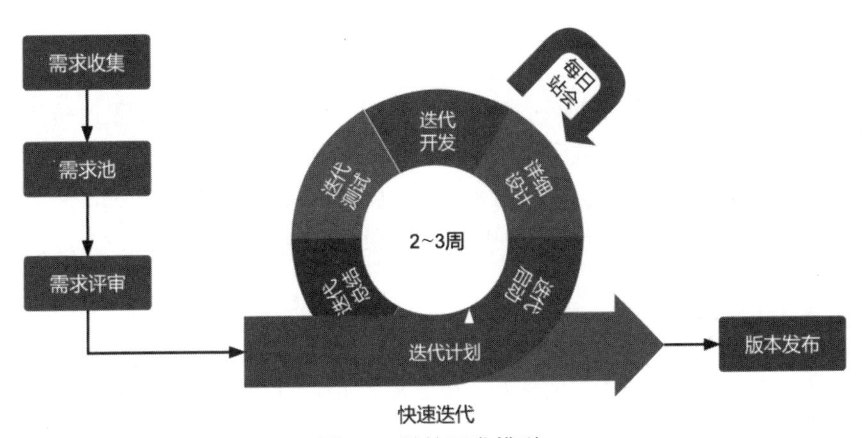

图 1.3 敏捷开发模型

6. DevOps 模型

DevOps 模型是一种强调开发(development)和运维(operations)紧密合作的文化、实践和工具的集合，如图 1.4 所示。它旨在通过自动化、持续集成、持续交付和监控等技术手段，提高软件开发的效率和质量，同时缩短软件交付周期。DevOps 模型适用于需要快速响应市场变化、注重持续交付价值以及团队协作和自动化的项目。

选择合适的软件项目生命周期模型是一个关键的决策，它直接影响项目的成功、成本、时间和质量。项目经理及其团队需要根据项目的特点、需求、资源约束和外部环境等因素进行综合考虑，并选择最符合项目实际情况的模型。同时，在项目执行过程中，项目经理及其团队也需要根据项目的实际情况和反馈进行及时调整和优化，以确保项目的顺利进行和成功交付。

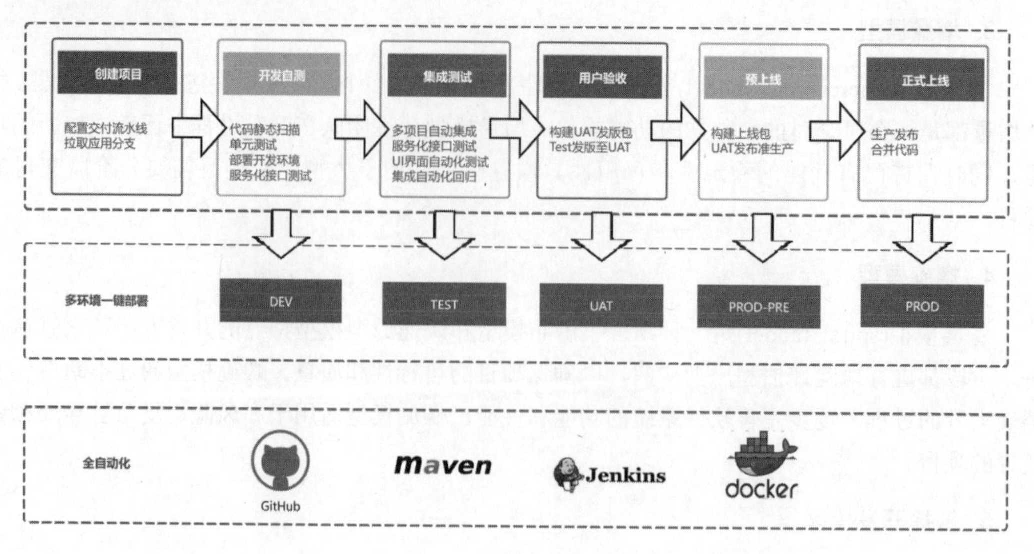

图 1.4 DevOps 模型

1.5 项目沟通管理

项目沟通管理是项目管理中的核心环节，它确保了项目信息的准确、及时传递，以及项目团队成员和其他相关方之间的有效交流与合作。良好的沟通管理对于项目的成功至关重要，它能够帮助团队成员理解项目的目标、角色和责任，协调各项工作，解决冲突，并促进知识的共享与学习。本节将详细阐述沟通管理计划以及沟通渠道与信息分发的内容。

1.5.1 沟通管理计划

沟通管理计划是项目沟通管理的基石，它定义了如何、何时以及由谁来进行信息的传递和存储。一个有效的沟通管理计划能够确保项目信息的准确传递，减少团队成员之间的误解和冲突，提高项目团队的工作效率。

1. 制订沟通管理计划的目的

制订沟通管理计划的主要目的是确保项目信息的有效传递和交流，以满足项目团队成员和其他相关方的信息需求。通过明确的沟通计划，可以建立有效的沟通机制，提高团队成员之间的协作效率，减少沟通不畅导致的项目风险。

2. 沟通管理计划的核心要素

沟通管理计划是项目管理中不可或缺的一部分，它确保了项目信息的准确、及时传递，以及项目团队成员和其他相关方之间的有效交流与合作。一个全面且详细的沟通管理计划应当包含以下几个核心要素：沟通需求分析、沟通策略与方法、信息分发计划、沟通责任与角色分配以及沟通效果评估与反馈机制。以下是对这些要素的详细阐述。

(1) 沟通需求分析。沟通需求分析是沟通管理计划的基石，这一步骤要求项目经理深入识别和理解项目团队成员以及其他相关方的信息需求。这包括他们需要的信息类型、频率、格式，以及他们对信息的期望和偏好。通过有效的需求分析，项目经理可以确保沟通管理计划能够满足所有相关方的信息需求，从而为项目的成功奠定坚实的基础。

在进行沟通需求分析时，项目经理需要采取一系列行动。首先，项目经理需要与项目团队成员和其他相关方进行深入的沟通，以了解他们的信息需求和期望。这可以通过一对一的访谈、小组讨论或问卷调查等方式实现。其次，项目经理需要对收集到的信息进行整理和分析，以识别出共同的信息需求和特定的个体需求。最后，项目经理需要根据这些需求来制订沟通管理计划，以确保所有相关方都能够获得他们所需的信息。

(2) 沟通策略与方法。沟通策略与方法是沟通管理计划的重要组成部分。根据项目团队成员和其他相关方的信息需求，项目经理需要制定合适的沟通策略和方法。这包括选择适当的沟通工具，确定沟通的频率和时机，以及制定有效的沟通流程。

同时，项目经理需要确定沟通的频率和时机，以确保信息的及时传递和有效交流。例如，可以设定定期的会议或报告时间，以便团队成员了解项目的最新进展和存在的问题。

(3) 信息分发计划。信息分发计划是沟通管理计划的重要组成部分。它要求项目经理制订详细的信息分发计划，明确何时、如何向团队成员和其他相关方提供所需的信息。一个有效的信息分发计划能够确保团队成员和其他相关方及时获得所需的信息，提高项目的透明度和协作效率。

在制订信息分发计划时，项目经理需要考虑多个因素。首先，项目经理需要确定信息的分发时间和频率，以确保信息的及时传递。例如，可以设定定期的会议或报告时间，以便团队成员了解项目的最新进展。其次，项目经理需要选择适当的分发方式，如电子邮件、即时通信工具或项目管理软件等。这些方式可以根据信息的性质和团队成员的偏好进行选择。最后，项目经理还需要确保信息的准确性和完整性，在分发前对信息进行核实和确认，以避免传递错误或误导性的信息。

(4) 沟通责任与角色分配。沟通责任与角色分配是沟通管理计划中的重要因素。它要求项目经理明确项目团队成员在沟通管理中的责任和角色，确保每个团队成员都清楚自己的沟通职责。明确的责任和角色分配，可以确保沟通管理计划的有效执行，并减少沟通不畅导致的项目风险。

在进行责任沟通与角色分配时，项目经理需要采取一系列行动。首先，项目经理需要识别出项目中需要进行的沟通活动，如会议、报告、电子邮件等。其次，项目经理需要确定每项沟通活动的责任人和参与者，以确保信息的准确传递和交流。例如，可以指定一名团队成员负责编写项目进度报告，并分发给其他团队成员和相关方。最后，项目经理还需要确保每个团队成员都清楚自己的沟通职责，并提供必要的培训和支持，以提高他们的沟通能力。

(5) 沟通效果评估与反馈机制。沟通效果评估与反馈机制是沟通管理计划中的最后一个要素。它要求项目经理建立沟通效果的评估机制和反馈机制，以便及时发现问题并进行改进。有效的评估和反馈机制，可以确保沟通管理计划的有效性，并不断提高项目的沟通效率。

在建立沟通效果评估与反馈机制时，项目经理需要采取一系列行动。首先，项目经理需要设定明确的评估标准和指标，以便对沟通效果进行量化评估。例如，可以设定信息传递的准确率、沟通活动的参与度等评估指标。其次，项目经理需要定期对沟通管理计划的执行情况进行评估和审查，以便发现问题并进行改进。例如，可以定期组织团队成员进行沟通效果的回顾和讨论，收集他们的反馈和建议。最后，项目经理还需要根据评估结果和反馈意见对沟通管理计划进行必要的调整和优化，以确保其持续有效并满足项目的变化需求。

3. 沟通管理计划的实施与监控

沟通管理计划的实施需要项目团队成员的共同努力和配合。在实施过程中，项目经理应确保信息的准确传递和交流，及时解决沟通中的问题；同时，需要对沟通管理计划的执行情况进行监控和评估，以便及时发现问题并进行调整。

为了有效地实施和监控沟通管理计划，项目经理可以采取一系列行动。首先，项目经理需要定期组织团队成员进行沟通培训和演练，以提高团队成员的沟通能力和意识。其次，项目经理需要建立有效的信息分发和反馈机制，以确保信息的及时传递和交流。例如，可以设立一个专门的项目沟通邮箱或在线协作平台，用于团队成员之间的信息交流和反馈。最后，项目经理还需要定期对沟通管理计划的执行情况进行审查和评估，以便发现问题并解决。例如，可以定期组织项目进度会议或回顾会议，邀请团队成员和相关方参加，并对沟通效果进行评估和讨论。

1.5.2 沟通渠道与信息分发

沟通渠道与信息分发是项目沟通管理的两个重要方面。选择合适的沟通渠道能够确保信息的准确、及时传递，而有效的信息分发则能够满足项目团队成员和其他相关方的信息需求。

1. 沟通渠道的选择

(1) 沟通渠道的类型。沟通渠道的选择对于项目的成功至关重要。沟通渠道可分为正式沟通渠道和非正式沟通渠道，不同的沟通渠道具有不同的特点和适用范围，因此需要根据项目的实际情况和团队成员的偏好进行选择。

① 正式沟通渠道。正式沟通渠道包括会议、报告、电子邮件等。这些渠道通常用于传递重要的项目信息，如项目计划、进度报告、风险问题等。正式沟通渠道具有信息传递准确、可追溯性强的特点，但可能缺乏灵活性和即时性。

② 非正式沟通渠道。非正式沟通渠道包括闲聊、即兴讨论、社交媒体等。这些渠道通常用于传递非正式的、即时的信息，如团队成员之间的日常交流、对项目中的小问题的沟通等。非正式沟通渠道具有灵活性强、信息传递速度快的特点，但可能缺乏准确性和可追溯性。

(2) 选择沟通渠道考虑的因素。在选择沟通渠道时，需要考虑以下因素。

① 信息的性质。根据信息的性质选择合适的沟通渠道。例如，对于重要的、需要正式记录的信息，应选择正式沟通渠道；对于日常的、即时的信息，可以选择非正式沟通渠道。

② 团队成员的偏好。了解团队成员的沟通偏好，选择他们更愿意使用的沟通渠道。这有助于提高团队成员的沟通积极性和效率。

③ 项目的实际情况。根据项目的规模、复杂度、地理位置等实际情况选择合适的沟通渠

道。例如，对于分布式项目团队，可能需要使用更多的远程沟通工具。

2. 信息分发策略

信息分发是指将项目信息传递给项目团队成员和其他相关方的过程。有效的信息分发策略能够确保团队成员和其他相关方及时获得所需的信息，提高项目的透明度和协作效率。在制定信息分发策略时，需要考虑以下因素。

(1) 信息的时效性。信息具有很强的时效性，如同新鲜的食材，过了最佳时间就会失去其原有的价值。因此，必须确保信息的及时传递。对于那些紧急或重要的信息，如项目中出现的突发技术难题、客户临时变更的关键需求等，这些信息就像是战场上的紧急军情，需要立即传递给相关人员，一刻都不能耽搁，以便他们能够迅速做出反应，采取相应的措施。而对于非紧急或次要的信息，如一些定期的项目总结报告、一般性的团队内部通知等，可以选择在适当的时间进行传递，避免打乱相关人员的正常工作节奏，但也要确保这些信息在合适的时间窗口内被准确传达。

(2) 信息的准确性。信息的准确无误是信息分发的关键所在。在传递信息之前，必须像严谨的科学家对待实验数据一样，对信息进行全面、细致的核实和确认。无论是数据、事实，还是结论、建议等内容，都要经过严格的审核。因为一旦传递了错误或误导性的信息，就像是在导航系统中输入了错误的坐标，会让信息接收者做出错误的判断和决策，从而可能导致项目走向偏离正轨，引发一系列严重的问题，甚至可能使整个项目陷入困境。

(3) 信息的完整性。确保信息的完整全面是信息分发中不可忽视的环节。在传递信息时，不能只是简单地传达一些表面内容，而需要提供足够的信息背景和细节。比如，在介绍一个新的项目任务时，除介绍任务本身的要求和目标之外，还需要说明任务的来源、它与其他任务的关联、可能面临的挑战以及完成任务所期望的成果形式等。只有这样，信息接收者才能够像拼拼图一样，将这些信息拼凑完整，全面理解信息的含义和重要性，从而在项目中做出正确的决策和行动，避免信息缺失而造成的盲目行动。

(4) 信息的可读性。信息的可读性是指确保信息易于理解。首先，在传递信息时，需要使用清晰、简洁的语言和格式，避免使用过于复杂或模糊的表述。为了实施有效的信息分发策略，可以建立信息分发机制，制定明确的信息分发流程和责任人，确保信息的及时、准确传递。其次，根据项目的实际情况和团队成员的偏好，选择合适的沟通工具进行信息传递。例如，可以使用电子邮件、即时通信工具、项目管理软件等。最后，定期回顾信息分发策略的执行情况，并根据项目进展和团队成员的反馈进行必要的更新和调整。

3. 沟通渠道与信息分发的整合

沟通渠道与信息分发是项目沟通管理的两个重要方面。选择合适的沟通渠道和制定有效的信息分发策略对于项目的成功至关重要。在实际项目中，沟通渠道和信息分发是相互关联、相互影响的。为了实现有效的沟通管理，需要将两者进行整合。

(1) 确保沟通渠道与信息分发的一致性。在选择沟通渠道和制定信息分发策略时，需要确保两者的一致性。例如，如果选择会议作为主要的沟通渠道，那么会议的时间和地点就需要与信息分发策略相匹配，以确保团队成员能够及时获得所需的信息。

(2) 利用多种沟通渠道进行信息分发。为了提高信息分发的效率和效果，可以利用多种沟通渠道进行信息传递。例如，可以将重要的项目信息通过电子邮件发送给团队成员，同时在项目管理软件中进行更新和共享。

(3) 建立反馈机制以优化沟通渠道与信息分发。为了不断优化沟通渠道和信息分发策略，需要建立反馈机制。通过收集团队成员的反馈和建议，可以及时发现并解决沟通中的问题，提升沟通管理的效果。

整合沟通渠道和信息分发策略，可以建立有效的沟通机制，提高团队成员之间的协作效率，确保项目的顺利进行。

1.6 项目评审

项目评审是项目管理中不可或缺的一环，它通过对项目进展、成果、问题等进行全面、客观的评价，为项目团队提供改进和优化的方向。本节将从项目评审的目的与方法，以及评审会议的组织与实施两个方面进行详细阐述。

1.6.1 项目评审的目的、方法与注意事项

项目评审作为项目管理的重要环节，能够确保项目按照既定目标、范围、时间、成本和质量要求顺利进行。它不仅是一个对项目进展、成果和问题的全面、客观评价过程，更是一个为项目团队提供改进和优化方向的重要机制。下面将深入探讨项目评审的目的与方法。

1. 项目评审的目的

项目评审的核心目的在于监控项目进度，确保项目按计划进行。在项目执行过程中，各种不可预见的问题和挑战都可能出现，导致项目进度受阻。通过定期的项目评审，项目团队可以及时了解项目进度，对比计划与实际执行情况的差异，从而迅速做出调整，确保项目能够按照预定的时间表顺利推进。

项目评审的目的还在于评估项目成果，判断其是否符合预期目标。在项目执行过程中，团队可能会发现最初设定的目标过于理想或不切实际，或者市场环境、技术条件等发生了重大变化，导致项目成果与预期目标产生偏差。通过项目评审，团队可以对项目成果进行全面、客观的评价，及时发现并纠正偏差，确保项目成果与预期目标保持一致。

项目评审承担着发现项目中的问题并提出改进建议的重要任务。在项目执行过程中，各种问题可能层出不穷，如资源分配不均、团队成员沟通不畅、技术难题等。通过项目评审，团队可以系统地梳理这些问题，分析其原因和影响，并提出切实可行的改进建议，为项目的顺利进行提供有力保障。

项目评审有助于促进项目团队之间的沟通与合作。在项目执行过程中，团队成员可能因职责分工、专业背景等差异而产生沟通障碍。通过项目评审，团队成员可以共同讨论项目进展、

问题和解决方案，增进彼此之间的了解和信任，从而加强团队之间的沟通与合作。

项目评审为项目决策提供了依据。在项目执行过程中，团队可能面临各种决策问题，如是否调整项目目标、是否增加资源投入、是否采用新技术等。通过项目评审，团队可以获取全面、客观的项目信息，为决策提供有力支持。

2. 项目评审的方法

为了达到上述目的，项目评审需要采用科学、合理的方法。常用的项目评审方法包括专家评审法、同行评审法、自我评审法和定量评审法。

专家评审法是一种邀请相关领域的专家对项目进行评审的方法。这些专家凭借丰富的经验和专业知识，能够发现项目中的问题并提出宝贵的建议。他们的意见和建议往往具有权威性和指导性，有助于项目团队更好地改进和优化项目。

同行评审法则是由同一领域的同行对项目进行评审。他们能够从专业的角度对项目进行评估，并提出改进意见。这种方法有助于发现项目中的专业问题和潜在风险，为项目团队提供有益的参考。

自我评审法是由项目团队自行对项目进行评审的方法。这种方法能够增强团队的自我反思和自我改进能力。通过自我评审，项目团队可以及时发现自身存在的问题和不足，并采取相应的措施进行改进和优化。

定量评审法则是通过量化的指标对项目进行评估的方法。例如，项目进度、成本、质量等量化指标能够更加客观地反映项目的实际情况。通过定量评审，项目团队可以更加准确地了解项目的进展和成果，为决策提供更加有力的依据。

在实际应用中，可以根据项目的具体情况和需求选择合适的评审方法。例如，对于技术难度较大的项目，可以采用专家评审法；对于涉及多个专业领域的项目，可以采用同行评审法；对于需要团队成员共同参与的项目，可以采用自我评审法；对于需要客观反映项目实际情况的项目，可以采用定量评审法。同时，可以将多种评审方法结合起来使用，以达到更好的评审效果。

3. 项目评审的注意事项

为了确保项目评审的有效性和公正性，需要注意以下几点。

(1) 明确评审标准。在评审前，需要明确评审的标准和要求，包括项目进度、成本、质量、风险等方面，以便对项目进行客观、全面的评价。

(2) 保证评审的独立性。评审人员应该独立于项目团队之外，以确保评审的公正性和客观性。他们应该具备相关的专业知识和经验，能够对项目进行全面、客观的评价。

(3) 注重评审的及时性。评审应该在项目进展的关键节点进行，以便及时发现并解决问题。如果评审过于滞后，可能会导致问题积累、风险扩大，给项目带来不必要的损失。

(4) 鼓励团队参与。鼓励项目团队成员积极参与评审过程，他们的反馈和建议对于项目的改进和优化具有重要意义。团队成员可以从不同的角度发现问题、提出建议，为项目的成功贡献自己的力量。

(5) 项目评审的不可或缺性。项目评审是项目管理中不可或缺的一环。科学、合理的评审方法和有效的评审过程，可以确保项目按照既定的目标、范围、时间、成本和质量要求进行；同时，及时发现并解决项目中的问题，可以为项目的成功提供保障。在实际应用过程中，我们应该根据项目的具体情况和需求选择合适的评审方法，并注重评审的独立性、及时性和团队参与性，以确保项目评审的有效性和公正性。

1.6.2 评审会议的组织与实施

评审会议是项目评审的重要形式之一，它通过召集项目团队成员、相关利益方和专家等，对项目进行集体讨论和评价。以下将详细介绍评审会议的组织与实施过程。

1. 会议筹备

在筹备评审会议时，需要明确会议的目的、议程和参与者。具体来说，需要确定会议的主题、讨论的重点问题、期望达成的目标等；制定详细的会议议程，包括时间安排、讨论内容、发言顺序等；邀请相关的项目团队成员、利益方和专家参加会议。

为了确保会议的顺利进行，还需要提前准备好会议所需的资料，如项目进展报告、成果展示、问题列表等；同时，需要对会议场地进行布置，确保设备完好、环境舒适。

2. 会议实施

在会议实施过程中，需要遵循一定的流程和规则。首先，会议主持人对会议进行开场致辞，并简要介绍会议的目的和议程。然后，会议主持人按照议程安排逐项讨论。在讨论过程中，鼓励参与者积极发言、提出问题和建议，并确保讨论的内容与会议主题紧密相关。为了保持会议的秩序和效率，可以设定发言时间限制、避免重复讨论等规则。

在会议实施过程中，还需要注意以下几点：①确保所有参与者都有机会发言和表达自己的观点；②及时记录和整理讨论的内容和建议；③对于争议较大的问题，可以寻求共识或进行投票表决。

3. 会议总结与跟进

在会议结束后，需要对会议进行总结和跟进。首先，会议主持人对会议进行简要总结，回顾讨论的主要内容和达成的共识。然后，会议主持人将会议记录和建议整理成文档，并分发给相关参与者进行确认和补充。最后，为了确保会议成果的落实和执行，还需要制定具体的行动计划和时间表，并明确责任人。

为了确保评审会议的有效性和成果落地，可以采取以下措施：①将会议成果与项目计划相结合，确保后续工作的顺利进行；②定期回顾和检查会议成果的落实情况，并及时进行调整和优化；③鼓励团队成员将会议中的学习和收获应用到实际工作中，促进个人和团队的共同成长。

项目评审是项目管理中不可或缺的一环，它通过对项目进展、成果、问题等进行全面、客观的评价，为项目团队提供改进和优化的方向。而评审会议作为项目评审的重要形式之一，需要注重筹备、实施和总结与跟进等各个环节的工作，以确保会议的有效性和成果落地。科学、合理的项目评审方法和有效的评审会议组织与实施，可以为项目的成功提供有力的保障。

1.7 本章小结

本章深入探讨了软件项目管理的核心内容和关键环节，充分展现了其在推动我国软件产业发展中的价值。首先，强调了软件项目管理在确保软件开发高效、有序和成功中的关键作用。这一过程不仅仅是单纯的技术实现，更涉及资源分配、时间管理和风险控制等方面，它反映了一种全面统筹、协调发展的思维方式。这与国家发展战略所强调的系统观念相契合，在软件项目管理中践行这种观念，有助于培养项目经理从全局视角看待问题、解决问题的能力，使其深刻认识到每个环节都关乎整体发展，如同国家建设中各个领域相互关联、相互促进，共同推动中华民族伟大复兴事业向前发展。随后，详细阐述了软件项目管理的演变历程。从手工记录到智能化软件的广泛应用，这一发展历程不仅是技术的进步，更体现了与时俱进、不断创新的精神。这与党的二十大提出的创新发展要求高度一致，鼓励软件项目管理从业者积极探索新技术、新方法，在实践中不断优化管理手段。同时，这一发展历程展示了我国软件行业紧跟时代步伐，在科技浪潮中勇立潮头的拼搏精神，为培养读者的爱国情怀和民族自豪感提供了生动素材，激励他们在专业领域为国家发展贡献力量。

在框架选择方面，本章对比了传统瀑布模型与敏捷方法 Scrum 框架的差异，并探讨了敏捷与传统项目管理方法融合的策略，为不同项目需求提供了灵活的解决方案。这体现了软件项目管理中因材施教、具体问题具体分析的思想，如同国家在制定政策时充分考虑不同地区、不同产业的特点，实现精准施策。这种思想对于培养项目经理的辩证思维能力至关重要，引导他们在面对复杂的项目环境时，能够根据项目特性灵活选择合适的方法，确保项目的顺利推进，同时让读者明白在个人发展和国家建设中，都需要依据实际情况做出正确决策。

本章分析了项目阶段的定义与特点，以及多种软件项目生命周期模型，帮助读者根据项目特性选择合适的管理方法。这体现了实事求是、尊重客观规律的态度，教育学生在软件项目管理以及未来的工作中深入了解事物本质，依据规律办事。这与国家在发展过程中遵循的经济规律、社会发展规律等一脉相承，使读者深刻理解科学发展的内涵。将这种理念融入项目管理实践，可以提高项目成功率，为国家软件产业发展筑牢根基。

本章强调了项目沟通管理的重要性，详细阐述了沟通管理框架的实施要点，以及评审会议的组织与实施过程，为项目信息的准确传递和团队协作提供了有效指导。这凸显了沟通协作在软件项目管理中的价值，正如在国家建设中，各个部门、各个群体之间需要良好的沟通与协作才能形成强大合力。通过对沟通管理的学习，培养学生的团队协作精神和沟通能力，使他们明白在集体活动中，相互理解、信息共享是实现共同目标的关键。这种团队协作精神也是社会主义核心价值观中“友善”“和谐”在软件项目管理领域的具体体现，有助于打造积极向上、团结奋进的项目团队文化，为项目成功实施与交付奠定坚实基础。

本章内容全面覆盖了软件项目管理的各个方面，从理论基础到实践操作，为项目经理提供了系统的知识框架和实践指南。它不仅传授了专业知识，更将党的二十大精神和课程思政内容有机融入其中，使读者在学习过程中不仅提升专业素养，更在思想上与国家发展战略保持高度一致，成为具有家国情怀、创新精神和实践能力的高素质软件项目管理人才，助力我国软件产业在高质量发展道路上不断前进，为社会主义现代化强国建设添砖加瓦。

1.8 本章习题

一、单项选择题

1. 软件项目管理的主要目的是什么？(　　)

   A. 提高团队士气　　B. 增加团队成员数量

   C. 减少文档工作　　D. 确保项目按时、按预算、按质量完成

2. 在软件项目管理的演变过程中，哪个阶段首次引入了单机版项目管理软件？(　　)

   A. 单机版软件阶段　　B. 手工记录阶段

   C. 网络版软件阶段　　D. 移动互联网阶段

3. 以下哪一项不是 Scrum 框架中的核心角色？(　　)

   A. 产品负责人　　B. 项目经理

   C. 敏捷教练　　D. 开发团队

4. 下列哪种软件项目生命周期模型适用于需求不明确或需要频繁变更的项目？(　　)

   A. 瀑布模型　　B. 增量模型

   C. 快速原型模型　　D. 螺旋模型

5. 项目评审的主要目的是什么？(　　)

   A. 增加团队成员的工作量　　B. 提前结束项目

   C. 减少项目预算　　D. 评估项目进展和成果，发现问题并提出改进建议

二、简答题

1. 简述软件项目管理的演变过程。
2. 比较瀑布模型与 Scrum 框架的主要区别。
3. 在制订沟通管理计划时，需要考虑哪些主要因素？
4. 简述开发方法的核心原则及其在项目中的应用。
5. 在项目评审过程中，如何确保评审的独立性和公正性？

第2章

研发过程体系建设

在快速变化的科技领域，研发过程体系的建设既是技术创新的关键驱动力，也是企业保持竞争力的基石。一个高效、系统的研发过程体系能够加速产品开发，提升产品质量，降低开发成本，并提高企业的市场响应能力。本章将深入探讨研发过程体系的定义、重要性、发展历程以及核心要素，旨在为企业构建或优化研发过程体系提供理论支撑和实践指导。

2.1 研发过程体系概述

在深入探讨了项目管理的基础理论与方法后，研发过程体系的建设成为一项至关重要的内容。这一体系不仅是项目管理实践的深化与拓展，更是推动企业技术创新与产品迭代的关键力量。它不仅直接影响项目执行的效率与质量，还深刻关联着企业的市场竞争力和可持续发展能力。因此，对研发过程体系进行全面而深入的概述，不仅是对项目管理内容的自然衔接，更为后续探讨研发流程优化、团队协作机制、质量控制、风险管理等核心要素提供了必要的背景和基础。构建科学、高效的研发过程体系，将有助于企业更好地应对市场挑战，加速产品创新步伐，推动企业不断向前发展。

2.1.1 研发过程体系的定义与重要性

在当今竞争激烈的商业环境中，企业的生存和发展很大程度上依赖于其创新能力，而研发工作则是创新的核心驱动力。一个完善且高效的研发过程体系对于企业来说，就如同为研发之旅精心打造的导航图和保障体系，对企业的研发活动有着至关重要的影响。

1. 研发过程体系的定义

研发过程体系是企业在研发领域的核心架构，是为了实现产品从最初的概念构思到成功推向市场这一复杂全过程而精心构建的。它是一套全面且深入的系统化、规范化的管理流程和技术支持体系的有机结合体。从具体的操作流程层面来看，研发过程体系完整地涵盖了需求分析这一关键起始点。在这个阶段，企业深入了解市场和客户的需求，挖掘产品的潜在功能和特性。随后是设计开发阶段，研发团队依据需求分析的结果，运用专业知识和技术进行产品的架构设计和详细开发。接着是测试验证阶段，用各种科学的测试方法和手段，对开发完成的产品进行严格检验，确保其符合设计要求和质量标准。最后是生产部署阶段，将经过测试的产品进行大规模生产，并部署到市场中，使其能够真正为客户所用。

然而，研发过程体系远不止这些操作流程。它还广泛涉及项目管理、团队协作、质量控制、风险管理等多个维度的综合管理机制。在项目管理方面，它明确了项目的目标、进度安排、资源分配等关键要素，确保研发项目能够按照预定计划有序推进。在团队协作方面，它详细规定了各个团队成员和部门在研发过程中的角色和职责，以及相互之间的协作方式，促进信息的高效流通和团队的协同工作。质量控制贯穿整个研发过程，从每一个环节的输入输出检查到最终产品的整体质量把控，都有严格的标准和流程。风险管理则是对研发过程中可能出现的各种内外部风险进行识别、评估和应对，保障研发活动的顺利进行。研发过程体系旨在通过这种标准化、流程化的管理手段，将复杂的研发活动纳入一个有序、可控的框架，提高研发活动的效率和成功率，从而确保产品能够精准地满足市场需求，并赢得客户的高度认可。

2. 研发过程体系的重要性

研发过程体系对于提升研发效率有着不可替代的作用。它就像一台精密的机器，通过清晰明确地界定各阶段的任务、责任和资源需求，使研发活动中的每一个环节都像齿轮一样紧密咬合、有序运转。在没有明确体系的情况下，研发人员可能会在任务分配不清晰的情况下出现重复劳动，或者沟通不畅导致大量无效沟通。而研发过程体系则有效避免了这些问题，让每个研发人员都清楚地知道自己在每个阶段的工作内容和目标，同时明确自己与其他成员之间的协作关系。这样，研发活动就能有条不紊地进行，大大减少了不必要的时间和精力浪费，从而显著提升研发效率。

产品质量是企业的生命线，研发过程体系在保证产品质量方面发挥着中流砥柱的作用。通过构建严格的质量控制和测试验证流程，研发过程体系如同一张严密的筛网，不放过产品设计和开发过程中的任何一个缺陷。在设计阶段，研发过程体系依据质量标准对设计方案进行审核，确保设计的合理性和可行性。在开发过程中，持续的代码审查、技术评审等活动能及时发现潜在问题。而在测试验证阶段，多种类型的测试，如功能测试、性能测试、安全测试等全面展开，对产品进行全方位的“体检”。一旦发现缺陷，能够迅速定位并纠正，确保产品从每一个零部件到整体架构都符合高质量的标准，从而保证产品质量的稳定性和可靠性，使产品在市场上能够经受住用户的考验。

在研发活动中，成本控制是企业必须关注的重要问题，研发过程体系为解决这一问题提供了有力的支持。它通过优化资源配置和风险管理这两大关键手段，对研发成本进行精准把控。在资源配置方面，研发过程体系依据各阶段的实际需求，合理分配人力、物力和财力资源，避免资源的闲置或过度使用。例如，根据项目的进度和难度，研发过程体系准确安排不同技能水平的研发人员参与相应阶段的工作，确保人力资源的高效利用。同时，在风险管理过程中，研发过程体系提前识别可能导致成本增加的风险因素，如技术难题、市场变化等，并采取有效的应对措施。通过这种方式，研发过程体系能够避免不必要的浪费和额外支出，将研发成本控制在合理范围内，提高企业研发活动的投资回报率，使企业在研发创新过程中实现经济效益的最大化。

在快速变化的市场环境下，企业必须具备快速响应市场变化和客户需求的能力，研发过程体系在这方面扮演着关键角色。一个灵活的研发过程体系就像一个敏捷的反应机制，能够迅速捕捉市场的变化信号和客户的新需求。研发过程体系通过建立快速的反馈渠道和灵活的调整机制，使研发团队能够及时调整研发方向和策略。例如，当市场上出现新的竞争对手或新的技术趋势时，研发过程体系能够促使团队迅速重新评估产品的功能和特性，加快产品的改进和创新速度。同时，研发过程体系还能通过优化研发流程，缩短产品上市周期，让企业的新产品能够更快地推向市场，满足客户日益变化的需求，从而在激烈的市场竞争中赢得先机，保持企业的竞争优势。

研发工作往往需要多个专业领域的人员共同参与，团队协作的效果直接影响研发项目的成败。研发过程体系通过明确角色分工和沟通机制，为团队协作搭建了坚实的桥梁。研发过程体系详细规定了每个团队成员在研发过程中的具体角色和职责，让每个团队成员都清楚自己在整个项目中的位置和任务，避免出现职责不清导致的推诿现象。同时，研发过程体系建立了完善的沟通机制，包括定期的项目会议、即时通信工具的使用规范、文档共享平台等，确保团队成员之间能够及时、准确地共享信息。这种明确的分工和顺畅的沟通，使得团队成员之间能够形成强大的合力，共同推动研发项目朝着成功的方向前进，如同众人划桨开大船，每个团队成员都朝着同一个目标努力，发挥出项目团队的最大效能。

2.1.2 研发过程体系的发展历程

在科技发展历程中，软件研发经历了多个重要阶段，体现了技术革新和管理理念在应对不同挑战时的演变。从早期简单编程到如今复杂的软件生态系统，这些阶段为理解现代软件项目管理的复杂性和多样性提供了线索。接下来将详细阐述软件研发过程体系的不同发展阶段。

1. 初期探索阶段(20 世纪 60—70 年代)

20 世纪 60—70 年代是软件开发具有开创性意义的时期，研发活动尚处于较为原始的发展状态。当时，研发工作主要以个人或者规模较小的团队形式开展，这种模式下的研发活动呈现出一种相对松散的结构。在整个研发过程中，严重缺乏系统性的管理流程以及与之相匹配的技术支持体系。研发工作更像是一种依赖于工程师个人经验和技能的艺术创作，每位工程师都凭借自己多年积累的知识和实践技巧来推动项目前进。由于没有统一的规范和标准，不同工程师或者不同小团队之间的研发方式差异巨大，缺乏一致性和连贯性。

随着计算机技术如同破晓的曙光在这个时期悄然兴起，软件产业踏上了快速发展的征程。计算机硬件性能的逐步提升和应用范围的不断扩大，为软件产业提供了广阔的发展空间和潜力。在这样的背景下，软件项目的规模和复杂度都在不断增加，人们开始逐渐意识到，以往那种基于个人经验和小团队模式的研发方式已经难以满足日益增长的软件开发需求。市场和行业迫切需要一种更加科学、更加系统和规范的方法来指导整个软件开发过程，以确保软件项目能够高效、稳定地推进，满足不同用户群体的多样化需求。

2. 结构化方法引入阶段(20 世纪 80 年代)

20 世纪 80 年代，随着结构化编程思想如同一股春风在软件领域广泛传播和普及，软件工程学科逐渐建立并发展起来。这一时期，人们开始对软件开发过程进行深入的思考和重新架构，将软件开发过程依据逻辑和功能划分为多个明确的阶段，包括需求分析、设计、编码、测试等。每个阶段都有其特定的目标和任务，它们相互承接，构成了一个相对有序的开发流程。

在这个过程中，为了保证各个阶段工作的规范性和可追溯性，相应的文档规范被引入。这些文档详细记录了每个阶段的工作内容、设计思路、技术实现等关键信息，成为软件开发过程中的重要资产。同时，一系列专门用于软件开发管理的工具也应运而生，它们为软件开发过程中的资源管理、进度控制等提供了有力的支持。

瀑布模型作为这一时期最具代表性的研发过程模型，登上了历史舞台。它强调软件开发过程中各个阶段间严格的顺序性，就像瀑布流水一样，每个阶段的输出作为下一个阶段的输入，依次推进。同时，该模型对文档的完整性有着极高的要求，认为完整而详细的文档是保证软件开发质量和后续维护的关键因素。然而，随着市场环境的动态变化，市场需求日益呈现出多样化和复杂化的趋势。在这种情况下，瀑布模型的局限性逐渐暴露出来。瀑布模型严格的顺序性和对文档的高度依赖，使得在开发过程中一旦需求发生变化，修改成本极高，整个项目就像一列沿着既定轨道高速行驶的列车，很难迅速调整方向，难以灵活地应对需求的变化，这为软件开发项目带来了诸多挑战。

3. 敏捷方法兴起阶段(21 世纪初至今)

进入 21 世纪，互联网技术得到飞速发展，以其强大的渗透力和变革力重塑了整个商业世界的格局。市场竞争在互联网的催化下越发激烈，呈现出白热化的状态。在这样的大背景下，敏捷方法如同适应新环境的新物种一般逐渐兴起，并迅速成为研发过程体系不可或缺的重要组成部分。

敏捷方法蕴含着一系列先进的理念，其中强调快速迭代、持续交付、团队协作和客户参与等原则尤为关键。敏捷方法打破了传统软件开发过程中相对僵化的模式，将开发过程划分为多个短周期的迭代。在每个迭代中，开发团队都要完成从需求分析、设计、编码到测试的完整流程，并快速生成一个可以交付的产品版本，哪怕这个版本只具有整个产品的部分功能；然后，将这个版本交付给客户或者相关利益者，收集反馈信息。这种短周期的开发和反馈循环机制使得开发团队能够迅速了解市场需求的变化，并及时对产品进行调整和优化，从而有效地应对快速变化的市场需求。

在众多敏捷开发框架中，Scrum、Kanban 等因其独特的优势而受到广泛欢迎和应用。Scrum 框架通过设立产品负责人、敏捷教练和开发团队的角色，构建了一种高效的协作机制。它将开发过程划分为多个短周期的冲刺，每个冲刺都有明确的目标和可交付的成果。Kanban 则更侧重于可视化的工作流程管理，通过看板展示任务的状态和进度，使团队成员能够清晰地了解工作的整体情况，从而更好地协调工作。这些敏捷框架以其灵活性和高效性为软件开发项目注入了新的活力，帮助企业在激烈的市场竞争中更快地推出符合市场需求的产品。

4. DevOps 集成阶段

随着 DevOps 理念的提出和实践的深入发展，研发过程体系进一步向自动化、集成化和持续化方向迈进。DevOps 理念强调开发与运维之间的紧密协作，打破了传统开发和运维之间的壁垒，使得软件从开发到上线后的运维支持形成一个有机的整体，进一步提高了软件产品的交付速度和质量。

DevOps 作为一种全新的研发运维一体化理念和实践方法，犹如一场革命，深刻地改变了软件研发和运维的传统模式。它所强调的开发与运维之间的紧密协作，不仅仅是简单的信息沟通，更是在整个软件生命周期中，从需求分析、设计、编码、测试到部署和运维的每一个环节，开发团队和运维团队都要深度参与、紧密配合。

为了实现这种紧密协作，DevOps 引入了持续集成(CI)、持续交付(CD)和持续监控(CM)等一系列先进的技术和工具手段。其中，持续集成是指开发人员频繁地将代码集成到共享仓库中，通过自动化的构建和测试流程，及时发现代码中的问题和冲突，保证代码的质量和稳定性。持续交付是在持续集成的基础上，将经过测试的代码自动部署到生产环境或者类生产环境中，实现软件产品的快速交付。持续监控则贯穿整个软件生命周期，通过对软件运行状态、性能指标、用户反馈等的实时监控，及时发现潜在的问题和风险，为开发和运维团队提供及时的决策依据。

通过这些技术和工具手段的应用，DevOps 极大地提高了软件交付的速度和质量。在提高速度方面，自动化的流程减少了人工干预和烦琐的手动操作，使得软件产品能够更快地从开发环境进入生产环境，满足市场对软件快速更新的需求。在提高质量方面，持续的集成、交付和监控机制能够及时发现和解决问题，避免问题在后期的积累和放大，从而保证软件产品的稳定性和可靠性。同时，这种模式显著降低了运维成本，开发和运维的紧密协作使得问题能够在早期被发现和解决，减少了后期运维过程中的故障排查和修复的成本。

在 DevOps 模式下，研发过程不再局限于传统的开发阶段，而是贯穿整个产品生命周期。从最初的需求分析阶段，开发团队和运维团队就共同参与，考虑如何在满足用户需求的同时，确保软件在后续的部署和运维过程中能够稳定运行；在设计阶段，考虑系统的可扩展性、可维护性等运维相关因素；编码阶段则遵循统一的规范和标准，便于后续的集成和部署；测试阶段则包括功能测试、性能测试、安全测试等多种类型的测试，确保软件在生产环境中的表现符合预期。生产部署过程在自动化工具的支持下更加顺畅和高效，而后续的运维支持则与开发团队紧密协作，及时反馈问题和需求，形成一个不断优化的循环。整个过程将软件的研发、部署和运维纳入了一个统一的研发过程体系，实现了各个环节之间的无缝衔接和高效协作。

2.1.3 研发过程体系的核心要素

1. 流程管理

流程管理是研发过程体系的基础和核心，它定义了研发活动的各个阶段、任务、输入输出以及阶段间的依赖关系，通过标准化的流程来指导和管理研发活动，确保研发过程的可控性和可预测性。在流程管理过程中，开发团队需要明确每个阶段的目标、任务和责任分配并制定相应的验收标准和交付物清单，以确保各阶段工作的顺利完成和高质量交付；需要建立有效的监控和评估机制对研发过程进行实时跟踪和评估，以便及时发现并解决问题。

2. 需求管理

需求管理是研发过程体系中的关键环节之一，它负责收集、分析、验证和管理用户需求，确保需求信息的准确性和一致性，并为后续的设计开发工作提供有力支持。在需求管理过程中，开发团队需要建立有效的沟通机制，与用户保持密切联系，以便及时获取用户反馈并调整需求方案；需要建立需求变更管理流程，以应对需求变化对研发活动的影响。严格的需求管理可以确保研发活动始终围绕用户需求进行，提高产品的市场竞争力。

3. 质量管理

质量管理是保证研发成果质量的重要手段之一，它贯穿于研发活动的全过程，包括代码审查、单元测试、集成测试、系统测试等多个环节，通过制定严格的质量标准和流程规范来确保研发成果的质量稳定性。在质量管理过程中，开发团队需要建立全面的测试计划和测试用例库，以便对研发成果进行全面的测试验证；需要建立问题跟踪和修复机制，及时记录和解决测试过程中发现的问题，以确保研发成果的质量可靠性；需要关注用户体验和反馈，不断优化产品质量，提升用户满意度和忠诚度。

4. 风险管理

风险管理是研发过程体系中不可或缺的一部分，它要求对项目潜在的风险进行识别、评估、监控和应对，以降低风险发生的概率和影响程度。在风险管理过程中，开发团队需要建立全面的风险清单和评估模型，以便对项目可能面临的各种风险进行预测和分析；需要制定相应的风险应对策略和预案，以便在风险发生时能够及时应对并采取有效措施降低损失；还需要建立风险监控机制，对项目风险进行持续跟踪和评估，以便及时调整风险应对策略，确保项目顺利进行。

5. 配置管理

配置管理是研发过程体系的重要组成部分之一，它负责对研发过程中的各种资源进行统一管理和控制，包括源代码、文档、测试数据、构建脚本等所有与项目相关的资产。配置管理可以确保团队成员能够访问到最新、最准确的项目资源；同时，版本控制和历史追溯等功能可以保障项目资源的完整性和可追溯性。在配置管理过程中，开发团队需要选择合适的配置管理工具，如 Git、SVN 等，以便对项目资源进行高效管理和维护；需要建立规范的配置管理流程，确保项目资源的正确性和一致性。

6. 团队协作与沟通

团队协作与沟通是研发过程体系中的软实力之一，它要求建立明确的角色分工和沟通机制，促进团队成员之间的有效协作和信息共享，以便形成合力，推动项目成功。在团队协作与沟通过程中，开发团队需要明确每个团队成员的角色和责任分配，并建立有效的沟通渠道，如定期会议、即时通信工具等，以便及时分享项目进展和解决问题；需要关注团队成员的成长和发展，提供必要的培训和支持，以激发团队的创造力和凝聚力；需要建立共识决策机制，鼓励团队成员积极参与项目决策过程，以便更好地发挥集体智慧和力量，推动项目成功。

7. 持续改进

持续改进是研发过程体系的核心价值观之一，它要求不断反思和总结研发过程中的经验教训，识别存在的问题和不足；同时，需要积极引入新的工具、方法和理念来优化研发过程体系，提高研发效率和产品质量。在持续改进中，开发团队需要建立全面的监控和评估机制，对研发过程进行实时跟踪和评估，以便及时发现并解决问题；需要建立知识管理和分享机制，促进团队成员之间的知识交流和传承，以便不断提升团队的研发能力和竞争力；需要关注行业动态和技术发展趋势，及时调整研发策略和方向，以适应不断变化的市场需求和技术挑战。

研发过程体系是企业技术创新和产品迭代的重要保障之一，构建科学、高效的研发过程体系可以提升研发效率、保障产品质量、控制研发成本、加速产品创新以及促进团队协作与沟通等。因此，企业需要高度重视研发过程体系的建设，优化工作，不断完善和提升自身的研发能力和市场竞争力，以应对快速变化的市场需求和技术挑战。

2.2 研发流程规划与设计

在研发过程体系建设中，研发流程规划与设计是基础且至关重要的环节。一个合理、高效的研发流程不仅能够提升研发效率，还能确保产品质量，降低开发成本。本节将从研发流程规划的原则与目标、研发流程设计的步骤与方法以及研发流程的优化原则与调整策略及实施步骤三个方面详细阐述。

2.2.1 研发流程规划的原则与目标

在了解了软件研发过程体系的发展脉络后，可以清晰地看到其随着时代和技术的变迁而不断演进。这一演进历程为当下研发流程规划奠定了深厚的实践基础，积累了丰富的经验。如今，研发流程规划作为软件项目管理的关键环节，有着自身独特的原则与目标，这些原则与目标将指导研发活动朝着更高效、更优质的方向发展。

1. 研发流程规划的原则

(1) 系统性原则。研发流程规划中的系统性原则强调将整个研发流程看作一个有机的整体系统。在这个系统中，各个环节相互之间存在着复杂而微妙的依赖关系。就如同一个精密的机械装置，每个零部件都对整体的运行起着不可或缺的作用，任何一个环节的缺失或故障都可能影响整个研发流程的顺利推进。

在进行研发流程规划时，必须深入考量整体架构的合理性。这要求从宏观角度出发，全面分析各个环节在整个流程中的地位和作用，以及各个环节之间的信息传递、资源流转路径。例如，需求分析环节所确定的产品功能需求，应准确无误地传递给设计环节，设计方案又要为开发环节提供清晰的指导，开发完成后的成果要能顺利进入测试环节进行验证，各个环节之间的衔接必须紧密交织、环环相扣。同时，要极力避免出现信息孤岛和流程断裂的情况。信息孤岛会导致不同环节之间信息不流通或信息不一致，使得各个环节成为孤立的个体，无法协同工作。流程断裂则可能使研发工作停滞，增加额外的成本和时间消耗。例如，如果测试环节发现的问题不能及时反馈给开发环节进行修复，或者开发环节在修改代码时没有与设计环节沟通，可能导致新的问题出现，严重影响研发效率和产品质量。

(2) 灵活性原则。在当今快速变化的商业环境中，市场环境和技术处于持续的动态变化之中。因此，研发流程必须具备足够的灵活性，以应对这种多变的外部环境。

为了实现灵活性，可以采用模块化设计和配置管理等有效手段。模块化设计是将研发流程按照功能或业务逻辑划分为相对独立的模块，每个模块具有明确的输入、输出和功能边界。这样，当市场需求或技术条件发生变化时，可以对特定的模块进行调整或替换，而不会影响整个流程的其他部分。例如，在软件开发项目中，可以将用户认证模块、数据存储模块等设计为独立模块，当需要更换认证方式或升级存储技术时，只需修改相应模块，而无须对整个软件的研发流程进行大规模改动。

配置管理则是通过建立一套灵活的参数配置机制，使研发流程能够根据不同项目的特点进行定制化调整。例如，不同规模、不同类型的项目可能在审批流程、资源分配方式等方面存在差异，通过配置管理可以轻松地对这些流程参数进行调整，以满足具体项目的需求。这种灵活性能够确保研发流程在各种复杂情况下都能保持高效运作，快速响应市场变化和技术更新。

(3) 标准化原则。标准化原则在研发流程规划中具有至关重要的地位，它要求制定统一且明确的规范和标准，以此保证研发活动有条不紊地开展。

标准化涵盖范围十分广泛，不局限于表面的文档格式和代码风格等。文档格式的标准化有助于提高文档的可读性和可维护性，使不同团队成员之间能够准确理解文档内容。例如，规定需求文档、设计文档、测试报告等都遵循特定的格式和模板，详细列出各个部分的内容要求和书写规范。代码风格的标准化则有利于团队协作和代码的管理。统一的代码缩进、命名规范等可以使代码更加清晰易懂，便于后续的开发、维护和审查。

此外，标准化还应深入流程执行的标准步骤和决策依据层面。标准步骤明确了每个环节具体的操作流程和顺序，确保每个团队成员都知道在每个阶段应该做什么、如何做。例如，在测试环节，规定先进行单元测试，再进行集成测试，最后进行系统测试的标准流程。决策依据的标准化则为流程中的各种决策提供了统一的准则。例如，在确定是否进入下一研发阶段时，依据预先设定的质量指标、风险评估结果等标准进行判断，避免人为因素导致的决策不一致，保证研发流程的稳定性和可预测性。

(4) 客户导向原则。研发流程规划必须始终紧密围绕客户需求展开，将客户导向原则贯穿于整个流程的各个环节。这意味着研发出的产品在功能、性能和质量等方面都要以满足甚至超越客户需求为目标。

从需求分析阶段开始，就需要深入挖掘客户的真实需求。通过与客户的直接沟通、市场调研等多种方式，收集客户对产品功能、使用体验、业务场景等的期望和要求。例如，对于一款企业级办公软件，要了解企业用户在文件管理、协同办公、数据安全等方面的具体需求，这些需求将成为后续研发工作的重要依据。

在研发过程中，用户反馈是至关重要的环节。因此，需要建立有效的用户反馈收集机制，及时获取用户在使用产品过程中遇到的问题、提出的建议等信息。这些反馈就像指南针一样，引导研发团队对产品进行优化和改进。例如，如果用户反馈软件某个功能操作复杂，研发团队就需要重新审视该功能的设计和实现，以提高其易用性。将用户“声音”融入研发流程，使产品真正符合市场需求，提高用户满意度和产品的市场竞争力。

(5) 持续改进原则。研发流程并非固定不变的僵化模式，而是一个持续优化和完善的动态过程。在研发流程的实际执行过程中，会不断产生大量的数据，这些数据是发现问题和改进流程的宝贵资源。

通过收集和分析流程执行过程中的各类数据，如项目进度数据、产品质量数据、资源使用数据等，可以识别出流程中存在的瓶颈和问题。例如，如果数据显示某个环节经常出现延误，导致项目整体进度滞后，那么就需要深入分析该环节延误的原因：可能是资源分配不合理、技术难题或者沟通不畅等。

针对识别出的问题，应采取具有针对性的措施进行改进。这可能包括调整资源分配方式、优化工作流程、引入新的技术或工具等。同时，改进措施的实施效果也需要通过持续的数据监测来评估，以确定改进是否有效，是否需要进一步调整。持续改进原则能够使研发流程不断适应新的情况，提高研发效率和产品质量，保持企业在市场竞争中的优势地位。

2. 研发流程规划的目标

(1) 提升研发效率。研发流程规划的一个关键目标是提升研发效率。在现代竞争激烈的商业环境中，高效的研发流程对于企业快速推出具有竞争力的产品至关重要。这一目标主要通过精简流程来实现，即对研发过程进行深入分析，去除那些烦琐、多余且对最终产品价值贡献不大的环节。例如，在一些传统的研发流程中，可能存在过多的审批步骤或者不必要的文档传递环节，这些步骤或环节不仅耗费时间，还可能导致信息延误或失真。简化这些流程，可以使研发活动更加流畅地进行。

减少不必要的等待时间也是提升研发效率的重要方面。在研发过程中，常常会出现某个环节等待其他环节完成的情况，如开发团队等待设计方案的最终确定，或者测试团队等待开发版本的交付。合理安排工作顺序、并行处理部分任务以及建立高效的信息共享机制，可以最大限度地减少这种等待时间。例如，采用敏捷方法中的迭代方法，开发团队可以在设计尚未完全完成时就开始部分功能的开发，只要核心设计架构确定，这种并行工作模式可以显著提高整体研发效率。

采用以上方式，企业能够在更短的时间内完成更多的研发任务，更快地适应市场变化。

(2) 保证产品质量。保证产品质量是研发流程规划不可或缺的目标。在产品研发的各个阶段，都需要实施严格的质量控制措施，以确保最终交付的产品符合预定的质量标准。其中，代码审查是保证软件产品质量的重要环节之一。代码审查涉及对代码的规范性、可读性、安全性和逻辑正确性等多方面的检查。专业的开发人员会依据预先设定的代码规范和最佳实践，对编写完成的代码进行逐行审查，及时发现并纠正代码中的潜在问题，如语法错误、逻辑漏洞、内存泄漏等。

单元测试是质量控制的关键步骤。开发人员针对软件中的各个最小功能单元编写测试用例，以验证每个单元的功能是否正确。这些测试用例通常会覆盖各种可能的输入情况和边界条件，确保单元在各种情况下都能正常工作。通过单元测试，可以在早期发现代码中的缺陷，降低问题的修复成本。

集成测试则侧重于检查不同模块之间的交互是否正常。当各个功能模块分别通过单元测试后，将它们集成在一起形成完整的系统或子系统时，可能会出现新的问题，如接口不匹配、数据传递错误等。集成测试就是要模拟实际的运行环境，对集成后的系统进行全面测试，确保各个模块能够协同工作，保证整个系统的稳定性和可靠性。这些严格的质量控制措施可以确保产品从需求分析、设计、开发到测试的各个阶段都能达到预定的质量标准，为用户提供高质量的产品体验。

(3) 降低开发成本。研发流程规划的一个重要目标是降低开发成本。这对于企业提高研发投资回报率、增强市场竞争力具有重要意义。降低成本的主要途径之一是优化资源配置。这需要对研发项目所需的各种资源(包括人力资源、物力资源和财力资源)进行精确分析和合理分配。例如，根据项目的不同阶段和任务需求，合理安排具有不同技能和经验水平的人员参与。在需求分析阶段，安排擅长与客户沟通和理解业务需求的人员参与；在技术难度较高的开发阶段，调配技术专家参与。同时，对于物力资源，如服务器、开发设备等，要根据实际使用情况进行合理调配，避免资源闲置或过度使用。

减少重复劳动和浪费也是降低成本的关键措施。在一些没有良好规划的研发流程中，可能会出现团队成员因信息不共享或流程混乱而重复进行相同工作的情况，如多次编写相似的代码模块或者重复进行相同的测试。建立统一的代码库、文档管理系统和清晰的流程指导，可以有效避免这种重复劳动。此外，还需要对研发过程中的浪费现象进行严格控制，如不合理的物料采购、不必要的会议等。优化资源配置、减少重复劳动和浪费、有效控制研发成本，可以使企业在有限的预算内完成更多高质量的研发项目。

(4) 缩短产品上市时间。在当今快速变化的市场环境下，缩短产品上市时间对于企业获取竞争优势至关重要。研发流程规划通过一系列策略来实现这一目标，其中快速迭代和敏捷开发等策略发挥着关键作用。

① 快速迭代策略要求研发团队将产品开发过程划分为多个短周期的迭代。在每个迭代中，都要完成从需求分析、设计、开发到部分功能测试的完整流程，并快速生成一个可运行的产品版本。这个版本虽然可能只具有整个产品的一部分功能，但可以及时推向市场或提供给特定用户进行试用，获取反馈信息。通过这种方式，研发团队可以根据市场反馈迅速调整后续的研发方向，避免在开发过程中出现偏离市场需求的情况。

② 敏捷开发策略则强调灵活性和快速响应能力。它打破了传统研发过程中严格的顺序和文档依赖，采用更加灵活的团队协作方式和项目管理方法。例如，通过每日站会、迭代回顾等活动，团队成员可以及时沟通项目进展和问题，快速调整工作计划。敏捷开发策略还注重客户参与，在整个开发过程中，客户可以随时提出反馈和需求，研发团队能够及时响应并将这些需

求融入下一轮迭代。

这些策略可以加速产品研发进程，缩短产品从最初的概念构思到成功推向市场的周期，使企业能够更快地抓住市场机会，及时满足客户的需求。

(5) 增强团队协作。在研发项目中，团队协作的效果直接影响项目的成败。因此，增强团队协作是研发流程规划的重要目标之一。这一目标主要通过明确角色分工和建立有效的沟通机制来实现。

① 明确角色分工是确保团队高效协作的基础。在研发流程规划中，需要清晰地界定每个团队成员在项目中的角色、职责和权限。例如，在一个软件开发项目中，要明确分工：项目经理负责整个项目的计划、协调和监控，架构师负责软件整体架构的设计，开发人员负责具体的代码编写，测试人员负责各种测试工作，文档编写人员负责项目文档的整理和维护，等等。每个角色都有其明确的工作范围和目标，避免出现职责不清导致的推诿现象。

② 建立有效的沟通机制对于团队协作同样至关重要。这包括建立定期的沟通会议制度，如每周的项目进度会议、每日站会等。在这些会议上，团队成员可以分享工作进展、讨论遇到的问题和解决方案。同时，利用现代信息技术建立即时通信群组，方便团队成员之间随时进行信息交流。此外，还需要建立规范的文档管理和信息共享机制，确保团队成员能够及时获取和更新项目相关信息。通过这些措施，促进团队成员之间的协作和配合，使团队成员形成强大的合力，共同推动研发项目朝着成功的方向前进。

2.2.2 研发流程设计的步骤与方法

在清晰地确定研发流程规划的原则与目标之后，这些原则与目标犹如指南针和路线图，为研发流程设计这一关键工作提供明确的方向指引。它们决定了在设计流程时应遵循的准则，以及需要达成的具体目标。在此基础上，将进一步深入研发流程设计的具体环节。研发流程设计是一个复杂且系统性的工作，其步骤与方法是整个研发管理体系中的核心内容之一。这不仅关乎研发工作能否高效、有序地开展，还直接影响着产品的质量、成本以及上市时间等重要因素。接下来将要阐述研发流程设计的步骤与方法，详细展示如何将抽象的规划转化为实际可操作的流程。这对于构建一个科学合理、符合项目实际需求且能有效保障研发工作顺利推进的研发流程有着至关重要的作用。这些步骤与方法涵盖了从项目启动到最终产品交付的各个环节，每一个环节都紧密相连、相互影响，共同构成了研发流程设计的完整体系。

1. 研发流程设计的步骤

(1) 需求分析。需求分析是研发流程设计的起始点，是最为关键的基础环节。在此环节，研发团队需要深入且全面地了解市场需求，包括对市场趋势的研究，对目标市场规模和增长潜力的评估，以及对市场细分特征的剖析。研发团队需要通过市场调研、行业报告分析、专家咨询等多种途径，收集大量一手和二手数据，从而准确把握市场动态。

深入了解客户期望也至关重要。这不仅涉及与现有客户的直接沟通——通过客户访谈、问卷调查、用户体验测试等方式获取客户对产品功能、性能、易用性、外观设计等的详细反馈，还需对潜在客户的需求进行前瞻性的挖掘。分析不同类型客户的使用场景、痛点问题以及他们期望产品所具备的价值，可以为产品设计提供依据。

此外，对竞争态势的清晰洞察也是需求分析的重要内容。研究竞争对手的产品特点、优势劣势、市场份额、营销策略等信息，通过对比分析找出市场空白点和竞争优势所在。在此基础上，明确产品的功能定位，确定产品应具备的核心功能、辅助功能以及差异化功能，以满足市场和客户需求并形成竞争优势。同时，规划出合理的技术路线，考虑现有技术的可行性、技术发展趋势以及企业自身的技术储备，确保产品的技术实现既能满足当前功能需求，又具有一定的前瞻性和可扩展性。

基于上述全面深入的需求分析结果，制定初步的研发目标和计划。研发目标应明确、具体、可衡量，且与市场和客户需求紧密相关，如产品性能指标、功能完整性要求、上市时间目标等。研发计划则涵盖了从项目启动到产品交付的大致时间安排、阶段划分、资源初步估算等内容，为后续的研发流程设计提供总体框架。

(2) 研发流程框架设计。研发流程框架设计环节依据需求分析结果和企业的实际情况，构建研发流程的整体架构。这一过程需要综合考虑多方面因素，确保所设计的框架既符合产品研发的内在逻辑，又能与企业现有的组织架构、资源配置和管理文化相契合。

① 确定流程的主要阶段。这些阶段通常包括但不限于概念设计、详细设计、开发、测试、部署等，每个阶段都有其特定的目标和任务，且阶段之间存在着明确的先后顺序和逻辑关系。例如，概念设计阶段要明确产品的基本概念、架构和主要功能，详细设计阶段则进一步细化各个功能模块的设计细节，开发阶段依据设计文档进行代码编写和系统集成，测试阶段对开发完成的产品进行全面的功能测试、性能测试、安全测试等，部署阶段将经过测试的产品发布到目标环境中。

② 明确关键活动。在每个主要阶段，识别出对产品研发成功具有关键影响的活动。例如，在开发阶段，关键活动可能包括代码编写、代码审查、单元测试等；在测试阶段，关键活动包括制订测试计划、设计测试用例、执行各种类型的测试以及问题跟踪与修复等。这些关键活动构成了研发流程的核心内容，直接影响着研发效率和产品质量。

③ 确定每个阶段和关键活动的输入、输出等要素。输入要素是指启动某个阶段或活动所必需的信息、资源或条件。例如，开发阶段的输入包括详细设计文档、开发工具和相关技术资料等。输出要素则是该阶段或活动完成后所产生的结果。例如，开发阶段的输出是经过单元测试的代码模块。清晰地界定输入输出关系有助于确保流程的连贯性和可追溯性，避免信息缺失或工作重复。

(3) 细化流程环节。在完成流程框架设计的基础上，进一步对每个阶段的具体环节和任务进行细化，这是将宏观的研发流程框架转化为可操作的详细指导的关键步骤。

① 针对每个阶段，明确其具体的目标，确保这些目标与上一层次的阶段目标和整体研发目标相一致。例如，测试阶段中的功能测试环节，其目标是全面验证产品的各项功能是否符合需求规格说明书的要求，确保产品在正常使用情况下无功能缺陷。

② 确定每个环节的责任人，明确每个团队成员或部门在具体环节中的角色和职责。这有助于避免职责不清导致的工作推诿或混乱现象。例如，在代码审查环节，指定经验丰富的高级开发人员作为负责人，带领其他开发人员按照既定的代码审查标准对代码进行检查。

③ 详细阐述每个环节的输入、输出信息，进一步细化和精确化信息的内容、格式和传递

方式。例如，在功能测试环节，输入信息包括详细的测试计划、测试用例文档、待测试的产品版本等；输出信息则是功能测试报告，报告中应详细记录测试结果、发现的问题及问题的严重程度等。

④ 明确每个环节的关键控制点。这些关键控制点是确保环节质量和流程顺利进行的关键检查点或决策点。例如，在开发阶段的代码提交环节，关键控制点可以是代码是否通过了自动化的代码规范检查和单元测试，只有满足条件的代码才能被提交到代码库中，从而保证代码质量和整个开发流程的稳定性。

(4) 制定规范与标准。为保障研发流程的顺畅执行以及产品质量的一致性，制定一系列全面且详细的规范和标准是研发流程设计中不可或缺的步骤。

① 在文档格式方面，明确规定各类研发文档的标准格式，包括需求文档、设计文档、测试文档、用户手册等。例如，需求文档应包含封面、目录、修订历史、引言、总体描述、具体需求、接口需求、非功能需求、附录等部分，每个部分都有详细的内容要求和书写规范，以确保文档的清晰性、完整性和可读性，便于团队成员之间的沟通和理解，同时有利于项目的维护和知识传承。

② 对于代码风格，制定统一的编程规范，涵盖代码的命名规则、缩进格式、注释规范、代码结构等。例如，变量命名应采用有意义的英文单词或缩写，遵循驼峰命名法或下画线命名法；函数和类的命名应清晰地反映其功能。代码缩进应统一使用特定的空格数或制表符。注释应详细解释代码的功能、逻辑和关键算法，特别是对于复杂的代码段，要保证注释的充分性，使代码易于阅读和维护，降低代码理解和修改的难度。

③ 测试规范也是重要的组成部分，包括详细规定不同类型测试的流程、方法、工具和评价标准。例如，在功能测试中，明确测试用例的设计方法，包括等价类划分、边界值分析、决策表等，确定测试用例的覆盖标准，如语句覆盖、分支覆盖、条件覆盖等；在性能测试中，规定测试环境的搭建要求、性能指标的定义和测量方法、性能问题的分析和优化流程等，确保测试工作的科学性、规范性和有效性，从而保证产品质量的可靠性。

(5) 风险评估与应对措施。在研发流程设计过程中，全面且深入地识别可能存在的风险点是至关重要的，这有助于提前做好应对准备，降低风险对研发项目的影响。

① 技术难题是常见的风险之一。在技术选型和应用过程中，可能会遇到新技术不成熟、现有技术与产品需求不匹配、技术复杂性超出团队能力范围等问题。例如，在开发一款涉及人工智能算法的产品时，可能面临算法模型训练效果不佳、计算资源消耗过大等技术难题，这些问题可能导致项目进度延误或产品性能不达标。

② 资源不足也是不容忽视的风险因素。这包括：人力资源的短缺，如缺乏具备特定技能的专业人员，或在项目关键阶段人员流动导致人手不足；物力资源的不足，如服务器、实验设备等硬件设施无法满足研发需求；财力资源的限制，如预算超支或资金不到位影响项目的正常推进。

③ 需求变更同样会给研发流程带来风险。在研发过程中，市场环境变化、客户需求调整或竞争对手推出新的产品功能都可能导致产品需求的变更。这种变更可能影响研发计划、设计方案和开发进度，如果处理不当，可能导致项目返工、成本增加和交付时间推迟。

针对这些风险点，需要制定相应的应对措施和预案。对于技术难题，提前组建技术专家团队进行技术可行性研究和预研工作；建立技术难题攻关机制，当遇到问题时能够迅速集中力量解决。在资源不足方面，制定合理的人力资源规划，提前招聘或培训所需人员，建立人员备份机制；优化物力资源配置，通过租赁、共享等方式满足硬件需求；加强预算管理和成本控制，合理安排资金使用，并建立应急资金储备。对于需求变更，建立灵活的需求管理流程，定期与客户沟通，及时获取需求变更信息，评估变更影响，制订变更计划，确保研发工作能够及时调整，以适应满足新的需求。

(6) 工具与平台选择。根据研发流程的具体需求，精心选择合适的工具和平台对于支持流程的执行和管理具有至关重要的作用。

① 在项目管理软件方面，选择能够满足研发项目规模、复杂度和团队协作需求的工具。例如，对于大型复杂的研发项目，可选用 Microsoft Project 等专业项目管理软件，它能够对项目的任务分解、进度安排、资源分配、成本控制等进行全面而精细的管理；对于小型敏捷项目，Jira、Trello 等敏捷项目管理工具则更为合适，它们强调可视化管理、快速迭代和团队协作，方便团队成员随时了解项目进展、更新任务状态和进行沟通。

② 版本控制系统是保障代码管理和团队协作的关键工具。常用的如 Git，它可以对代码的版本进行有效管理，支持多人同时开发同一项目，通过分支管理功能方便开发人员并行开发不同功能或修复不同问题；同时，它还能够记录代码的修改历史，便于回溯和查找问题，确保代码的完整性和可维护性。

③ 自动化测试工具的选择也是研发流程设计的重要内容。根据产品的类型和测试需求，选择合适的自动化测试工具。例如，对于 Web 应用程序的测试，可以选用 Selenium 等工具，它能够模拟用户在浏览器中的操作，实现自动化的功能测试和部分性能测试；对于应用程序接口(API 接口)的测试，可以使用 Postman 等工具，它能够方便快捷地进行接口调用和测试用例的执行，提高测试效率和准确性，减少人工测试的工作量和错误率。

④ 根据研发流程的特殊需求选择其他工具和平台，如代码质量分析工具、持续集成与持续部署工具等，这些工具共同构成了支持研发流程高效运行的技术生态系统。

(7) 培训与推广。对研发团队成员进行流程培训以及在企业内部开展新流程的宣传和推广活动，是确保研发流程顺利实施的关键环节。

① 在流程培训方面，针对研发流程设计各个环节和要求，制定详细的培训计划和课程内容。培训内容包括：对整个研发流程的概述，使团队成员了解流程的全貌、各个阶段的目标和相互关系；深入讲解每个环节的具体操作方法、规范和标准，如如何进行需求分析、如何编写符合规范的文档、如何执行特定的测试活动等；介绍所选用的工具和平台的使用方法，通过实际操作演示和案例分析，让团队成员熟练掌握工具的功能和操作技巧。培训方式可以是集中培训、在线培训、一对一辅导等多种形式相结合，确保每个团队成员都能充分理解并熟悉新流程的要求和操作。

② 通过内部宣传和推广活动，提高团队成员对新流程的认可度和执行意愿。可以通过组织内部研讨会、分享会等形式，邀请团队成员参与讨论新流程的优势、意义和实施计划，鼓励他们提出问题和建议，增强他们对新流程的认同感。利用企业内部的宣传渠道(如公告栏、内部邮件、即时通信工具等)发布新流程的相关信息、宣传资料和成功案例，让团队成员在日常工作中不断接触和了解新流程。此外，领导的支持和参与也是至关重要的，领导要以身作则，积极

参与新流程的培训和推广活动，向团队成员传达新流程的重要性和必要性，为新流程的实施营造良好的氛围，确保团队成员能够积极主动地执行新流程。

2. 研发流程设计的方法

(1) 流程映射法。流程映射法是一种在研发流程管理中极为有效的方法，它借助流程图、甘特图等专业工具，对研发流程展开全面且细致的梳理。流程图以图形化的方式清晰地呈现了研发流程中各个环节的先后顺序、分支情况以及判断条件等要素，就像是一张详细的路线图，指引着整个研发过程行进的方向。甘特图则侧重于从时间维度展示各个环节的起止时间、持续时长以及相互之间的时间依赖关系，它能让团队成员一目了然地了解到每个环节在整个研发周期中的时间位置。通过流程映射法，可以将研发流程的各个环节以及它们之间复杂的依赖关系直观地展示在团队成员面前。这对于团队成员理解流程的整体架构有着重要意义，他们能够清晰地看到各个环节是如何相互关联、相互影响的，从而对整个研发流程形成宏观的认识。同时，这种方法突出了关键环节，让团队成员明白哪些部分是整个研发流程的核心所在，需要重点关注和把控，进而更好地协调工作，保障研发工作的顺利推进。

(2) 角色基准法。角色基准法在研发流程管理中扮演着不可或缺的角色。它致力于明确每个角色在研发流程中的具体职责和权限范围，确保研发流程的每一个环节都有清晰明确的责任人。一个复杂的研发项目，涉及众多不同专业背景和技能水平的人员，包括但不限于研发工程师、测试人员、项目管理人员、市场分析师等。角色基准法通过对研发流程的深入分析，详细规定了每个角色在各个环节中的工作内容、决策权限以及需要承担的责任。例如，研发工程师在需求分析阶段需要参与技术可行性评估，在开发阶段负责代码编写和单元测试，他们有权根据技术规范对设计方案提出改进建议，但同时要对代码质量和开发进度负责；而测试人员在项目开发完成后要依据测试计划进行全面的测试工作，包括功能测试、性能测试等，他们有权对不符合质量标准的产品提出返工要求。通过这种明确的角色基准法，可以在研发团队中建立起清晰的角色分工和协作机制。每个团队成员都清楚自己的工作职责和权限，避免了职责不清导致的推诿扯皮现象；同时，每个团队成员清楚在不同环节应该与哪些人员进行协作，提高了团队协作的效率和效果，保障了研发流程的顺畅运行。

(3) 价值流分析。价值流分析是一种以客户需求为导向的研发流程优化方法。它从客户需求出发，对研发流程中每个环节的增值性和非增值性活动进行深入剖析。在研发流程中，并非所有的活动都能为客户创造价值，有些活动可能只是由于流程设计不合理或者历史遗留问题而存在，这些活动往往会增加成本、延长周期，而对最终满足客户需求并没有实质性的帮助。价值流分析就是要识别出这些非增值性活动，如不必要的审批环节、重复的文档编写、过度的测试等。价值流分析通过对研发流程进行端到端的梳理，分析每个环节的输入和输出，判断其对客户需求的贡献程度。然后，它根据分析结果，运用消除浪费、简化流程等手段对研发流程进行优化。比如，可以通过合并一些审批流程、建立文档模板库减少重复工作、优化测试策略等方式，去除那些不必要的非增值性活动，提高流程的整体效率。这样，研发团队可以将更多的资源和精力集中在真正为客户创造价值的环节上，更快更好地满足客户需求，提升产品在市场上的竞争力。

(4) 敏捷开发方法。敏捷开发方法为研发流程设计带来了全新的思路和实践经验。它将快速迭代、持续交付等先进策略融入研发流程。在当今快速变化的市场环境和技术发展背景下，客户需求和技术条件都处于不断变化之中，传统的研发模式往往难以快速响应这些变化。敏捷开发方法强调以小而快的迭代周期进行产品开发，每个迭代周期都能产生一个可运行的产品版本，并将其交付给相关方(如客户、内部测试团队等)获取反馈。例如，在软件开发项目中，敏捷团队可能会将整个项目划分为多个为期 1~2 周的迭代周期，在每个迭代中完成从需求分析、设计、开发到测试的部分功能。通过这种短周期的开发和频繁的反馈循环，研发团队能够快速了解客户对产品的真实需求和意见，及时发现产品存在的问题和不足，并在后续的迭代中迅速做出调整和改进。这种方式使得研发流程能够快速响应市场需求的变化和技术的更新换代，确保产品始终保持与市场需求的高度契合，提高研发项目的成功率和客户满意度。

(5) 六西格玛方法。六西格玛方法是一种基于数据驱动的研发流程优化方法，它运用六西格玛的数据分析和持续改进理念，对研发流程进行量化分析和优化。在研发过程中，六西格玛方法通过收集大量的数据，对研发流程中的各个环节进行精确的测量和分析。例如，对于产品的性能指标、研发周期、缺陷率等关键参数进行详细的数据采集和统计分析。基于这些数据，运用先进的统计分析工具和方法，识别出影响研发流程性能和质量的关键因素。然后，通过DMAIC[定义(define)—测量(measure)—分析(analyze)—改进(improre)—控制(control)]循环对研发流程进行持续改进。在定义阶段，明确项目的目标、范围和客户需求；在测量阶段，确定需要收集哪些数据以及如何收集，建立有效的测量系统；在分析阶段，运用数据分析技术找出问题的根源和影响因素；在改进阶段，制订并实施改进方案，消除影响流程性能的不良因素；在控制阶段，建立监控机制，确保改进后的流程能够长期稳定运行。通过这种严谨的 DMAIC 循环，不断提升研发流程的性能和稳定性，降低产品的缺陷率，提高研发效率和质量，为企业在激烈的市场竞争中赢得优势。

2.2.3　研发流程的优化原则与调整策略及实施步骤

1. 优化原则

(1) 以客户为中心。软件研发的最终目的是满足客户需求，因此流程优化应始终围绕客户价值展开。在优化过程中，要深入分析客户需求，确保流程的每个环节都能为客户创造价值。例如，在需求分析阶段，要与客户进行充分沟通，准确把握其业务目标和功能需求；在测试阶段，要从客户使用场景出发，设计贴近实际的测试用例，确保软件能够满足客户在各种情况下的使用需求。

(2) 简洁高效。去除不必要的流程环节和烦琐的步骤，避免过度的文档化和审批流程。简洁的流程能够减少沟通成本和时间浪费，提高团队的工作效率。例如，对于一些小型的变更请求，可以简化审批流程，由项目负责人直接评估并决策，而不是层层上报，这样可以加快问题的解决速度，让团队能够更快速地响应客户需求。

(3) 持续改进。软件研发流程的优化是一个持续的过程，不能一蹴而就。因此，要建立持续改进的机制，定期对流程进行评估和回顾，根据项目实际情况和团队反馈，不断发现问题并进行改进。例如，可以每季度进行一次流程回顾会议，分析流程中存在的问题，如任务积压、沟通不畅等，然后制定相应的改进措施，并在下一个季度跟踪改进效果。

2. 调整策略

(1) 模块化调整。针对研发流程中的某个或某些模块进行调整和优化。通过重新设计模块结构、调整任务分配或引入新工具等方式，提高模块的效率和性能。

(2) 集成化调整。从整个研发流程的角度出发，考虑各环节之间的协同和配合。通过优化接口设计、增强信息共享和协作机制等手段，提高流程的整体效能。

(3) 适应性调整。根据市场环境和技术趋势的变化，对研发流程进行适应性调整。例如，引入敏捷开发模式以应对快速变化的需求，采用 DevOps 理念提升产品交付速度和质量等。

(4) 组织与文化调整。研发流程的优化不仅涉及技术层面的改进，还需要考虑组织结构和企业文化的适应性调整。通过优化团队结构、提升员工技能和素质、营造开放创新的文化氛围等方式，为研发流程的优化提供有力支撑。

3. 实施步骤

(1) 识别优化机会。通过数据分析、用户反馈和团队讨论等方式，识别研发流程中存在的瓶颈和问题点以及潜在的优化机会。

(2) 制订优化方案。针对识别出的优化机会，制订具体的优化方案。明确优化目标、措施和预期效果，并考虑方案的可行性和成本效益比。

(3) 方案评审与决策。组织相关部门和专家对优化方案进行评审和讨论，评估方案的合理性和潜在风险；根据评审结果做出决策并确定实施计划。

(4) 方案实施与监控。按照实施计划逐步推进优化方案的落地执行；同时建立监控机制，跟踪方案的执行情况和效果评估指标的变化情况及时调整实施策略，以应对可能出现的问题和挑战。

(5) 总结与持续改进。在优化方案实施结束后进行总结和回顾，分析方案实施的效果和存在的问题，并提出持续改进的建议，为未来的优化工作提供参考和借鉴。

研发流程规划与设计是研发过程体系建设的核心内容之一。通过遵循系统性、灵活性、标准化等原则，明确提升效率、保障质量等目标，采用流程映射法、角色基准法等方法科学规划与设计研发流程，并在实施过程中不断优化与调整，以适应市场环境和技术趋势的变化，从而为企业带来持续的竞争优势和创新动力。

2.3 研发项目管理体系构建

在快速变化的科技领域，研发项目管理体系的构建对于确保项目成功、提升研发效率、保证产品质量具有重要意义。一个完善的研发项目管理体系不仅涵盖了核心任务、组织架构与职责划分，还涉及详细的流程设计和工具应用。本节将从这三个方面进行深入探讨，旨在为企业构建科学、高效的研发项目管理体系提供理论指导和实践建议。

2.3.1 研发项目管理的核心任务

研发项目管理是一项复杂且系统的工作，其核心任务如同精密仪器中的关键齿轮，相互啮合、协同运转，构成了保障研发项目顺利推进并最终取得成功的坚实架构。这些核心任务并非孤立存在，它们犹如一张紧密交织的网，每个环节都与其他环节存在千丝万缕的联系，并且相互促进，形成一种良性循环，从不同维度为研发项目的成功奠定了不可或缺的基石。就像搭建一座雄伟的建筑，每一块基石都必须精准放置且稳固可靠。研发项目管理的核心任务在项目的整个生命周期中都发挥着至关重要的作用，决定着项目从启动、实施到收尾的每一个环节的质量和效率。它是项目成功的关键密码，解开这些密码，就能引领研发项目在复杂多变的环境中朝着预定的目标稳步前行。

1. 明确项目目标与范围

在研发项目启动的初始阶段，明确项目目标与范围是重中之重。这一过程需要全面且细致地确定项目的具体目标，目标应当具体(specific)、可衡量(measurable)、可达成(attainable)、相关联(relevant)且有时限(time-bourd)(SMART 原则)。例如，开发一款新型软件的目标可能是在特定时间内开发出具备某些核心功能、满足特定用户群体需求、具有一定性能指标的软件产品。预期成果则需详细描述项目完成后所交付的内容，包括产品功能、文档资料、技术规格等。关键里程碑是项目进程中的重要标志性节点，如软件项目中的原型完成、测试版本发布、正式上线等，它们如同项目旅程中的灯塔，为团队提供清晰的方向指引。同时，明确项目的边界条件也至关重要，这涉及确定项目的范围边界，哪些工作包含在项目内，哪些不在，避免在项目执行过程中出现范围扩大的问题。通过这种明确的目标和范围界定，团队成员能够形成统一的认知和理解，确保所有的工作都紧密围绕核心目标有序展开，避免工作的盲目性和无序性，提高工作效率和资源利用效率。

2. 制订项目计划

基于已经明确的目标和范围，制订一份详细且全面的项目计划成为研发项目管理的核心任务之一。项目计划就像是一张精心绘制的蓝图，指导着整个项目的实施过程。其中，时间表是项目计划的关键要素之一，它详细规划了各个任务的起始时间、持续时间以及先后顺序。例如，对于软件开发项目，要明确需求分析、设计、编码、测试等阶段的具体时间安排，以及每个阶段各个子任务的时间节点。资源分配同样不容忽视，需要根据项目的需求合理安排人力、物力、财力等资源。例如，确定每个阶段所需的各类专业人员数量、所需的硬件设备和软件工具，以及预算的分配情况。此外，风险评估与应对措施也是项目计划的重要组成部分。在项目计划阶段，需要对可能出现的风险进行前瞻性的识别和分析，评估每种风险发生的可能性及其对项目的影响程度，并针对不同的风险制定相应的应对策略。制订这样一份详细的项目计划，可以确保项目在有序的轨道上进行，资源得到合理配置和有效利用，避免资源的浪费和项目执行过程中的混乱。

3. 监控项目进度与质量

在项目实施的整个过程中，持续对项目进度与质量进行监控是确保项目成功的关键。这要求项目经理建立一套完善的监控机制，定期收集和深入分析与项目相关的数据。从进度方面来看，需要对比实际进展与计划时间表，检查各个任务是否按照预定的时间节点完成，是否存在延迟或提前的情况。例如，通过检查每个开发阶段的交付物是否按时提交，各项测试是否按计划开展等方式来评估项目进度。对于质量监控，则要依据预先设定的质量标准，对项目产品进行全面检查和评估。在软件开发中，质量监控包括检查软件功能是否完善、性能是否达标、是否存在漏洞等。对于在监控过程中发现的问题和偏差，无论是进度上的延误还是质量上的缺陷，都需要及时采取有效的措施进行调整和改进。这可能涉及调整工作计划、重新分配资源、加强质量控制措施等，以确保项目始终朝着预定的目标前进，产品质量符合预期要求。

4. 管理项目风险

研发项目由于其自身的创新性和复杂性，往往涉及众多不确定因素，因此风险管理在整个项目管理过程中显得尤为重要。项目经理需要运用科学的方法和丰富的经验来识别潜在风险，这些风险可能来自技术、市场、人员、资源等多个方面。例如，在技术方面，可能面临新技术应用不成熟、技术难题的攻克难度大等风险；在市场方面，可能出现市场需求突然变化、竞争对手推出类似产品等情况；在人员方面，可能存在关键人员离职、团队成员技能不足等问题。项目经理识别出潜在风险后，首先需要对其影响程度进行准确的评估，分析每种风险可能对项目目标、进度、质量、成本等产生的影响大小；然后，根据风险评估的结果制定针对性的应对策略。应对策略包括风险规避、风险减轻、风险转移、风险接受等不同方式。例如，对于高风险且影响巨大的技术难题，可以通过寻求外部专家支持、采用替代技术等方式来减少风险；对于一些不可控的市场风险，可以通过购买保险等方式进行风险转移。有效的风险管理，可以显著降低项目失败的可能性，保证项目在复杂多变的环境中顺利推进。

5. 促进团队协作与沟通

研发项目通常是一个跨团队、跨部门的复杂合作过程，涉及不同专业背景的团队成员和研发、测试、市场、售后等多个部门。因此，促进团队协作与沟通是研发项目管理中不可或缺的核心任务。项目经理需要建立一套行之有效的沟通机制，确保团队成员之间信息沟通的畅通无阻和协作的高效顺畅。沟通机制包括定期的项目会议、即时通信工具、项目管理软件中的沟通功能等多种形式。例如，每周举行项目进度会议，让各个团队汇报工作进展、讨论问题和协调工作计划；利用即时通信工具建立项目群组，方便团队成员随时交流和沟通。同时，项目经理需要关注团队成员的个人成长和发展，为他们提供培训机会、职业规划指导等，激发团队成员的积极性和创造力。因为团队成员只有在一个积极向上、富有活力的环境中工作，才能充分发挥潜力，为项目的成功贡献力量。

6. 确保项目合规性

在研发项目管理的整个过程中，确保项目合规性是一项不可忽视的重要任务。这涵盖了遵守相关的法律法规、行业标准和企业内部政策等多个层面。不同的行业和领域有着各自特定的法律法规要求。例如，在医药研发领域，需要严格遵守药品研发、临床试验、审批等一系列法律法规；在信息技术领域，需要遵循数据保护、知识产权等相关法律规定。同时，行业标准是项目合规性的重要内容，如软件行业的软件质量标准、通信行业的技术规范等。企业内部政策同样对项目有着约束作用，包括项目预算管理、保密制度等。项目经理需要密切关注政策的变化和市场动态，及时调整项目策略，确保项目的所有活动都合法合规。任何违反合规性要求的行为都可能给项目带来严重的后果，如法律纠纷、项目停滞、声誉受损等。因此，确保合规性是保障项目顺利进行的重要防线。

2.3.2 研发项目管理的组织架构与职责

在研发项目管理的复杂环境中，一个高效且稳定的研发项目管理体系是确保项目成功的关键所在，而其中合理的组织架构与明确的职责划分则是研发项目管理体系的核心支柱。以下将详细阐述一个典型的研发项目管理组织架构及其相应的职责分配示例，以展现各部分是如何协同工作，保障研发项目顺利推进的。

1. 组织架构示例

(1) 项目管理办公室。项目管理办公室(PMO)在研发项目管理体系中扮演着核心角色，如同交响乐团的指挥，协调各方，确保项目按既定节奏推进。从职能维度来看，PMO 承担多项关键职责，主要包括：制定并维护统一的项目管理标准、流程与方法，规范项目从启动到收尾的各个阶段，提升管理的规范性与可预测性；作为资源调配中心，依据项目优先级和资源状况合理分配人力、物力与财力，避免资源冲突与浪费；通过监控工具与指标体系，实时跟踪项目进度、成本和质量，及时预警偏差并协助纠正，还积极识别和管理项目风险。

在战略层面，PMO 是连接组织战略与项目执行的桥梁。它将战略目标细化为项目目标与计划，筛选符合战略方向的研发项目，合理配置资源。通过持续评估项目绩效，PMO 为组织高层提供战略调整的依据，助力组织战略的有效实施。例如，当组织战略转向新兴技术领域时，PMO 能迅速调整项目组合，加大支持力度。

在跨部门协作方面，PMO 的作用不可或缺。研发项目涉及多个部门，PMO 通过组织协调会、沟通会等促进信息流通，解决部门间的冲突与矛盾，确保项目目标一致。例如，在产品研发中，PMO 平衡研发部门的技术追求与市场部门的客户需求，使产品兼具技术优势与市场竞争力。

总之，PMO 凭借在标准制定、资源调配、风险监控、战略承接及跨部门协作等方面的卓越能力，成为保障研发项目成功交付、推动组织创新与发展的关键力量。

(2) 支持部门。支持部门在研发项目管理体系中同样不可或缺，主要包括人力资源部、财务部、法务部等。这些部门虽然不直接参与研发项目的具体实施，但是为项目团队提供了必要的支持和保障，确保项目在稳定的环境中顺利推进。

① 人力资源部负责为项目团队提供人力资源支持。这包括根据项目需求进行人员招聘、调配和培训等工作。在项目启动阶段，人力资源部与项目经理密切合作，根据项目计划和任务分解，确定项目所需的人员数量、技能要求和岗位设置，然后通过内部调配或外部招聘的方式，

为项目团队组建合适的人员队伍。在项目执行过程中，人力资源部关注团队成员的工作状态和发展需求，提供必要的培训和职业发展指导，以提高团队成员的工作能力和满意度。同时，人力资源部还负责团队成员的绩效评估、薪酬福利等管理工作，激励团队成员积极工作，保障项目团队的稳定性。

② 财务部为研发项目提供财务支持和财务管理。这涉及项目预算的编制、成本控制和财务风险管理等方面。在项目前期，财务部根据项目计划和历史数据，协助项目经理制定合理的项目预算，包括人员费用、设备采购费用、研发材料费用等各项开支。在项目执行过程中，财务部密切监控项目成本的支出情况，通过建立成本核算体系和财务分析模型，及时发现成本偏差和潜在的财务风险。一旦发现问题，财务部与项目经理共同分析原因，并采取相应的措施进行成本控制和风险防范，确保项目在预算范围内顺利完成。

③ 法务部为研发项目提供法律支持，保障项目在合法合规的框架内开展。在项目管理中，法务部负责审查项目合同、协议等法律文件，确保企业的权益得到充分保护，避免法律纠纷。对于知识产权、商业秘密等方面的问题，法务部提供专业的法律意见，指导项目团队依法开展研发工作。同时，法务部还关注法律法规的变化，及时向项目团队传达相关信息，确保项目的各项活动都符合最新的法律要求。

2. 职责分配示例

(1) PMO 职责。

① PMO 的核心职责是制定和维护项目管理政策、流程和标准。在此过程中，PMO 需要深入调研行业内先进的项目管理理念和方法，结合企业的战略规划、组织文化和研发项目的特点，精心构建一套完整且具有可操作性的政策、流程和标准体系。这些政策要明确项目管理的基本原则、目标和方向，如项目的选择标准、优先级排序原则以及项目与企业战略的匹配规则等。在流程方面，PMO 要详细规定从项目启动到项目收尾的各个环节的操作步骤、参与人员、输入输出等内容，涵盖项目的需求管理、计划编制、执行监控、收尾验收等全生命周期。标准则包括项目文档的格式规范、项目交付物的质量标准、项目绩效评估的指标体系等，确保各个项目在执行过程中有统一的衡量尺度。

② PMO 负责提供项目管理培训和支持。培训工作是提升整个研发团队项目管理能力的重要手段。PMO 根据团队成员的不同层次和角色，设计个性化的培训课程。对于项目经理，培训内容包括高级项目管理技巧、复杂项目的风险管理、团队领导与沟通等；对于项目团队成员，培训重点在于项目管理基础知识、个人在项目中的角色与职责、项目流程和工具的使用等。培训方式可以是线上学习平台、线下讲座、工作坊以及一对一辅导等多种形式相结合。在项目执行过程中，PMO 作为技术支持的后盾，随时解答项目团队在项目管理实践中遇到的问题，提供解决方案和建议，帮助项目团队克服困难，确保项目管理工作的顺利进行。

③ 监督项目执行情况是 PMO 的关键职责之一。PMO 通过建立完善的项目监控体系，对所有研发项目进行全面、实时的监控。监控指标包括项目进度、质量、成本、资源利用等多个维度。例如，通过对比项目实际进度与计划进度，及时发现项目是否存在延误风险；通过分析质量数据，判断项目是否符合质量标准；通过成本核算和预算对比，控制项目成本支出。对于发现的问题，PMO 及时与项目经理沟通，协助项目经理分析原因并制定改进措施，确保项目按

计划进行。

④ PMO 还需要对项目绩效进行评估，并提出改进建议。评估工作基于一套科学合理的绩效评估指标体系，涵盖项目的各个方面，如项目目标达成情况、客户满意度、团队协作效率、资源利用效率等。通过定期收集和分析项目数据，PMO 对项目绩效进行客观、全面的评价。根据评价结果，PMO 向项目经理和项目团队提出针对性的改进建议，包括优化项目流程、调整资源分配、改进团队协作方式等，以促进项目绩效的持续提升。

(2) 项目经理职责。

① 项目经理作为具体研发项目的负责人，其首要职责是对项目进行全面的策划、组织、协调和控制。例如，在策划阶段，项目经理需要深入理解项目目标和需求，结合企业资源和市场环境，制订详细的项目计划。计划内容包括项目的里程碑、任务分解、资源分配、时间安排、风险评估等各个方面。在组织方面，项目经理要根据项目计划组建合适的项目团队，明确每个成员的角色和职责，确保团队成员具备完成项目任务所需的技能和知识。

② 在项目执行过程中，项目经理负责协调团队成员之间的工作，确保各个环节紧密衔接、高效协作。这需要项目经理建立良好的沟通机制，定期召开项目会议，及时解决团队成员之间的沟通障碍和工作冲突。同时，项目经理要密切监控项目进度和质量，通过设定关键绩效指标(KPI)和定期检查等方式，对比项目实际进展与计划目标的差异。对于进度方面的问题，项目经理要及时调整工作计划、重新分配资源或采取其他有效的措施，确保项目按时完成。对于质量问题，项目经理要确保团队成员遵循质量标准和流程，及时发现并解决质量缺陷，保证产品质量符合要求。

③ 风险管理也是项目经理的重要职责之一。项目经理需要识别项目过程中可能出现的各种风险，包括技术风险、市场风险、人员风险、资源风险等。例如，技术风险可能涉及新技术的应用难度、技术方案的可行性等问题，市场风险可能包括市场需求变化、竞争对手推出类似产品等情况，人员风险可能表现为关键人员离职、团队成员技能不足等，资源风险则可能是资金不足、设备短缺等问题。针对识别出的风险，项目经理要制定相应的应对措施，如制订备用技术方案、进行市场调研和竞争分析、建立人员备份计划、合理调整预算和资源分配等，以降低风险对项目的影响。

④ 项目经理要积极促进团队协作与沟通。通过建立团队文化、组织团队建设活动等方式，增强团队成员之间的信任和默契；鼓励团队成员积极表达想法和建议，营造一种开放、积极向上的工作氛围。通过以上措施，确保团队成员明确项目目标，朝着共同的目标努力工作，保障项目目标的顺利实现。

(3) 开发人员职责。开发人员在研发项目中承担着重要的技术实现的责任。

① 开发人员要根据项目需求进行软件设计、编码和调试工作。在软件设计阶段，开发人员需要与需求分析人员、架构师等密切配合，充分理解项目的功能需求、性能需求、安全需求等非功能需求，运用专业的设计模式和架构原则，设计出合理、高效且易于维护的软件架构和详细的模块设计。设计过程中，开发人员要考虑软件的可扩展性、可复用性、兼容性等因素，确保软件在未来能够适应业务的变化和发展。

② 在编码过程中，开发人员必须严格遵循预先制定的编码规范和测试标准。编码规范涵盖了代码的命名规则、代码结构、注释规范、代码风格等，确保代码的可读性和规范性，方便

团队成员之间的代码审查和维护。测试标准则包括单元测试的覆盖率要求、代码的质量指标等，保证代码的质量和性能。开发人员要精心编写每一行代码，运用良好的编程习惯和算法，提高代码的效率和稳定性。在编写完成后，开发人员通过严谨的调试过程，利用调试工具和技术，排查代码中的逻辑错误、语法错误、运行时的错误等各类问题，确保代码能够正确运行。

③ 开发人员要积极参与项目评审和测试活动。在评审过程中，开发人员要与其他团队成员一起对设计文档、代码等进行审查，提出改进建议和发现潜在的问题。对于评审过程中提出的问题，开发人员要及时进行修改和完善。在测试阶段，开发人员要协助测试人员进行测试工作，包括提供测试环境、协助复现问题等。当测试人员发现代码中的问题时，开发人员要及时进行修复，确保软件的功能和性能符合预期要求。

(4) 测试人员职责。测试人员在研发项目中扮演着关键的质量把关角色，其主要职责是设计并执行测试用例，以全面验证产品的功能和性能。

① 在设计测试用例阶段，测试人员需要深入研究项目需求文档、设计文档等相关资料，充分理解项目的功能要求、业务逻辑和性能指标；根据不同的测试目标和方法，设计出功能测试用例、性能测试用例、边界值测试用例、异常情况测试用例等多种类型的测试用例。测试用例的设计要遵循一定的原则，如全面性、代表性、可重复性等，确保能够覆盖产品的各种使用场景和可能出现的问题。

② 在执行测试用例过程中，测试人员要严格按照测试计划和测试用例的步骤进行操作，仔细观察测试结果，并与预期结果进行对比。对于每一个测试用例的执行情况都要详细记录，包括测试环境、测试步骤、实际结果、预期结果、测试时间等信息。当发现测试结果与预期结果不一致时，即判定为测试缺陷。对于测试缺陷，测试人员要进行详细的记录和分类，描述缺陷的现象、出现的位置、重现步骤等信息，以便开发人员能够快速定位和修复问题。

③ 测试人员要负责记录并跟踪测试缺陷，确保问题得到及时解决。通过使用专业的缺陷管理工具，对所有发现的缺陷进行统一管理；建立缺陷跟踪流程，定期与开发人员沟通缺陷的修复情况，对已修复的缺陷进行重新测试，确保缺陷真正得到解决，不会引入新的问题。此外，测试人员还要参与产品质量评估和验收工作，依据预先设定的质量标准和验收准则，对产品的整体质量进行评估。在验收过程中，测试人员要向相关方(如项目经理、客户等)提供详细的测试报告，包括测试范围、测试结果、缺陷情况、产品质量评价等内容，为产品的最终上线或交付提供有力的质量依据。

(5) 质量保证人员职责。质量保证人员在研发项目中主要负责从宏观层面监控项目过程和产品质量，确保整个研发过程和最终产品符合相关标准和要求。

① 在项目启动阶段，质量保证人员参与项目计划的制订，从质量角度对项目目标、范围、进度、资源等提出建议，确保项目计划中包含质量计划和质量控制措施。

② 在项目执行过程中，依据质量计划和相关标准，质量保证人员对项目的各个环节进行定期和不定期的检查。对于项目过程的监控，质量保证人员检查项目团队是否遵循既定的项目管理流程和开发流程，包括需求管理流程、设计评审流程、代码审查流程、测试流程等。质量保证人员通过审查项目文档、观察项目会议、检查工作记录等方式，确保每个环节都按照规定的标准和流程执行；对于发现的不符合项，及时与项目团队沟通，要求其进行整改，并跟踪整改情况，确保问题得到彻底解决。

在产品质量监控方面，质量保证人员关注产品是否满足预定的质量标准，包括对产品功能、性能、可靠性、安全性等方面的检查。质量保证人员通过收集和分析质量数据，如缺陷密度、故障分布、性能指标等，识别潜在的质量风险和问题。当发现质量问题时，质量保证人员要深入分析原因是流程执行不到位、技术方案不合理或者人员操作失误等。根据分析结果，质量保证人员提供质量改进建议，推动项目团队开展持续改进活动。改进建议可能包括优化流程、加强培训、调整技术方案等，以提高产品质量和项目过程的质量水平。

③ 质量保证人员还参与项目评审和审计工作，确保项目的合规性。在项目评审过程中，质量保证人员对项目文档、设计方案、测试计划等进行审查，评估其是否符合企业内部规定和行业标准。在审计工作中，质量保证人员对项目的资源使用情况、成本支出情况、合同执行情况等进行审计，确保项目在各个方面都合法合规，避免出现法律风险和管理漏洞。

2.3.3 研发项目管理的流程设计与工具应用

研发项目管理的流程设计与工具应用是实现项目目标的重要保障。定义清晰的流程和使用合适的工具，可以提高项目管理效率和质量。

1. 研发项目管理的流程设计

(1) 项目启动。项目启动是研发项目管理流程的开端，此阶段至关重要，为整个项目奠定基础。在项目启动过程中，首先需要明确项目目标，目标应清晰、具体、可衡量且与企业战略和用户需求相契合。例如，目标可能是开发一款具有特定功能、在一定时间内满足特定用户群体使用需求，并达到预定性能指标的软件产品。

精确界定项目范围，详细描述项目所涉及的工作内容和边界，包括确定哪些功能属于项目范畴，哪些不属于，避免在后续阶段出现范围扩大的问题。对于资源需求的明确也不容忽视，这涵盖了人力资源、物力资源和财力资源等各个方面。例如，明确所需的不同专业技能人员数量和类型，如软件工程师、测试人员、用户界面(UI)设计师等；确定所需的硬件设备、软件工具以及相应的预算分配。

在完成这些前期准备后，开始组建项目团队。团队成员的选择要依据项目需求和技能要求，确保每个岗位都有合适的人员。项目团队组建完成后，召开项目启动会议。启动会议是一个信息共享和团队沟通的重要平台，在会议上，项目经理要向团队成员介绍项目目标、范围、资源情况等关键信息，确保每个成员都清楚了解项目的整体情况和自己的工作职责。同时，还可以借此机会建立团队沟通机制和项目文化，激发团队成员的积极性和责任感。

(2) 需求分析。需求分析阶段是研发项目成功与否的关键环节，它直接决定了项目开发的方向和最终产品的质量。在此阶段，项目团队需要与用户进行深入且持续的沟通，以确认需求细节。沟通方式多种多样，包括面对面访谈、问卷调查、用户研讨会、现场观察等。项目团队通过这些方式，全面收集用户对于产品功能、性能、易用性、用户界面、数据处理等的需求和期望。

在充分沟通的基础上，编写需求规格说明书。需求规格说明书是对用户需求的详细、准确描述，是整个项目开发的依据。它应包含清晰的功能需求描述，如每个功能的具体操作流程、输入输出数据格式、业务规则等；还包含性能需求描述，如明确规定系统的响应时间、吞吐量、资源利用率等指标；此外，还应包括对用户界面的设计要求、数据存储和管理需求、安全需求等内容。

需求规格说明书编写完成后，要组织相关人员对其进行评审确认。评审团队通常包括项目团队成员、用户代表、领域专家等。评审过程中，要仔细检查需求的完整性、准确性、一致性、可行性和可验证性。对于发现的问题和歧义，及时与用户沟通并进行修改，确保需求规格说明书准确无误地反映用户的真实需求。

(3) 项目规划。项目规划阶段是将项目启动和需求分析阶段的成果转化为具体的行动指南。在此阶段，需要制订一份详细的项目计划，它如同项目的蓝图，指导项目从开始到结束的整个过程。

制定时间表是项目规划的核心内容之一。时间表要明确项目各个阶段、里程碑和任务的起始时间、持续时间和结束时间。例如，详细列出需求分析完成时间、设计阶段开始和结束时间、编码阶段各个子任务的时间安排、测试阶段不同类型测试的时间点以及项目最终交付时间等。时间表的制定要充分考虑任务之间的先后顺序和依赖关系，合理安排资源和进度，确保项目能够有条不紊地推进。

资源分配是项目规划的重要组成部分。根据项目的需求和时间表，将人力资源、物力资源和财力资源合理分配到各个任务和阶段。在人力资源方面，明确每个团队成员在每个时间段内的工作职责和任务分配，确保每个成员的工作量均衡且技能与任务相匹配。在物力资源方面，如服务器、开发设备、测试环境等，要根据项目不同阶段的需求进行合理调配和安排。在财力资源方面，要制订详细的预算计划，包括人员工资、设备采购、软件授权费用、差旅费等各项开支，并对预算进行合理控制和管理。

(4) 设计开发。设计开发阶段是将需求规格说明书转化为实际软件产品的关键过程。在这个阶段，首先根据需求规格说明书进行软件设计，这包括总体设计和详细设计两个层面。

总体设计阶段要确定软件的整体架构，如选择合适的架构模式(如分层架构、微服务架构等)，划分系统的模块和子系统，定义模块之间的接口和交互方式。总体设计要考虑软件的可扩展性、可维护性、性能和可靠性等因素，确保软件架构能够满足项目的长期发展需求。

详细设计则是在总体设计的基础上，对每个模块进行进一步的细化设计，包括设计模块的内部结构、算法流程、数据结构、数据库设计等内容。详细设计要足够详细和精确，以便开发人员能够根据设计文档进行编码工作。

在完成软件设计后，进入编码阶段。开发人员依据设计文档，使用合适的编程语言和开发工具进行代码编写。编码过程中开发人员要严格遵循预先制定的编码规范，包括代码的命名规则、缩进格式、注释规范、代码结构等，以确保代码的可读性、可维护性和规范性；同时，开发人员要注重代码的质量和效率，采用合理的算法和数据结构，避免代码的复杂和冗余。

在编码完成后，开发人员要及时进行单元测试。单元测试是针对软件中的最小可测试单元(如函数、类等)进行的测试。开发人员编写单元测试用例，检查每个单元的功能是否正确、输入输出是否符合预期、边界条件是否处理得当等。单元测试能够在早期发现代码中的错误和缺陷，降低修复成本，提高软件质量。

(5) 集成测试。集成测试是在各个模块完成单元测试后，将它们集成在一起进行的系统测试。此阶段的目的是验证产品的整体功能和性能，确保各个模块之间能够正确交互和协同工作，形成一个完整的、满足用户需求的软件系统。

在集成测试开始前，需要制订详细的集成测试计划。集成测试计划包括确定测试的范围、方法、环境、资源和进度安排等内容。测试范围要明确哪些模块需要参与集成测试，以及它们之间的集成顺序和方式。测试可以采用自顶向下集成、自底向上集成或混合集成等不同的策略，可根据项目的特点和模块结构选择合适的方法。

搭建稳定且符合实际运行环境的测试环境是集成测试顺利进行的重要保障。测试环境应包括硬件环境、软件环境、网络环境等。在测试过程中，确保与产品最终的运行环境相似，以准确模拟实际使用情况；要对产品的整体功能进行全面验证，检查各个功能模块之间的接口是否正确、数据传递是否准确、业务流程是否完整和顺畅；同时，对产品的性能进行测试，评估系统在不同负载条件下的响应时间、吞吐量、资源利用率等性能指标是否满足需求规格说明书中的要求。

对于集成测试过程中发现的问题和缺陷，要详细记录并及时反馈给开发人员进行修复。问题记录应包括问题的描述、出现的位置、重现步骤、严重程度等信息，以便开发人员能够快速定位和解决问题。在开发人员修复问题后，要进行回归测试，确保修复过程没有引入新的问题，保证产品整体功能和性能的稳定性。

(6) 验收交付。验收交付阶段是研发项目与用户之间的重要交接环节，其目的是确保产品满足用户需求并能够顺利交付使用。在此阶段，与用户进行密切的产品验收工作。

首先，根据需求规格说明书和项目合同等相关文件，制订详细的验收计划。验收计划应明确验收的内容、标准、方法、流程和参与人员等信息。验收内容涵盖软件的功能及性能、用户界面、文档资料等各个方面，确保与用户需求和项目目标一致。验收标准要清晰、明确且可衡量。例如，功能验收要检查每个功能是否完整实现且符合用户的操作习惯，性能验收要依据预定的性能指标进行评估。

在验收过程中，组织用户对产品进行全面测试和检查。用户可以在实际或模拟的使用环境中操作产品，检查产品是否满足其业务需求。同时，项目团队要向用户提供详细的产品文档，包括用户手册、安装指南、技术文档等，使用户能够了解产品的使用方法和维护要求。对于用户提出的问题和意见，要认真记录并及时处理。如果发现产品不符合验收标准，要与开发人员沟通，尽快进行修复和改进，直至产品满足验收要求。

当产品通过用户验收后，正式进行交付使用。交付过程包括将软件产品及其相关文档移交给用户，并确保用户能够正确安装、配置和使用产品。同时，向用户提供必要的培训和技术支持，解答用户在使用过程中的疑问，确保用户能够顺利将产品应用到实际业务中。

(7) 项目收尾。项目收尾是对整个研发项目的总结和整理，虽然项目已经完成，但此阶段对于项目的经验积累和知识传承具有重要意义。

① 总结项目经验教训。项目团队成员共同回顾项目的整个过程，从项目启动、需求分析、规划、设计开发、测试到验收交付的每个环节，分析哪些方面做得好，哪些方面存在不足。例如，总结在项目管理过程中的进度控制、资源分配、风险管理等方面的经验教训；在技术实现方面，总结软件设计、编码、测试过程中的技术难点和解决方案。通过这种总结，形成项目经验教训报告，为今后类似项目提供参考和借鉴。

② 对项目绩效进行评估。评估指标包括项目的进度、质量、成本、用户满意度等多个维度。对比项目实际执行情况与项目计划，分析项目是否按时完成、产品质量是否达到预定标准、成本是否控制在预算范围内、用户对产品是否满意等。根据评估结果，对项目团队成员的工作表现进行评价，表彰优秀成员，为今后的项目团队组建和人员激励提供依据。

③ 进行文档归档等工作。将项目过程中产生的所有文档进行整理和归档，包括项目计划、需求规格说明书、设计文档、测试报告、用户手册、项目会议纪要等。这些文档是项目的重要知识资产，对于项目的维护、改进以及知识传承具有不可替代的作用。确保文档的完整性和规范性，按照企业规定的文档管理流程进行存储和保管，以便日后查询和使用。

2. 研发项目管理的工具应用

(1) 项目管理软件。在研发项目管理中，项目管理软件起着至关重要的作用。项目管理软件包括 Microsoft Project 和 Jira 等。这些软件为项目管理人员提供了全面而强大的功能，用于支持项目从规划到执行再到监控的整个生命周期。

① Microsoft Project 具备丰富的功能，能够制订详细的项目计划。项目经理可以利用 Microsoft Project 直观的界面，按照项目的目标和范围，将项目分解为多个可管理的任务，并为每个任务设定合理的时间估算、先后顺序和依赖关系。通过这种方式，能够清晰地呈现出整个项目的时间表，从项目启动到各个关键里程碑直至最终完成的时间线一目了然。同时，Microsoft Project 能方便地进行资源分配。项目经理可以根据团队成员的技能和可用性，将人力资源分配到不同的任务中，确保每个任务都由合适的人员负责。而且，对于物力资源和财力资源，也可以利用 Microsoft Project 进行相应的规划和记录，如设备的使用安排、项目预算的分配和监控等。在项目执行过程中，Microsoft Project 能够实时跟踪进度。它通过对比实际进度与计划进度，及时发现偏差，为项目经理提供早期预警。项目经理可以根据这些信息调整计划、重新分配资源或采取其他必要的措施，确保项目按预定计划顺利推进。

② Jira 是一款在敏捷开发和软件开发项目管理中广泛应用的工具。它特别适合采用敏捷方法的团队，支持创建和管理用户故事、任务和冲刺。在制订项目计划方面，项目团队可以围绕产品待办事项列表来规划冲刺内容，每个冲刺都有明确的目标和任务清单。Jira 可以清晰地展示每个任务在冲刺中的状态，从待办、进行中到完成。对于进度跟踪，Jira 提供了可视化的看板视图和敏捷报表，团队成员和项目经理可以直观地看到工作流的情况，了解哪些任务已经完成、哪些任务正在进行以及哪些任务的进度出现了延迟。在资源分配上，虽然 Jira 不像 Microsoft Project 那样侧重于传统的资源管理方式，但可以通过团队成员与任务的关联，明确每个成员的工作量和工作进展，方便团队在敏捷环境下灵活调配资源。

(2) 版本控制系统。版本控制系统是研发项目中代码管理的核心工具，Git 和 SVN(subversion)是其中的典型代表。它们在代码版本管理、分支合并和协同工作等方面发挥着不可或缺的作用。

① Git 是一种分布式版本控制系统，具有高效、灵活和强大的特点。在代码版本管理方面，Git 为每个项目创建一个本地仓库，开发人员可以在本地对代码进行修改、提交和管理。每次提交都会生成一个唯一的版本标识符，记录代码在该时刻的状态。这使得开发人员可以轻松回溯到任意历史版本，查看代码的变更历史，了解每个版本的功能改进、修复的 bug 等信息。对

于分支合并，Git 提供了极为便捷的功能。开发人员可以基于主分支创建多个特性分支，每个特性分支用于开发特定的功能或解决特定的问题。当特性分支开发完成后，可以将其合并回主分支或其他相关分支。Git 在合并过程中能够自动检测和处理代码冲突，通过可视化的工具和命令，开发人员可以清晰地看到冲突所在，并手动解决冲突，确保合并后的代码的正确性和稳定性。在协同工作方面，Git 允许多个开发人员同时在不同的分支或同一分支上工作。它通过远程仓库的概念，实现团队成员之间代码的共享和同步。开发人员可以将自己的本地修改推送到远程仓库，同时可以从远程仓库拉取其他成员的更新。这种分布式的架构极大地提高了团队协作的效率，即使在没有网络连接的情况下，开发人员也可以在本地继续工作。

② SVN 是一种集中式版本控制系统。在代码版本管理上，它同样为项目维护一个中央仓库，开发人员从中央仓库获取代码到本地工作副本进行修改。每次提交时，SVN 将代码的更改记录到中央仓库中，形成版本历史。它的版本管理方式虽然与 Git 有所不同，但也能有效地记录代码的变更情况，方便团队查阅和管理代码的不同版本。对于分支管理，SVN 支持创建和管理分支。但与 Git 的分布式分支模型不同，SVN 的分支更像是中央仓库中的不同目录结构。在协同工作方面，SVN 通过锁定机制和版本更新机制来确保团队成员之间的协作。开发人员在修改某些文件时可以对其进行锁定，防止其他成员同时修改造成冲突；修改完成后解锁并提交更新，其他成员可以更新本地副本获取最新的代码。这种方式在一定程度上保证了代码的一致性，但在复杂的团队协作和频繁的代码更新场景下，可能不如 Git 灵活。

(3) 自动化测试工具。自动化测试工具在现代研发项目中扮演着重要角色。例如，Selenium 和 JMeter 等工具能够显著提高测试效率和质量，它们主要用于执行自动化测试脚本、生成测试报告并跟踪缺陷等一系列关键的测试相关活动。

① Selenium 是一款广泛应用于 Web 应用程序自动化测试的工具。Selenium 可以模拟用户在浏览器中的各种操作，如点击按钮、输入文本、选择下拉菜单等。开发人员或测试人员使用 Selenium 编写自动化测试脚本，这些脚本可以针对 Web 应用的不同功能页面和交互逻辑进行测试。例如，对于一个电子商务网站，可以编写脚本，模拟用户登录、浏览商品、添加购物车、结算等一系列操作，检查每个步骤的功能是否正常。在执行测试脚本时，Selenium 可以在多种主流浏览器(如 Firefox、Safari 等)上运行，确保 Web 应用在不同浏览器环境下的兼容性。而且，它能够自动捕获测试过程中的各种信息，生成详细的测试报告。测试报告中包含测试用例的执行情况、每个步骤的执行结果、是否出现错误以及错误的详细信息等内容。当测试发现问题时，Selenium 可以与缺陷跟踪系统集成，将缺陷信息自动传递给相关系统进行跟踪和管理，方便开发人员及时修复问题。

② JMeter 是一款主要用于性能测试的工具，特别适用于对 Web 应用、数据库、FTP 服务器等多种类型的应用系统进行性能测试。JMeter 可以模拟大量用户同时访问系统的场景，通过设置不同的线程数、请求频率、请求类型等参数，对系统在高负载情况下的性能表现进行测试。例如，对于一个在线交易系统，可以使用 JMeter 模拟成千上万个用户同时进行交易操作，测试系统的响应时间、吞吐量、资源利用率等性能指标。JMeter 在执行性能测试后，会生成丰富的测试报告，包括性能指标的统计数据、性能趋势图等，帮助测试人员和开发人员分析系统的性能瓶颈。如果在测试过程中发现性能问题，JMeter 可以协助定位问题可能出现的环节，如网络延迟、数据库查询效率低下、服务器资源不足等，为优化系统性能提供依据。同时，JMeter 可

以与其他缺陷管理工具集成，对发现的性能相关缺陷进行跟踪和处理。

(4) 持续集成/持续部署(CI/CD)工具。持续集成/持续部署(CI/CD)工具，如 Jenkins 和 GitLab CI 等，已经成为现代研发项目中提高交付效率和质量的关键因素。这些工具主要用于自动化构建、测试和部署流程，确保软件产品能够快速、稳定地从开发环境推向生产环境。

① Jenkins 是一款开源的、功能强大的 CI/CD 工具。在自动化构建方面，Jenkins 可以与版本控制系统(如 Git)集成。当开发人员向代码仓库提交新的代码时，Jenkins 能够自动检测到代码的变化，并触发构建过程。构建过程包括编译代码、运行单元测试、打包应用程序等一系列操作，确保代码的质量和可执行性。对于自动化测试，Jenkins 可以与各种测试工具(如 Selenium、JMeter 等)集成，在构建完成后自动执行测试脚本，获取测试结果。如果测试失败，Jenkins 会及时通知开发人员，阻止有问题的代码进入部署环节。在部署流程方面，Jenkins 支持将经过测试的应用程序部署到不同的环境中，如测试环境、预生产环境和生产环境。Jenkins 可以通过配置不同的部署脚本和参数，实现自动化的部署过程，减少人工干预，降低部署出错的风险。同时，Jenkins 提供了丰富的插件生态系统，可以根据项目的需求扩展其功能，如与代码质量分析工具集成、实现更复杂的部署策略等。

② GitLab CI 是 GitLab 提供的内置 CI/CD 解决方案，与 GitLab 代码托管平台紧密集成。GitLab CI 基于配置文件(通常是.gitlab-ci.yml)来定义构建、测试和部署流程。开发人员在项目仓库中添加该配置文件，指定每个阶段的任务和执行条件。当代码提交到 GitLab 仓库时，GitLab CI 会自动按照配置文件启动相应的流程。在构建阶段，GitLab CI 和 Jenkins 类似，可以执行代码编译、依赖安装等操作。在测试环节，GitLab CI 能够方便地运行各种类型的测试，包括单元测试、集成测试和功能测试等，并将测试结果反馈给开发人员。对于部署，GitLab CI 可以与 Kubernetes 等容器编排平台集成，实现高效、灵活的策略部署，将应用程序部署到容器化的环境中。这种紧密集成的方式使得开发团队可以在一个统一的平台上完成从代码管理到持续集成和持续部署的所有工作，提高了工作效率和项目的整体质量。

(5) 协作平台。协作平台在研发项目中是促进团队成员之间高效沟通、任务分配和进度跟踪的重要工具，如 Slack 和 Trello 等。

① Slack 是一款流行的团队协作沟通工具，它提供了即时通信功能，使团队成员可以实时交流。在研发项目中，不同角色的成员，如开发人员、测试人员、项目经理等可以在不同的频道(channel)中进行沟通。例如，开发人员可以在专门的技术讨论频道分享代码问题和解决方案，测试人员可以在测试频道汇报测试结果和发现的问题，项目经理可以在项目管理频道发布项目进展和任务安排等信息。Slack 支持多种类型的消息格式，包括文本、图片、文件等，方便成员之间共享资料和信息。此外，Slack 还可以与其他研发工具集成，如与版本控制系统集成，当代码提交或有新的问题出现时，Slack 会自动推送通知，使团队成员能够及时了解项目的最新动态。这种即时、便捷的沟通方式，大大减少了信息传递的延迟，提高了团队协作的效率。

② Trello 则是一个基于看板(kanban)的可视化协作平台。它以看板的形式展示项目任务和进度。在 Trello 中，项目可以创建多个看板，每个看板代表一个工作流程阶段，如待办、进行中、已完成等。每个看板包含多个卡片(card)，卡片代表具体的任务。团队成员可以创建卡片，在卡片上详细描述任务内容、负责人、截止日期、任务优先级等信息。拖动卡片在不同看板之间移动，可以直观地反映任务的进展情况。例如，开发人员开始处理一个任务时，可以将其对

应的卡片从待办看板拖到进行中看板；当任务完成后，再将其拖到已完成看板。这种可视化的方式使得团队成员和项目经理都能清晰地看到项目的整体进度，了解哪些任务已经完成、哪些任务正在进行以及哪些任务的进度出现了延迟。同时，Trello 支持团队成员之间的评论和附件添加功能，方便成员在任务执行过程中进行沟通和共享相关资料。

(6) 需求管理工具。需求管理工具在研发项目中对于有效管理需求文档、跟踪需求变更和生成需求报告等具有关键作用。例如，Jira 和 Confluence 等工具在这一领域得到了广泛应用。

① Jira 在需求管理方面表现出色，尤其是在与敏捷开发流程相结合的场景下。Jira 可以将用户需求转化为可管理的用户故事，每个用户故事都有明确的描述、验收标准和优先级。这些用户故事可以被组织到产品待办事项列表中，产品负责人可以根据项目的目标和市场需求对用户故事进行排序和规划。在开发过程中，团队可以将用户故事分解为具体的任务，并分配给相应的团队成员。Jira 能够清晰地展示每个用户故事在整个开发流程中的状态，从待办、规划、开发中到完成，方便团队成员和相关利益者了解需求的实现进度。当需求发生变更时，Jira 提供了有效的跟踪机制。变更请求可以作为一个新的任务或问题在系统中记录，相关人员可以讨论变更的影响、评估工作量，并决定是否接受变更。通过这种方式，确保需求变更得到合理的管理，不会对项目进度和质量造成不必要的影响。同时，Jira 可以根据需求管理过程中的数据生成各种报告，如需求进度报告、需求变更报告等，为项目决策提供数据支持。

② Confluence 是一款功能强大的知识管理和协作写作工具，常用于需求管理。Confluence 可以创建和编辑详细的需求文档。多个团队成员可以同时在 Confluence 上协作编写文档内容。需求文档在 Confluence 中可以以页面的形式呈现，页面结构可以根据需求的层次和分类进行组织，如可以分为总体需求、功能需求、非功能需求等不同的章节。每个页面可以包含丰富的内容，如文字描述、图表、表格、示例等，以清晰、详细地阐述需求内容。在需求变更管理方面，Confluence 可以记录需求的历史版本，当需求发生变化时，更新后的文档可以保存为新的版本，并在文档中注明变更的内容和原因。同时，Confluence 支持对文档的评论和讨论功能，团队成员可以在文档中提出问题、发表意见，共同完善需求文档。通过 Confluence，可以方便地生成需求报告，将需求文档中的关键信息提取出来，形成规范化的报告格式，供项目团队和其他利益相关者查阅和使用。

2.4 研发质量控制与保证机制

在快速迭代的研发环境中，质量控制与保证机制是确保产品稳定性、可靠性和用户满意度的关键。本节将深入探讨研发质量控制的重要性与挑战、研发质量保证机制的建立与实施以及研发质量控制的持续改进策略，以期为企业构建一套完善且高效的研发质量管理体系提供理论指导和实践参考。

2.4.1 研发质量控制

在深入了解研发项目管理的流程和工具后，会发现这些都是为了达成一个核心目标，那就是研发出高质量的产品。而研发质量控制是这个核心目标实现过程中的关键支柱，它承载着确保产品符合预定标准、满足市场需求以及推动企业持续发展的重要使命。

1. 研发质量控制的重要性

研发质量控制在整个产品研发周期中占据着至关重要的地位，它是确保产品在设计、开发、测试等各个精细阶段均能精准达到预定质量标准的关键环节，如同为产品铸就了一层坚实的防护盾。在设计阶段，严格的质量控制可保证设计方案的合理性和可行性，使其符合用户需求和行业标准。研发过程中的质量控制能够保证代码的规范性、高效性以及功能的完整性，避免出现逻辑漏洞或性能瓶颈。测试阶段的质量控制则是对产品的全面检验，确保其在各种预期和非预期的情况下都能稳定运行。

全方位、严格的质量控制措施，可以从根源上有效减少产品缺陷。这种减少不仅仅是数量上的降低，更重要的是对严重影响用户体验的关键缺陷的消除。例如，在软件产品中，一个微小的漏洞可能导致系统崩溃或数据丢失，而质量控制能够在产品投入市场前发现并修复这些问题，从而极大地提升用户体验。当用户在使用产品过程中感受到产品的稳定、高效和易用时，用户对产品的满意度会显著提高，进而增强产品在市场上的竞争力。这种竞争力不仅仅体现在与同类产品的功能对比上，更体现在产品质量所带来的口碑和市场份额的提升上。

高质量的产品往往意味着更低的故障率和更少的维护成本，这是研发质量控制带来的直接经济效益。从故障率角度来看，经过严格质量控制的产品在运行过程中出现故障的可能性大幅降低。这对于一些关键领域的产品，如医疗设备、航空航天系统等，至关重要。以医疗设备为例，如果在手术过程中设备出现故障，可能会对患者的生命安全造成严重威胁。研发阶段的质量控制，可以在早期发现并解决潜在问题，避免这些问题在后期随着产品的大规模使用而扩大化。从维护成本角度分析，较低的故障率意味着企业在售后维护方面所需投入的人力、物力和财力资源大大减少。例如，对于一款复杂的工业控制系统，如果在研发阶段没有做好质量控制，后期可能需要频繁派遣技术人员到现场进行故障排查和修复，这不仅增加了维修成本，还可能影响用户的正常生产运营。而良好的质量控制则可以节省大量的维护资源和费用，为企业带来更多的利润空间。

例如，华为公司以其对产品质量的严格把控而闻名，在通信技术、智能手机等领域推出了一系列高品质产品。其 5G 通信设备性能卓越，在全球通信市场占据重要地位；其先进的影像技术、流畅的系统体验和出色的续航能力，深受消费者喜爱。大量用户因为华为产品的高品质成了华为的忠实粉丝，他们不仅愿意为华为的产品支付合理价格，还会积极地向身边的人推荐华为产品。因此，良好的研发质量控制为华为树立了良好的品牌形象，为企业的长期发展奠定了坚实的信任基础。

质量控制不仅仅是对现有产品的检验，更是对技术创新过程的有力保障。在当今竞争激烈的科技市场上，企业的生存和发展依赖于持续的技术创新。然而，新技术、新功能的引入往往伴随着风险，如果没有严格的质量控制，这些创新可能会因为不稳定或不可靠而无法实现其商业价值。严格的质量控制流程，可以确保新技术、新功能在研发过程中经过充分的测试和验证。例如，在电动汽车领域，电池技术的创新是关键。企业在研发新型电池时，需要通过质量控制来确保电池的续航能力、充电速度、安全性等关键指标符合要求，只有这样，新技术才能真正为企业带来竞争优势，为企业的技术创新提供稳定、可靠的发展环境。

2. 研发质量控制的挑战

(1) 技术复杂性增加。随着科技的飞速发展，现代产品研发所涉及的领域呈现出不断扩张的趋势，涵盖了从传统的机械、电子领域到新兴的人工智能、量子计算、生物技术等众多前沿领域。这种广泛的技术融合使得产品研发的技术复杂性日益提高，呈现出一种指数级增长的态势。例如，一款现代智能手机的研发，不仅涉及芯片设计、通信技术、操作系统开发等传统电子信息技术领域，还融合了图像识别、语音识别、虚拟现实等多种复杂的人工智能技术。这一趋势对研发质量控制团队提出了前所未有的高要求。质量保证人员需要具备跨学科、跨领域的知识体系，能够理解和掌握不同技术领域的基本原理、技术规范和质量标准。他们需要像精通多种语言的学者一样，在复杂的技术迷宫中准确判断产品是否符合要求。例如，在评估一款具有自动驾驶功能的汽车时，质量保证人员不仅要熟悉汽车的机械结构和传统的电子控制系统，还要深入了解机器学习算法、传感器技术以及复杂的网络通信协议等相关知识。更高的专业技能要求意味着质量保证人员需要不断学习和更新自己的知识储备，以满足日益复杂的产品需求。他们需要参加各种专业培训课程、学术研讨会以及行业交流活动，紧跟技术发展的前沿动态，否则将难以在复杂的技术环境下有效地履行质量保证职责。

(2) 需求变化频繁。在当今这个快速变化的市场环境中，客户需求犹如变幻莫测的风云，呈现出多样化和个性化的显著特点。这种变化受到多种因素的影响，包括社会文化趋势的演变、科技进步带来的新可能以及竞争对手产品创新的刺激等。以消费电子产品为例，随着人们生活方式的日益多样化和对健康关注度的提高，消费者对智能穿戴设备的需求从最初的简单运动监测功能逐渐扩展到包括睡眠监测、心率监测、压力检测等多种健康监测功能，同时对设备的外观设计、佩戴舒适度提出了更高的个性化要求。

这种客户需求的频繁变化直接导致产品研发过程中需求变更频繁，给研发质量控制带来了极大的挑战。在研发过程中，需求的每一次变更都可能引发一系列的连锁反应，涉及从产品设计、开发计划、测试方案到资源分配等各个环节的调整。例如，当一款软件产品的用户提出增加新功能模块时，研发团队需要重新评估该功能对现有系统架构的影响，可能需要修改数据库设计、调整算法逻辑，这就需要和部门质量控制团队重新审视相关的质量标准和测试计划。如何在这种频繁的需求变更中保持产品质量的稳定性，成为企业需要解决的重要问题。这需要部门质量控制团队与研发团队、市场部门等密切协作，建立一种灵活且有效的质量控制机制，从而快速响应需求变化，在确保产品质量不受影响的前提下，实现产品的持续改进和优化。

(3) 团队协作难度加大。现代产品研发往往是一个庞大而复杂的系统工程，涉及多个团队和部门的紧密协作，就像一台精密的大型机器需要各个零部件协同工作才能正常运转。这些团队包括但不限于研发部门(包括硬件研发、软件研发等不同专业团队)、设计部门、测试部门、市场部门、生产部门等。每个团队都有其独特的专业领域、工作流程和目标，但它们的工作又相互关联、相互影响，共同服务于产品研发这一核心目标。

在这样的多团队和部门协作环境下，建立有效的沟通机制和协作流程成为确保质量控制措施得到全面贯彻执行的关键所在。不同团队和部门之间可能存在着信息壁垒、文化差异和利益分歧等问题，这些都可能阻碍质量控制工作的顺利开展。例如，研发团队在开发过程中可能更关注技术的实现和创新，而市场部门则更注重产品的市场需求和用户体验，双方如果缺乏有效的沟通，可能导致研发出的产品虽然技术先进但却不符合市场需求，从而影响产品质量和市场竞争力。

此外，在跨部门协作过程中，信息传递的及时性和准确性也至关重要。如果测试部门发现了产品质量问题，但由于沟通不畅无法及时反馈给研发部门，问题就无法得到及时解决，这可能会导致问题在后续的研发过程中不断放大。因此，打破团队之间的隔阂，建立一种畅通无阻的沟通渠道和协同工作的流程，是企业在研发过程中需要面对的一大挑战。

(4) 资源限制。在企业的运营过程中，资源总是有限的，这是一个普遍存在的现实约束条件。在产品研发领域，这种资源限制表现得尤为突出。企业需要在有限的资源条件下(包括人力资源、资金资源、时间资源等)实现高质量的产品研发，这就像使用有限的材料在有限的时间内建造一座高质量的大厦一样困难。

从人力资源角度来看，企业可能面临着专业人才短缺的问题。高质量的研发工作需要大量具有丰富经验和高技能的专业人员，如资深的工程师、科学家、测试专家等。然而，在市场竞争激烈的环境下，吸引和留住这些人才需要付出高昂的成本。同时，企业内部的人力资源分配需要权衡不同项目和不同阶段的需求。例如，在多个项目并行研发的情况下，如何确保每个项目都有足够的质量保证人员参与，是企业需要解决的问题。

在资金资源方面，研发工作需要大量的资金投入，包括购买先进的研发设备、软件工具，支付员工薪酬，以及承担研发过程中的各种费用。在资源有限的情况下，企业需要合理分配资金，确保质量控制环节不被忽视。例如，不能因为节省成本而减少对质量检测设备的购置或对质量控制培训的投入，否则可能导致产品质量问题在后期暴露，给企业带来更大的损失。

时间资源也是一个重要因素。在快速变化的市场环境下，企业需要尽快推出新产品以满足市场需求和抢占市场先机。然而，缩短研发周期不能以牺牲产品质量为代价。如何在紧迫的时间内合理安排质量控制工作，确保产品在各个阶段都经过充分的检验和验证，是企业质量控制工作的重要课题。例如，在软件开发项目中，如果为了赶进度而减少测试时间，可能会导致软件上线后出现大量漏洞和问题，影响用户体验和企业声誉。

3. 研发质量控制的持续改进

(1) 收集与分析质量数据。

① 建立质量数据收集体系。在产品研发过程中建立全面的质量数据收集体系，包括缺陷数据、测试数据、用户反馈等。通过收集这些数据，为持续改进提供有力支持。

② 运用统计方法进行数据分析。运用统计方法对收集到的质量数据进行分析，识别出质量问题的根源和趋势。通过数据分析结果指导持续改进工作。

(2) 实施改进措施。

① 制订改进计划。根据数据分析结果制订具体的改进计划，包括改进措施、责任人和完成时间等，确保改进措施得到有效执行并取得预期效果。

② 推广最佳实践。在研发过程中积极推广最佳实践经验和成功案例，鼓励团队成员学习和借鉴。通过推广最佳实践，不断提高整个研发团队的质量意识和技能水平。

③ 优化流程与工具。根据持续改进的需要，不断优化研发流程和工具，引入更先进、更高效的方法和工具来提高质量控制效率和质量水平。

(3) 建立持续改进文化。通过培训和宣传等方式培养团队成员的持续改进意识，让每个成员都认识到持续改进对于提高产品质量和企业竞争力的重要性。具体措施如下。

① 建立激励机制。建立与持续改进相关的激励机制，鼓励团队成员积极参与持续改进活动。通过激励机制激发团队成员的积极性和创造力，推动持续改进工作的深入开展。

② 营造开放包容的氛围。营造开放包容的工作氛围，鼓励团队成员敢于提出问题、分享经验和交流思想。通过开放包容的氛围促进持续改进思想的传播和实践的深入发展。

2.4.2 研发质量保证机制的建立与实施

1. 建立质量保证体系

(1) 明确质量目标。企业需要明确产品研发的质量目标，包括产品性能、可靠性、安全性等方面的具体要求。这些目标应与企业战略目标和市场需求紧密相关，为质量保证机制提供明确的方向。

(2) 制定质量标准。企业需要根据质量目标，制定详细的质量标准，包括设计标准、编码规范、测试规程等。这些标准应覆盖产品研发的全过程，确保每个环节都有明确的质量要求。

(3) 建立质量责任制。企业需要明确各级管理人员和团队成员在质量保证方面的职责和权限，形成权责分明的质量责任制。通过明确的责任分工，确保质量控制措施得到有效执行。

2. 实施质量保证措施

(1) 加强过程控制。在产品研发的各个阶段实施严格的过程控制，包括设计评审、代码审查、单元测试、集成测试等环节。通过过程控制，及时发现并纠正潜在的质量问题。

(2) 推广使用质量管理工具。引入并推广使用先进的质量管理工具和技术，如缺陷跟踪系统、自动化测试工具等。这些工具可以显著提高质量控制的效率和准确性。

(3) 强化培训与教育。定期对研发团队进行质量意识和技能培训，提升团队成员的质量意识和专业技能。通过培训和教育，增强团队对质量控制的重视和理解。

(4) 建立反馈机制。建立有效的反馈机制，鼓励团队成员积极提出改进建议，进行问题反馈。通过及时反馈和处理问题，不断优化质量控制机制。

3. 强化团队协作与沟通

(1) 建立跨部门协作机制。在产品研发过程中，加强跨部门之间的沟通与协作，确保质量信息在各部门之间顺畅传递。通过跨部门协作机制，形成合力，共同推进质量控制工作。

(2) 明确沟通渠道与流程。建立明确的沟通渠道与流程，确保团队成员之间能够及时、准确地传递质量信息。通过有效的沟通机制，减少团队成员之间的误解和冲突，提高团队协作效率。

2.5 本章小结

本章全面阐述了研发过程体系的重要性、发展历程、核心要素，以及研发流程规划与设计、研发项目管理体系构建和研发质量控制与保证机制等关键内容。通过深入探讨研发过程的系统化、规范化管理，明确了提升研发效率、保障产品质量、控制成本、加速创新等目标。同时，针对研发过程中可能面临的挑战，提出了相应的解决策略和优化方法。本章内容不仅为企业构建了研发过程管理的理论基础，还提供了实践操作指南，旨在帮助企业建立科学高效的研发管理体系，应对市场挑战，推动技术创新和可持续发展。这更是与国家发展战略相契合。当代青年要将个人的研发工作融入国家发展的大潮，为实现中华民族伟大复兴的中国梦而努力奋斗，成为具有高度社会责任感和爱国情怀的科技人才，让科技成为实现国家繁荣富强的有力武器。

2.6 本章习题

一、单项选择题

1. 研发过程体系的核心目标不包括以下哪一项？(　　)

A. 降低生产成本(非研发成本)　　B. 保障产品质量

C. 提升研发效率　　D. 加速产品创新

2. 下列哪个阶段不属于结构化方法引入阶段的特点？(　　)

A. 软件开发过程被划分为需求分析、设计、编码、测试等阶段

B. 引入了瀑布模型，作为代表性的研发过程模型

C. 强调快速迭代和持续交付

D. 强调阶段间的顺序性和文档的完整性

3. DevOps 理念的核心不包括以下哪一项？(　　)

A. 持续集成(CI)　　B. 阶段性集成测试

C. 持续交付(CD)　　D. 持续监控(CM)

4. 在下列研发项目管理的核心任务中，哪一项不是主要任务？(　　)

A. 明确项目目标与范围　　B. 制订项目计划

C. 监控项目进度与质量　　D. 负责产品市场推广

5. 研发质量控制的主要挑战不包括以下哪一项？(　　)

A. 团队成员固定不变　　B. 需求变化频繁

C. 技术复杂性增加　　D. 资源限制

二、简答题

1. 简述研发过程体系的重要性。
2. 描述研发流程规划的主要原则。
3. 在研发项目管理的组织架构中，项目管理办公室(PMO)的主要职责是什么？
4. 如何理解研发质量控制中的持续改进？
5. DevOps 理念如何影响研发过程？

第3章

沟通概述

在探讨组织管理与团队协作时，沟通占据着举足轻重的地位。沟通作为信息传递的基本途径，不仅确保了信息的准确流通，还促进了成员间的相互理解和协调行动。此外，良好的沟通对于增强团队凝聚力、建立信任关系也至关重要。本章将详细阐述沟通的定义，深入分析沟通在组织中的关键作用，并为读者构建一个条理清晰、内容丰富的沟通知识体系，以便读者更好地理解沟通在组织管理中的重要性。

3.1 沟通的内涵及沟通在组织中的作用

在明确了沟通在组织管理中的核心地位后，本节将阐述沟通的内涵，揭示其作为信息传递与理解的基石的作用。本节通过细致剖析沟通的多重维度，让读者不仅能理解其作为单纯信息交换过程的表面现象，更能洞察它在促进人际理解、协调集体行动以及构建信任桥梁方面所扮演的重要角色。随后，本节将转入对沟通重要性的全面阐述，揭示它如何成为组织成功的关键因素。无论是促进内部信息的流畅交换，还是强化团队间的协作与默契，抑或是解决冲突、应对挑战，沟通都展现出其不可或缺的价值。因此，深入探讨沟通的定义与重要性，不仅是对组织管理理论的丰富与完善，更为实践者提供了宝贵的指导与启示，帮助他们更好地运用沟通的力量，推动组织向更高层次发展。

3.1.1 沟通的内涵

在深入探讨组织管理与团队协作的过程中，沟通作为核心要素，对其基本概念的理解对于提升组织效能至关重要。以下是对沟通内涵的详细阐述，包括其定义、类型、要素以及有效沟通的标准，以期为读者提供一个全面而深入的视角。

1. 沟通的定义

沟通，作为人类社会中不可或缺的一部分，是信息发送者与接收者之间通过特定渠道进行信息交换的过程。这一过程远不止于简单的语言交流，它涵盖了广泛的信息形式和非语言信号的传递。沟通的本质在于促进理解、协调行动和建立共识，是实现个人与组织目标的关键手段。

语言信息的传递是沟通的基础。人们通过语言来表达思想、情感和意图，使对方能够理解和响应。然而，语言信息往往受到语境、文化背景和个人理解能力的影响，因此，在沟通过程中，信息的准确传达和接收者的正确理解至关重要。

除了语言信息，非语言信号在沟通中也扮演着举足轻重的角色。肢体语言、面部表情、语调以及沉默等都是传递深层含义和情感的重要方式。这些非语言信号往往能够揭示出语言背后隐藏的意图和情绪，对于建立信任和深化理解具有重要意义。

有效的沟通不仅仅关注信息的准确传递，更强调信息被正确理解并产生预期效果的重要性。这意味着沟通者需要关注接收者的反应和反馈，不断调整沟通策略，以确保信息的有效接收和理解。同时，沟通需要考虑情境因素，如时间、地点、文化背景等，以确保沟通效果的最大化。

2. 沟通的类型

沟通可以划分为多种类型，每种类型都有其独特的优势和局限性，适用于不同的场景和需求。以下将对几种常见沟通类型进行详细阐述。

(1) 口头沟通。口头沟通是非常直接、自然的沟通方式之一。口头沟通允许人们通过声音来传递信息、表达情感和建立联系。口头沟通的优势在于即时反馈和深度交流，能够迅速调整沟通策略，以应对变化。然而，口头沟通也存在一些局限性。例如，口头传达的信息可能难以准确记录，容易在传递过程中失真；同时，口头沟通受到时间、地点和接收者理解能力的限制，可能影响信息的广泛传播和深入理解。

(2) 书面沟通。书面沟通通过文字来传递信息，具有记录性强、易于保存和查阅的特点。书面沟通允许人们仔细思考和组织语言，确保信息的准确性和完整性。书面沟通还便于跨地域、跨时间的交流，使得信息能够跨越时空限制进行传递。然而，书面沟通缺乏即时性和情感色彩，可能难以表达复杂的情感和细微的差别；同时，接收者可能需要花费更多时间和精力来阅读和理解书面信息。

(3) 电子沟通。随着信息技术的飞速发展，电子沟通已成为现代社会中不可或缺的沟通方式。电子沟通利用电子邮件、即时通信工具、视频会议等电子媒介来传递信息，具有快速、便捷和高效的特点。电子沟通打破了地域和时间的限制，使得人们能够在全球范围内进行实时交流。然而，电子沟通也存在一些局限性。例如，由于缺乏面对面交流的真实感和情感传递，沟通双方可能难以建立深厚的信任关系；同时，电子沟通容易受到网络故障、信息安全等问题的影响。

除了上述三种主要类型，沟通还可以根据其他标准进行分类。例如，沟通按照其方向可分为上行沟通(下级向上级传递信息)、下行沟通(上级向下级传递信息)和横向沟通(同级之间传递信息)，沟通按照其范围可分为内部沟通和外部沟通，等等。这些不同类型的沟通方式在组织管理中各有其应用场景和价值。

3. 沟通的要素

一个完整的沟通过程通常包含以下几个关键要素：信息发送者、信息、渠道、接收者和反馈。这些要素相互关联、相互作用，共同构成了沟通过程的完整链条。

(1) 信息发送者。信息发送者是沟通活动的发起者，负责编码信息并将其传递给接收者。在沟通过程中，信息发送者需要明确沟通的目的和意图，选择合适的沟通方式和策略来传递信息。同时，信息发送者需要关注接收者的反应和反馈，及时调整沟通策略，以确保信息的有效传递和理解。信息发送者的沟通能力、态度和价值观等因素都会影响沟通的效果。

(2) 信息。信息是沟通的核心内容，可以是文字、图像、声音等多种形式。在沟通过程中，信息应具有准确性、清晰性和完整性等特点，以确保被有效传递和理解。信息发送者需要对信息进行精心组织和表达，以确保信息易于理解和接受；同时，接收者需要对信息进行仔细分析和解读，以把握其真实含义和价值。

(3) 渠道。渠道是信息传递的媒介和途径，如面对面交谈、电子邮件、视频会议等。不同的渠道具有不同的特点和适用范围，需要根据具体情境和需求进行选择和优化。例如，在面对面交谈中可以通过肢体语言和面部表情等非语言信号来增强沟通效果，在电子邮件中则可以通过精心构思的文字和附件来传递复杂信息。选择合适的沟通渠道对于提高沟通效率和效果具有重要意义。

(4) 接收者。接收者是信息的接受方和响应者，在沟通过程中扮演着至关重要的角色。接收者需要对接收到的信息进行解码和理解，以把握其真实含义和价值；同时，接收者需要根据自己的需求和情境对信息进行加工和反馈，以表达自己的意见和看法。接收者的理解能力、知识水平和态度等因素都会影响沟通的效果。

(5) 反馈。反馈是接收者对信息的反应或回应，是沟通循环中不可或缺的一环。通过反馈机制，接收者可以表达自己的意见和看法，以指导信息发送者进行调整和改进；同时，信息发送者可以根据反馈结果来评估沟通效果并进行后续跟进工作。有效的反馈机制能够促进双方的深入交流和理解，从而建立更加稳固的信任关系并为后续合作打下坚实基础。

4. 有效沟通的标准

有效沟通是确保沟通取得好的效果的关键，它涉及信息的准确性、清晰性、完整性、及时性和适应性等多个方面。以下是对有效沟通标准的详细阐述。

(1) 准确性。准确性是有效沟通的首要标准之一。它要求信息在传递过程中保持准确无误，以避免误解和混淆现象的发生。为了确保信息的准确性，信息发送者需要对信息进行仔细核对和确认；同时，接收者需要对信息进行仔细分析和解读，以把握其真实含义和价值。在沟通过程中还需要注意避免使用模糊或有歧义的语言，以防止信息失真或误传现象的发生。

(2) 清晰性。清晰性是有效沟通的重要标准之一。它要求信息表达简洁明了，以便于接收者快速理解和把握核心要点。为了确保信息的清晰性，信息发送者需要采用简单易懂的语言和表达方式；同时需要注意避免使用过多的专业术语或复杂句式，以免增加接收者的理解难度和时间成本。此外，还可以通过图表、图片等辅助工具来增强信息的可视化效果，以进一步提高清晰度和易读性。

(3) 完整性。完整性是有效沟通的核心要素之一，它要求信息传递过程中不遗漏任何关键信息，确保接收者能够获取全面、无偏差的事实和数据。在复杂的组织环境中，信息往往涉及多个层面和维度，任何信息的缺失都可能导致误解或决策失误。因此，保持沟通的完整性对于组织的有效运作至关重要。

为了实现沟通的完整性，信息发送者需要在准备沟通内容时全面梳理相关信息，确保所有重要信息都被纳入沟通范围。这包括但不限于项目背景、目标、计划、风险、资源需求等各个方面。同时，信息发送者需要注意信息的逻辑性和连贯性，确保接收者能够清晰地理解信息之间的关联和因果关系。

在沟通过程中，信息发送者应鼓励接收者提问和反馈，以便及时发现并补充可能遗漏的信息；接收者应主动寻求完整的信息，不满足于表面的、片段化的了解，而是要通过多种渠道和方式，努力构建对问题的全面认知。

此外，随着信息技术的发展，组织可以利用信息系统和大数据分析工具来确保沟通的完整性。例如，通过建立完善的信息管理系统，实现信息的集中存储和共享，减少信息孤岛和遗漏；利用数据分析工具对海量信息进行筛选和整合，提取有价值的关键信息，为决策提供全面支持。

(4) 及时性。及时性是有效沟通的关键要素之一。在信息快速变化的现代社会，信息的时效性显得尤为重要。信息的及时传递能够使接收者迅速做出反应，抓住机遇或应对挑战；而信息的滞后则可能导致机会的丧失或问题的恶化。

为了实现沟通的及时性，组织需要建立高效的信息传递机制，包括：明确的信息传递流程和责任分工，确保信息能够迅速、准确地从发送者传递到接收者；采用现代化的沟通工具和技术手段，如即时通信软件、视频会议系统等，提高信息传递的速度和效率；培养团队成员的信息敏感度和应急响应能力，使他们能够在第一时间获取并处理相关信息。

与此同时，组织需要关注外部环境的变化和内部需求的动态调整，灵活调整信息传递的策略和节奏。例如，在面对突发事件或重大决策时，可以启动紧急信息传递机制，确保关键信息能够迅速传递给相关人员；在日常工作中，则可以根据工作节奏和需求变化灵活安排信息传递的时间和频率。

(5) 适应性。适应性是有效沟通的高级要求之一。它要求信息发送者能够根据不同的情境和接收者的特点灵活调整沟通方式和策略，以达到最佳的沟通效果。适应性强的信息发送者能够敏锐地感知到接收者的需求和情绪变化，从而及时调整沟通内容和方式，以满足接收者期望；同时，他们能够根据外部环境的变化和组织目标的调整灵活应对各种挑战和机遇；此外，他们能够保持开放和学习的态度，不断学习和借鉴新的沟通理念和方法，以提升自己的沟通能力。

在组织管理中提升沟通的适应性还需要关注团队文化的建设和员工沟通能力的培养。通过建立开放、包容的团队文化，鼓励员工表达自己的想法和意见；通过定期的培训和发展计划，提升员工的沟通能力和技巧储备；通过建立有效的反馈和激励机制，激发员工的沟通积极性和创造力，从而提升整个组织的沟通适应性和灵活性水平。

有效沟通的标准包括准确性、清晰性、完整性、及时性和适应性等多个方面。这些标准相互关联、相互影响，共同构成了有效沟通的核心要素和关键特征。在组织管理中提升沟通效果需要全面关注这些标准并采取相应的措施，以推动组织持续健康稳定发展。

3.1.2 沟通在组织中的作用

沟通，作为组织管理的基石，其深远影响不仅体现在日常运营的顺畅与高效上，更体现在推动组织向更高层次发展的无形力量上。沟通能为组织管理者提供更为详尽的指导和启发。以下是沟通在组织中的关键作用。

1. 促进信息流通与共享

在信息爆炸的时代，组织内部的信息流通效率直接决定了其响应市场变化的速度和决策的准确性。有效的沟通机制如同组织的神经系统，确保各类信息能够迅速、准确地传递至每一个需要的角落。它既包括工作任务、项目进展等具体业务信息，也涵盖市场动态、竞争对手策略、行业趋势等外部信息。

为了促进信息的全面流通与共享，组织需要建立多层次、多维度的沟通网络。首先，明确的信息分类和传递路径是基础。例如，通过内部通信平台、公告栏等方式发布常规信息，确保全员知晓；对于重要决策或敏感信息，则采用加密邮件、一对一面谈等更为私密的方式传递。其次，鼓励员工之间的非正式交流，如茶歇时间的闲聊、兴趣小组的聚会等，这些都能促进信息的自然流动和隐性知识的传递。最后，数字化工具的应用极大提升了信息流通的效率。企业内网、项目管理软件、协同办公平台等现代科技手段使得信息的收集、整理、分析和共享变得更加便捷。通过这些工具，团队成员可以随时随地访问所需信息，实现知识的无缝对接和共享。

2. 增强团队协作与凝聚力

沟通是团队协作的黏合剂，它让团队成员之间建立起深厚的信任关系，形成共同的目标感和使命感。有效的沟通不仅能够让团队成员明确各自的角色和责任，还能够让团队成员在遇到困难时相互支持、共同面对挑战。团队协作精神不仅提高了工作效率，还增强了团队的凝聚力和归属感，为组织的长远发展奠定坚实的基础。

为了增强团队协作与凝聚力，组织需要构建开放、包容的沟通氛围，具体如下。

(1) 管理层应树立榜样，积极参与团队讨论，倾听员工意见，展现对员工的尊重和关怀。

(2) 管理层可以通过团队建设活动、定期的团队建设会议等方式增进员工之间的了解和信任。这些活动不仅有助于打破部门壁垒，促进跨部门合作，还能激发员工的归属感和认同感。

(3) 明确的沟通规范和流程也是团队协作的重要保障。例如，定期的项目进度汇报会议、问题反馈机制等，都能确保团队成员之间的信息同步和行动协调。

(4) 鼓励员工提出建设性意见和创新想法，这也是增强团队凝聚力的有效手段。当员工感受到自己的意见和想法被重视时，他们更愿意为团队贡献自己的力量和智慧。

3. 激发创新思维与创造力

创新是组织发展的不竭动力，而沟通则是激发创新思维与创造力的关键。开放、包容的沟通氛围能够激励员工勇于尝试新事物、挑战传统观念，从而不断推动组织的创新进程。当员工感受到自己的意见被采纳与被尊重时，他们更愿意提出新的想法和解决方案，为组织带来新的发展机遇。

要想激发团队的创新思维与创造力，组织应做到以下几点。

(1) 为了激发员工的创新思维与创造力，组织需要建立一种鼓励尝试和容忍失败的文化氛围。这要求管理层对员工的创新尝试给予足够的支持和理解，即使最终未能成功也不应过分苛责。

(2) 组织应提供必要的资源和培训，这是激发员工创造力的必要条件。例如，设立创新基金，支持员工的创新项目，邀请行业专家进行技术讲座和培训等都能有效提升员工的创新能力和意愿。

(3) 建立跨领域、跨行业的沟通平台也是激发员工创新思维的重要途径。通过与其他组织、行业专家、科研机构等的交流与合作，组织可以不断拓宽视野、汲取新知，为自身的创新发展注入新的活力。例如，参与行业论坛、加入专业协会、开展产学研合作等方式都能为组织带来更多的创新灵感和机会。

4. 辅助决策制定与执行

决策是组织管理的核心环节之一，而沟通则是辅助决策制定与执行的关键。有效的沟通能够确保决策信息的全面性和准确性，帮助决策者做出更合理的选择。同时，在执行过程中持续的沟通能够及时反馈问题、调整策略，确保决策得到有效落实。

为了辅助决策制定与执行，组织需要建立高效的决策沟通机制。首先，明确决策流程和沟通规则是基础。例如，在决策前广泛收集各方意见，进行充分论证和讨论；在决策后明确执行计划和责任分工，并定期进行进度跟踪和评估。其次，利用现代科技手段提升决策沟通的效率和质量。例如，通过视频会议、在线协作平台等方式实现异地决策的快速同步，利用大数据分析、人工智能等技术手段为决策提供科学依据和支持。

在执行决策的过程中持续的沟通同样重要。通过定期的进度汇报、问题反馈和协调会议等方式确保执行团队之间的信息同步和行动协调；通过设立激励机制，鼓励员工积极反馈问题，提出改进建议；通过持续跟踪和评估确保决策执行效果符合预期目标并及时调整策略，以应对变化。

5. 化解冲突与危机

组织内部和外部环境的变化都可能引发冲突和危机事件，而有效的沟通则是化解这些问题的关键。通过及时、坦诚的沟通揭示问题根源并寻找解决方案，通过资源整合和统一行动有效应对外部挑战，这些都是沟通在化解冲突与危机中的重要作用。

为了有效化解冲突与危机，组织需要建立快速响应的沟通机制。首先，明确危机管理流程和沟通规范是基础，如制定危机应对预案、明确危机管理团队和职责分工等都能为组织在危机时刻提供有力支持；其次，加强与外部利益相关者(如政府部门、媒体、公众等)的沟通合作也是化解危机的重要手段之一；最后，通过心理安抚和情绪疏导维护员工队伍的稳定和士气同样重要，这要求管理层在危机时刻展现出坚定的领导力和人文关怀精神，以赢得员工的信任和支持。

6. 提升员工满意度与忠诚度

员工是组织宝贵的财富之一，而沟通则是提升员工满意度与忠诚度的关键手段之一。通过良好的沟通机制可以了解员工需求和期望并提供相应支持，通过认可和奖励优秀员工可以激发员工积极性和创造力，关注员工成长，为员工提供晋升机会和培训资源，这些都是提升员工满意度与忠诚度的有效途径之一。

为了构建和谐的劳动关系并提升员工满意度与忠诚度，组织需要建立以人为本的沟通文化，并注重员工参与感的培养。这要求管理层在日常工作中注重倾听员工声音并给予充分关注和回应；建立多元化沟通渠道以满足不同员工群体的需求，如设立意见箱、开展员工满意度调查等方式都能帮助组织更好地了解员工需求和期望并提供相应支持；通过定期举办员工大会或座谈会等方式促进员工与管理层之间的直接交流和互动也是提升员工参与感和归属感的有效途径之一；通过制定公平合理的薪酬制度和晋升机制以及提供丰富多样的培训资源等方式激励员工积极投入工作并不断提升自身能力和素质也是提升员工满意度与忠诚度的重要措施之一。

7. 实践应用策略深化

为了充分发挥沟通在组织中的作用并实现上述目标，管理者还需采取一系列具体而有效的策略和方法来深化沟通实践。

(1) 建立个性化沟通体系。针对不同层级、不同职能部门的员工设计差异化的沟通方案，以满足其特定需求。例如，针对高层管理者，可采用定期一对一汇报或战略研讨会等形式进行深入交流；针对一线员工则可通过班组会议或工作坊等形式，加强团队协作和技能培训。

(2) 强化非语言沟通技巧。肢体语言、面部表情和语调等非语言信号在沟通中起着重要作用，管理者应注重培养自身非语言沟通技巧并引导员工正确使用以提升沟通效果。例如，保持眼神接触可增强信任感，微笑则可传递积极情绪并缓解紧张气氛。

(3) 利用故事讲述增强说服力。人们往往更容易被生动具体的故事所吸引并产生共鸣，管理者可尝试将复杂信息融入有趣或感人的故事，以增强说服力，并激发听众兴趣。例如，通过分享成功案例或行业领袖的成长经历来激励员工追求卓越并勇于创新。

(4) 培养跨文化沟通能力。随着全球化进程的加速推进，跨文化沟通已成为组织不可忽视的重要方面之一，管理者应注重培养员工跨文化沟通意识并提升其在不同文化背景下的适应能力。例如，通过组织国际交流项目或聘请外籍专家进行培训等方式拓宽员工视野，增进员工对不同文化的理解和尊重。

(5) 建立持续反馈机制。反馈是沟通循环中不可或缺的一环，组织需建立持续有效的反馈机制，以鼓励员工积极表达意见并提出改进建议。例如，通过设立匿名反馈渠道或定期收集员工意见调查等方式收集反馈信息，并根据结果及时调整沟通策略和内容，以确保沟通效果符合预期目标。

(6) 推动数字化转型提升沟通效率。数字化工具的应用极大提升了沟通效率和便捷性，组织需紧跟时代步伐推动数字化转型，并充分利用现代科技手段优化沟通流程和内容。例如，通过引入智能客服系统，提升客户服务效率和质量；通过构建数字化工作平台，实现远程协作和项目管理等功能，以提升团队协作效率和灵活性。

沟通在组织中发挥着不可替代的作用并深刻影响着组织发展的方方面面，从促进信息流通与共享到增强团队协作与凝聚力，从激发创新思维与创造力到辅助决策制定与执行，从化解冲突与危机到提升员工满意度与忠诚度，每一个环节都离不开有效沟通的支持与推动。因此，组织管理者应高度重视沟通工作并采取切实有效的策略和方法来深化沟通实践，以确保组织持续健康发展并实现长远目标。

3.2 沟通在软件开发中的作用

在软件开发领域，沟通不仅是信息传递的桥梁，更是团队协作、项目管理的核心推动力。有效的沟通机制能够确保团队成员之间的顺畅协作，促进项目按计划顺利进行，进而提高软件产品的质量和开发效率。本节将深入探讨沟通在软件开发中的关键作用，特别是在团队协作与项目管理方面的应用，旨在为软件开发团队提供一套系统而有效的沟通策略。

3.2.1 沟通与团队协作

在软件开发过程中，团队协作是不可或缺的一环。一个高效的开发团队往往依赖成员之间的紧密合作与相互支持。而沟通，作为团队协作的基石，其重要性不言而喻。以下将详细阐述沟通在团队协作中的具体作用及实践策略。

1. 沟通在团队协作中的作用

(1) 沟通促进信息共享与理解。在软件开发项目中，信息共享是团队协作的基础。团队成员需要了解项目的整体目标、各自的任务分配、关键里程碑以及可能遇到的风险与挑战，有效的沟通机制能够确保这些信息在团队内部快速、准确地流通，使每个团队成员都能对项目有清晰的认识和理解。通过定期的团队会议、进度汇报、问题讨论等方式，团队成员可以及时了解项目动态，分享各自的工作进展和遇到的问题，从而促进信息共享与理解。

(2) 沟通增强信任与合作。信任是团队协作的润滑剂。当团队成员之间建立起深厚的信任关系时，他们更愿意分享自己的想法、经验和资源，共同面对挑战和解决问题。有效的沟通能够增强团队成员之间的信任感。通过开放、坦诚的交流，团队成员可以相互了解彼此的优势和不足，找到互补之处，形成合力。同时，在沟通过程中展现出的尊重、理解和支持也能进一步巩固团队内部的信任与合作。

(3) 沟通促进冲突解决与决策制定。在团队协作过程中，难免会遇到意见不合、利益冲突等情况，及时、有效的沟通是解决这些问题的关键。通过面对面的交流、倾听对方的观点、寻找共同利益点等方式，团队成员可以共同探讨解决方案并达成共识。此外，在决策制定过程中，充分的沟通也是必不可少的。通过广泛收集意见、深入讨论分析并最终形成一致意见可以提高决策的科学性和可执行性。有效的沟通还能确保决策信息在团队内部的快速传递和准确理解，从而避免执行偏差和误解的发生。

2. 沟通在团队协作中的实践管理

为了充分发挥沟通在团队协作中的作用，软件开发团队需要建立高效的沟通渠道与机制，具体措施包括如下几个。

(1) 明确沟通目标。在每次沟通前明确沟通的目的和期望达成的结果，以便有针对性地开展交流活动。

(2) 选择合适的沟通方式。根据沟通内容的重要性和紧急程度选择合适的沟通方式，如面对面交流、电话会议、即时通信工具等。

(3) 建立定期沟通机制。定期召开团队会议，如每日站会、周例会等，以同步进度、讨论问题和制订计划。

(4) 鼓励非正式沟通。除正式的沟通渠道外，还应鼓励团队成员之间的非正式交流，如午餐会、茶歇时间等，以促进团队成员之间的情感联系和隐性知识的传递。

(5) 设立专门的沟通角色。设立专门的沟通角色，如项目经理或敏捷教练等负责协调团队内部的沟通活动，确保信息的顺畅流通和问题的及时解决。

3.2.2 沟通与项目管理

在软件开发项目中，项目管理是确保项目按计划顺利进行、达成预期目标的关键环节。而沟通作为项目管理的核心要素之一，其重要性不言而喻。以下将详细阐述沟通在项目管理中的具体作用及实践策略。

1. 沟通在项目管理中的作用

(1) 沟通确保项目需求明确与一致。项目需求是软件开发的起点，也是项目成功的关键。在项目启动阶段，通过与客户或相关利益方的深入沟通可以明确项目的具体需求、期望成果和约束条件。在沟通过程中需要确保双方对项目需求有共同的理解和认识，以避免后期因需求变更而导致的返工和延误。同时，在项目执行过程中持续的沟通也是必要的，以便及时了解客户反馈和市场需求变化并据此调整项目计划和开发方向，以确保项目成果的针对性和实用性。

(2) 沟通促进任务分配与进度跟踪。在项目管理中，任务分配和进度跟踪是确保项目按计划顺利进行的重要环节。通过有效的沟通机制，可以将项目任务分解为具体的子任务并分配给合适的团队成员，在任务执行过程中，定期的进度跟踪和汇报可以确保项目按计划推进并及时发现和解决潜在问题，通过沟通还可以协调不同任务之间的依赖关系和资源分配，以确保项目整体的高效运行。

(3) 沟通助力风险管理与应对。在软件开发项目中风险是不可避免的。有效的沟通机制可以帮助项目经理及时识别潜在风险并制定相应的应对措施，以降低风险对项目的影响。通过与团队成员和相关利益方的沟通可以收集到更多关于项目风险的信息并进行深入分析以找到最合适的解决方案。同时，在风险发生时，通过及时的沟通和协调可以迅速调动资源并调整项目计划以确保项目能够顺利渡过难关。

2. 沟通在项目管理中的实践策略

在软件开发项目管理的复杂环境中，沟通无疑是确保项目顺利推进的关键要素。为了充分挖掘沟通在项目管理中的巨大潜力，软件开发团队必须精心构建全面的沟通框架与流程，这是保障项目成功的基石。

(1) 制订沟通计划。在项目启动这一至关重要的阶段，沟通计划的制订应详细且周全。团队要明确沟通目标，沟通目标不仅仅是简单的信息传递，更要围绕项目的整体目标、各个阶段的关键里程碑以及不同任务的具体要求来设定。例如，新功能开发的沟通目标是确保团队成员对功能的设计理念、用户需求、技术实现路径等有清晰的理解。

沟通内容涵盖从项目背景、范围、进度安排、质量标准到风险识别与应对等各个维度。比如，详细阐述项目所涉及的业务逻辑、数据结构以及算法设计等内容，使不同专业背景的团队成员都能准确把握。

在沟通方式的选择上，要综合考虑项目团队的分布情况、成员的沟通偏好以及信息的紧急程度和重要性。对于分布在不同地理位置的团队，远程协作工具(如视频会议软件)可能是日常沟通的主要方式；对于团队内部的即时沟通，即时通信工具则更为便捷高效；对于重要决策和关键技术问题的讨论，面对面会议往往能达到更好的效果。

沟通频率的确定也不容忽视。对于频繁变动的项目需求和进度信息，需要保持较高的沟通频率，如每日站会；而对于相对稳定的项目架构和技术规范，可以设定定期的详细沟通会议，如每周或每两周一次的深度讨论。恰当的沟通频率可以确保沟通的针对性和有效性，避免信息过载或沟通不足的问题。

(2) 建立沟通模板与工具。根据项目独特的特点和复杂的需求，制定统一的沟通模板和专业的沟通工具是提高沟通效率和准确性的关键环节。

例如，设计科学合理的会议纪要模板，应包括会议主题、参会人员、讨论要点、决议内容、行动项(明确责任人与截止日期)等关键要素。这样的模板有助于参会人员在会后快速回顾会议内容，同时为后续的工作跟进提供清晰的指导。

问题跟踪工具，要具备详细记录问题描述、发现时间、问题严重程度、影响范围、解决方案建议、负责解决的人员以及问题解决状态等功能。通过这样的工具，团队能够对项目中出现的问题进行系统的管理和监控，及时发现问题的发展趋势，确保问题得到妥善解决，避免问题的遗漏或延误处理。

统一的沟通模板和工具能够在整个项目周期内为团队成员提供一致的沟通标准和便捷的沟通手段，大大减少沟通方式不一致或信息记录不规范而导致的误解和错误。

(3) 实施多层次沟通。根据项目规模的大小和复杂度的高低，实施多层次沟通策略是确保信息全面覆盖和及时传递的有效方法。

在项目层面，需要建立涵盖整个项目团队的沟通机制。这包括定期的项目进度汇报会议，向所有成员通报项目的整体进展情况、已完成的关键任务、即将开展的重要工作以及项目面临的主要风险和问题。同时，通过项目公告板、内部邮件等方式，发布项目相关的重要信息，如项目变更通知、新的质量标准等，确保每个团队成员都能在第一时间了解项目的宏观情况。

在团队层面，沟通则侧重于各个子团队或模块开发小组之间的信息交互。例如，不同功能模块开发团队之间需要定期进行接口沟通会议，明确模块之间的交互方式、数据传递格式以及接口的变更情况。这种沟通有助于避免因模块之间的不协调而导致的集成问题，保障整个软件系统的兼容性和稳定性。

在个人层面，沟通主要指团队成员之间的一对一或小范围沟通。这可能包括开发人员之间关于代码实现细节的讨论、测试人员与开发人员之间关于缺陷修复的沟通等。这种细致入微的沟通能够及时解决个人在工作中遇到的问题，提高工作效率，同时增进团队成员之间的相互理解和协作。

(4) 强化关键干系人沟通。与客户、供应商、管理层等关键干系人保持密切且有效的沟通是项目成功的重要保障。

与客户沟通时，要深入了解他们的业务需求和期望，通过定期的需求调研会议、用户体验测试反馈收集等方式，确保软件开发的方向始终与客户的业务目标一致。同时，及时向客户通报项目的进展情况、可能出现的风险以及对需求变更的响应措施，获取客户的信任和支持。

与供应商的沟通主要集中于软件项目所需的硬件设备、开发工具、第三方库等资源的供应情况，确保供应商按时、按质量提供所需资源，及时沟通资源供应过程中的问题，如设备故障、软件许可证更新等情况，避免资源短缺或供应问题影响项目进度。

与管理层的沟通则要重点汇报项目的整体状况，包括进度、成本、质量、风险等方面的关键指标。同时，根据项目的实际情况，争取管理层在资源分配、决策支持等方面的支持。例如，当项目遇到技术难题，需要额外的人力资源或资金投入时，及时向管理层提出合理的建议和请求。通过这种方式，确保项目成果符合各方预期要求，同时保障项目在实施过程中有充足的资源和良好的决策环境。

(5) 建立反馈与评估机制。为了保证沟通的质量和效果能够持续改进和优化，建立反馈与评估机制是必不可少的。

定期对沟通效果进行全面评估，评估指标包括：信息传递的准确性、及时性、完整性，团队成员对沟通内容的理解程度，沟通对问题解决的促进作用等。通过采用问卷调查、面谈等方式收集团队成员、关键干系人等各方的反馈意见，深入了解沟通环节存在的问题和不足。

根据评估结果和反馈意见，及时调整沟通策略和计划。例如，如果发现某个沟通渠道信息传递的及时性较差，就要考虑更换沟通工具或优化信息传递流程；如果发现团队成员对某类沟通内容理解困难，就要改进沟通方式，如增加案例说明、可视化演示等。这种持续的反馈与评估机制，使沟通框架和流程能够适应项目不断变化的需求，始终保持高效、顺畅的沟通状态。

3.3 沟通理论基础

沟通作为人际交往和组织运作的核心要素，其理论基础涵盖了多个学科领域，包括心理学、社会学、传播学、语言学等。本节将从经典沟通理论和当代沟通理论两个维度出发，详细阐述沟通的理论基础，以期为深入理解沟通现象及其在组织中的应用提供坚实的理论支撑。

3.3.1 经典沟通理论

在沟通学的发展史上，经典沟通理论犹如灯塔，照亮了后续研究的道路，为理解人类沟通行为的复杂性提供了理论基础。以下是对三种经典沟通理论的深入解析与扩展，旨在帮助读者更全面地把握这些理论的精髓及应用。

1. 信息论：沟通的科学解析

(1) 理论背景与发展。作为现代信息科学的基石，克劳德·香农的信息论不仅革新了通信技术的理论基础，而且为社会科学领域的研究提供了新的视角。在信息论中，沟通被视为一个高度结构化的信息传递过程，这一过程遵循严格的数学规律和逻辑原则。香农通过引入熵、信道容量、噪声等概念，为量化分析沟通效果提供了可能。

(2) 核心概念解析。

① 信源与信宿。在沟通中，信源是信息的发起者，即发送者；信宿是信息的接收者。二者通过特定的信道相连，形成沟通的闭环。理解信源与信宿的特性(如文化背景、知识结构、情感状态等)对于优化沟通策略至关重要。

② 信道与噪声。信道是信息传递的媒介，其特性(如带宽、延迟、可靠性等)直接影响沟通效果。噪声是信道中干扰信息传递的各种因素，可能来源于外部环境、技术故障、人为错误等。减少噪声干扰，提高信道效率，是提高沟通质量的关键。

③ 编码与解码。编码是将思想、情感等信息转换为可传递符号的过程，解码是接收者将这些符号还原为原始信息的过程。有效的编码要求清晰、准确、符合语境，而解码则需要接收者具备一定的解码能力和背景知识。

④ 反馈机制。反馈是沟通中不可或缺的一环，它使沟通成为一个动态调整的过程。通过反馈，发送者可以了解接收者的理解程度和反应，从而调整沟通策略，确保信息的准确传递。

(3) 应用与启示。信息论为沟通研究提供了科学的方法和工具，使得研究者能够量化分析沟通效果，评估不同沟通策略的优劣。信息论也启示我们，在沟通中应注重减少噪声干扰，优化信道选择，提高编码和解码的效率与准确性。此外，建立有效的反馈机制，对于促进沟通双方的理解与达成共识具有重要意义。

2. 符号互动论：人际关系的微观透视

(1) 理论背景与发展。符号互动论起源于美国社会心理学领域，由乔治·赫伯特·米德等学者创立并发展。该理论强调，人类通过符号进行互动和沟通，这些符号不仅是语言，还包括手势、表情、姿态等。符号互动论认为，个体通过解释和理解他人使用的符号来构建自我概念和社会现实，从而在互动中不断调整自己的行为反应。

(2) 核心概念解析。

① 自我概念。个体在互动过程中，通过解释和理解他人使用的符号，逐渐形成关于自己的认知和评价，即自我概念。自我概念是个体行为决策的重要基础，影响着个体在沟通中的表现。

② 社会现实。符号互动论认为，社会现实并非客观存在，而是个体通过符号互动共同构建的结果。因此，不同的个体或群体可能拥有不同的社会现实观，这可能导致沟通中的误解和冲突。

③ 意义协商。在沟通过程中，个体之间通过符号交换来协商共同的意义和理解。这一过程涉及对符号的多重解读和再创造，使得沟通成为一种动态、复杂的社会心理现象。

(3) 应用与启示。符号互动论为我们理解人际关系的动态性和社会性提供了重要视角。它启示我们，在沟通中应注重符号的多重含义和解读差异，努力实现共同的意义协商。同时，关注个体自我概念的构建过程，有助于我们更深入地理解沟通参与者的心理需求和动机。此外，符号互动论还提醒我们，要警惕沟通中的刻板印象和偏见，努力营造开放、包容的沟通氛围。

3. 社会交换理论：沟通中的理性选择

(1) 理论背景与发展。社会交换理论起源于经济学中的交换理论，后由霍曼斯等引入社会学和心理学领域。该理论认为，人们在沟通中的行为是理性选择的结果，旨在最大化自己的利益并最小化成本。社会交换理论不仅关注物质利益的交换，还涉及情感、尊重、信息等非物质资源的交换。

(2) 核心概念解析。

① 成本与收益。在社会交换理论中，成本是指个体在沟通中所付出的时间、精力、资源等，收益是指个体从沟通中获得的物质或非物质利益。个体在沟通中会权衡成本与收益的比例，从而做出理性选择。

② 互惠原则。互惠原则是社会交换理论中的基本准则之一，它要求沟通双方在交换过程中保持相对平衡，即给予与接受大致相等。遵循互惠原则有助于维护沟通关系的稳定和持久。

③ 公平与权力。公平是社会交换理论中的重要价值追求。当个体感知到交换结果不公平时，他可能会产生不满和抵触情绪，这可能影响沟通效果。权力关系是社会交换理论中不可忽视的因素。权力较大的个体在交换中往往拥有更多的资源和话语权，这可能导致沟通中的不平等现象。

(3) 应用与启示。社会交换理论为理解人际关系中的动机和行为提供了有力解释。它启示我们，在沟通中要关注个体的成本与收益分析，努力创造双赢的局面。同时，遵循互惠原则，维护沟通关系的公平与稳定。此外，对于权力关系的管理和调节也是沟通中的重要任务之一。增强沟通透明度、促进信息共享等方式，可以削弱权力不对称带来的负面影响，营造更加平等、和谐的沟通氛围。

总之，经典沟通理论为我们提供了深入理解沟通现象的理论框架和分析工具。深入学习这些理论并结合实际情境进行应用与反思，可以不断提升自己在软件开发过程中的沟通能力与水平，为构建和谐的人际关系和组织氛围贡献力量。

3.3.2 当代沟通理论

在当代社会，沟通作为连接个体、群体乃至整个社会的桥梁，其复杂性和多样性日益凸显。随着社会科学研究的不断深入和技术革新，当代沟通理论在继承经典理论精髓的基础上，不断拓展新的研究领域，形成了更为丰富和精细的理论体系。本小节将对媒介丰富度理论(media richness theory)、组织沟通理论(organizational communication theory)、跨文化沟通理论(intercultural communication theory)、计算机中介沟通理论(computer-mediated communication, CMC)、社交媒体沟通理论(social media communication theory)、虚拟团队沟通理论(virtual team communication theory)、冲突解决与谈判理论(conflict resolution and negotiation theory)进行深入探讨。

1. 媒介丰富度理论

媒介丰富度理论由理查德·戴夫特(Richard L. Daft)和罗伯特·伦格尔(Robert H. Lengel)提出，这一理论旨在解释不同沟通媒介对沟通效果的影响。该理论认为，媒介的丰富度(媒介传递信息的能力)会显著影响沟通的质量和效率。

高丰富度媒介(如面对面交谈、视频会议等)能够传递更多的非语言信息，如面部表情、肢体语言和即时反馈，这些都有助于建立更紧密的人际关系。另外，高丰富度媒介还能够减少信息的模糊性和不确定性，促进更深层次的沟通和理解。

相比之下，低丰富度媒介(如电子邮件、文本消息等)更适合传递明确、简洁的信息。这些媒介在传递简单、结构化信息时效率较高，但在处理复杂或情感丰富的内容时可能显得力不从心。

媒介丰富度理论为组织选择合适的沟通媒介提供了重要的理论指导。在实际应用中，组织需要根据沟通目标、信息性质以及沟通双方的关系来选择合适的媒介，以达到最佳的沟通效果。

2. 组织沟通理论

组织沟通理论关注组织内部和组织之间的沟通过程及其对组织绩效的影响。该理论认为，有效的组织沟通能够促进信息共享，协调行动，增强组织凝聚力，提高组织的整体绩效。

组织沟通理论涵盖了多种具体理论模型，如开放系统模型、权变模型等。开放系统模型强调组织与环境之间的相互作用和相互影响，认为组织沟通是一个开放的过程，需要不断适应外部环境的变化。该模型强调信息的输入和输出，以及组织内部的信息处理和反馈机制。权变模型指出组织沟通策略应根据组织内外部环境的变化而灵活调整。该模型认为，不同的组织情境需要不同的沟通策略，没有一种通用的最佳沟通方式。因此，组织需要根据具体情况来制定和调整沟通策略，以适应不断变化的环境。

在实际应用中，组织沟通理论为管理者提供了重要的指导。管理者需要了解不同沟通媒介和策略的特点和适用情境，以便在组织内部和外部建立有效的沟通机制，促进信息的流动和共享，提高组织的整体绩效。

3. 跨文化沟通理论

跨文化沟通理论关注不同文化背景下人们的沟通行为和沟通效果。该理论认为，文化背景会深刻影响人们的沟通方式、价值观和行为规范，从而导致跨文化沟通中的误解和冲突。

跨文化沟通理论强调在沟通中尊重和理解对方的文化背景，应采用适当的沟通策略来减少误解和冲突。为了实现有效的跨文化沟通，沟通双方需要具备一定的文化敏感性和适应性，能够理解和接纳不同文化的差异，同时在沟通中保持开放和包容的态度。

该理论为国际企业、跨国公司等跨文化组织提供了有效的沟通指导。在这些组织中，员工具有不同的文化背景、不同的价值观和沟通习惯，为了实现有效的团队合作和组织绩效，管理者需要关注跨文化沟通的问题，制定相应的沟通策略和培训计划，以提高员工的跨文化沟通能力。

4. 计算机中介沟通理论

随着信息技术的飞速发展，计算机中介沟通成为当代沟通研究的重要领域。计算机中介沟通理论关注通过互联网、电子邮件、社交媒体等计算机技术进行的沟通行为及其影响。

该理论认为，计算机中介沟通具有匿名性、异步性等特点，这些特点既给沟通带来了便利也带来了挑战。其中，匿名性可能导致沟通中的不诚实和攻击性行为，因为沟通双方可能不需要承担面对面沟通中的社会压力和责任；异步性则要求沟通者具备更强的自我管理和时间管理能力，因为双方可能需要在不同的时间进行沟通和反馈。

计算机中介沟通理论为理解网络时代下的沟通现象提供了新的视角和工具。在实际应用中，这一理论可以帮助组织和个人更好地利用计算机技术进行有效沟通。例如，组织可以通过建立有效的在线沟通平台来促进员工之间的信息共享和协作；个人可以通过学习和掌握计算机中介沟通的技巧来提高自己的沟通效率和效果。

5. 社交媒体沟通理论

社交媒体沟通理论是计算机中介沟通理论的一个重要分支，它专注于研究社交媒体平台上的沟通行为和影响。社交媒体已成为人们日常生活中不可或缺的一部分，它不仅改变了人们的沟通方式，还对信息传播、社会关系建立和维护产生了深远影响。

社交媒体沟通理论认为，社交媒体平台具有信息传播的快速性、广泛性和互动性等特点。这些特点使得信息能够在短时间内迅速传播，并引发大规模的讨论和反馈。同时，社交媒体也为用户提供了丰富的沟通工具，如文字、图片、视频和音频等，使得沟通更加生动和多样化。

然而，社交媒体沟通也面临着一些挑战，如信息的真实性和可信度问题、隐私泄露风险以及网络欺凌等。因此，社交媒体沟通理论强调用户在沟通时具备一定的媒介素养和批判性思维，能够辨别信息的真伪，保护自己的隐私，并避免在网络空间中发表攻击性或不当言论。

在实际应用中，社交媒体沟通理论可以帮助个人和组织更好地利用社交媒体平台进行有效沟通。例如，个人可以通过学习和掌握社交媒体沟通技巧来提高自己的社交影响力，组织则可以通过制定社交媒体沟通策略来增强品牌形象、提高客户满意度和促进产品销售。

6. 虚拟团队沟通理论

虚拟团队沟通理论关注在虚拟环境中工作的团队成员之间的沟通过程和效果。随着全球化和信息技术的发展，越来越多的组织开始采用虚拟团队模式，以便在全球范围内整合资源和人才。

虚拟团队沟通理论认为，虚拟团队面临着一些独特的沟通挑战。例如，团队成员可能分布在不同的地理位置和时区，导致沟通存在时空上的不协调；团队成员之间可能缺乏面对面的交流和互动，导致沟通效果不佳和团队凝聚力下降。

为了应对这些挑战，虚拟团队沟通理论强调采用一系列有效的沟通策略。例如，建立明确的沟通规范和流程，确保团队成员能够及时了解团队动态和任务进展；利用先进的技术工具进行实时沟通和协作；定期举行虚拟会议或面对面会议，以增强团队成员之间的联系和互动。

在实际应用中，虚拟团队沟通理论可以帮助组织更好地管理虚拟团队，提高团队成员之间的沟通效率和效果。例如，组织可以通过制订虚拟团队沟通计划来确保团队成员之间的有效沟通，同时可以通过培训和指导来提高团队成员的虚拟沟通能力。

7. 冲突解决与谈判理论

冲突解决与谈判理论关注人们在沟通中如何处理冲突和进行谈判。该理论认为，冲突是沟通中不可避免的一部分，但有效的冲突解决和谈判策略可以帮助人们化解矛盾、达成共识并促进合作。

冲突解决与谈判理论涵盖了多种具体策略和方法。例如，合作策略强调通过协商和妥协来达成共识；竞争策略强调通过争取自身利益而在冲突中取胜；回避策略选择避免直接冲突，寻求其他途径来解决问题。

在实际应用中，冲突解决与谈判理论可以帮助个人和组织更好地处理沟通中的冲突和谈判问题。例如，个人可以通过学习和掌握有效的谈判技巧来提高自己在谈判中的地位和影响力，组织则可以通过制定冲突解决机制来减少内部矛盾和提高团队合作效率。

3.4 本章小结

首先，本章系统阐述了沟通在组织管理与团队协作中的重要性，深入分析了沟通的定义、类型、要素及有效沟通的标准。沟通，这一信息传递与理解的基石，在组织和团队发展中扮演着至关重要的角色。如同党和国家在建设发展过程中始终重视信息的准确传达与人民思想的凝聚一样，沟通不仅促进了信息的流通与共享，更像是党的政策在基层有效落实的生动体现，让每个团队成员都能了解目标与方向，增强了团队协作与凝聚力，这正体现了集体主义精神在组织中的核心价值。在团队发展中，沟通对激发团队成员创新思维有着不可替代的作用。创新是国家发展的第一动力，在组织里，良好的沟通环境能激发成员的创新思维，如同国家鼓励大众创业、万众创新一样，为团队成员提供自由表达和思想碰撞的空间，使团队能在竞争中脱颖而出，为社会创造更多价值，展现出积极向上的进取精神。

其次，本章特别强调沟通在软件开发团队协作与项目管理中的核心地位，其深层意义在于将技术协作能力提升至国家战略层面，通过高效沟通实现团队紧密协作，正是科技工作者推动国家科技自立自强的关键路径。具体而言，软件开发团队通过沟通机制实现技术难题的快速攻克与项目需求的精准对接。这种基于专业知识的协作模式，与科研人员通过前沿理论突破和复杂实验验证推动国家科技攻关的过程高度同构。团队成员在代码构建中的每一次思想碰撞实际上都在为实现国家科技体系的自主可控添砖加瓦，体现了科技工作者服务国家战略需求的使命担当。此外，沟通策略的实践不仅是技术协作的工具，更是培育新时代科技人才的重要途径。团队成员在运用沟通方法时所形成的尊重多元视角、积极履行责任的职业素养与社会主义建设者和接班人所需具备的系统思维、协作精神和责任意识高度契合。这种通过实践锤炼形成的协作能力，最终将转化为推动国家科技治理体系现代化的重要人力资本，为实现科技强国战略提供坚实的人才支撑。

最后，本章通过梳理经典沟通理论与当代沟通理论的发展脉络，为读者构建了一个全面的沟通知识体系。这一知识体系如同思政教育中为学生构建的思想大厦，旨在帮助读者深入理解沟通现象及沟通在组织中的应用，为提升组织管理效能与团队协作水平提供坚实的理论基础与实践指导，培养具备优秀沟通能力、团队协作精神和社会责任感的高素质人才，助力中华民族伟大复兴。

3.5 本章习题

一、单项选择题

1. 沟通的本质是什么？(　　)

A. 单纯的信息交换过程　　B. 信息传递与理解，促进人际理解和协调行动

C. 面对面交谈　　D. 书面报告编写

2. 下列哪种沟通方式更适合传递明确、简洁的信息？(　　)

A. 面对面交谈　　B. 视频会议

C. 电子邮件　　D. 即时通信

3. 社会交换理论主要关注什么？(　　)

A. 沟通中的情感表达　　B. 沟通中的权力关系

C. 人们在沟通中的理性选择行为　　D. 非语言信号在沟通中的作用

4. 在组织沟通理论中，哪种模型强调组织与环境之间的相互作用？(　　)

A. 权变模型　　B. 开放系统模型

C. 符号互动论　　D. 媒介丰富度理论

5. 计算机中介沟通理论的主要特点不包括以下哪一项？(　　)

A. 同步性　　B. 匿名性

C. 异步性　　D. 利用计算机技术进行

二、简答题

1. 简述有效沟通的标准。
2. 在组织管理中，沟通如何促进团队协作与凝聚力？
3. 解释符号互动论的核心概念“自我概念”及其在沟通中的作用。
4. 媒介丰富度理论如何指导组织选择合适的沟通媒介？
5. 简述社交媒体沟通理论的主要内容及对现代沟通的影响。

第4章 沟通过程模式

在当今复杂多变的社会与商业环境中，沟通作为人类社会活动的重要组成部分，贯穿人们生活和工作的方方面面。无论是个人之间的情感交流，还是组织内部的协作与决策，高效的沟通都起着关键作用。良好的沟通能够促进信息的准确传递，增强人际关系的和谐，提升团队的协作效率，甚至对组织的发展和成功产生深远影响。不同的沟通模式在不同的情境下有着各自的优势和适用范围。了解和掌握这些沟通模式，对于我们在实际沟通中选择合适的方式、提高沟通效果至关重要。从简单的链式沟通与轮式沟通，到交互式的全向沟通与网络式沟通，再到群体沟通中的群体决策与应对挑战的策略，每一种沟通模式都蕴含独特的原理和实践价值。本章将深入探讨线性沟通模式、交互式沟通模式以及群体沟通模式，详细分析它们的特点、优缺点以及实践应用，以帮助读者更好地理解和运用这些沟通模式，从而在各种沟通场景中实现更加高效、顺畅的交流，为个人和组织的发展助力。

4.1 线性沟通模式

线性沟通模式是一种较为简单直接的沟通模式，即信息沿着一个明确的方向流动，通常从一个发送者传递到一个或多个接收者，形成一个线性的信息传递链条。这种模式在组织结构清晰、层级分明的环境中尤为常见。

4.1.1 线性沟通模式的类型

线性沟通模式主要包括链式沟通与轮式沟通两种类型。

1. 链式沟通

链式沟通，顾名思义，信息在沟通过程中像链条一样逐一传递。在这种模式下，每个成员都是信息传递链上的一个环节，他们负责将接收到的信息传递给链上的下一个成员。链式沟通可以分为单向链式沟通和双向链式沟通两种形式。

(1) 单向链式沟通。单向链式沟通是指信息从一端开始，沿着一条直线逐个传递，直到链的另一端。在这种模式下，信息流动单一，效率较低，且信息传递过程中容易失真或遗漏。例如，在一个层级分明的组织中，信息可能从最高管理层逐级向下传递，但每个层级都可能对信息进行解读和筛选，导致最终接收到的信息与原始信息存在偏差。

(2) 双向链式沟通。与单向链式沟通不同，双向链式沟通允许信息在链条上双向流动，即每个成员在接收信息的同时，也可以向上一个成员反馈信息。这种模式增加了信息的反馈机制，有助于减少信息传递中的误解和失真，但整体效率受限于链条的长度和成员的响应速度。例如，在生产线上，工序之间的信息传递常采用链式沟通模式，确保每个工序按照既定流程顺利进行。此外，某些垂直管理的组织结构，如军队、政府机构等，也常采用链式沟通来确保命令的准确传达和执行。

2. 轮式沟通

轮式沟通呈现出一种以某一个特定的中心人物为核心枢纽的结构，信息的流动紧紧围绕着这个中心人物来展开和传递。在这种模式中，所有的信息毫无例外地都需要经过中心人物这一关键节点，由其进行全面的集中处理和再度分配。

轮式沟通通常适用于一些特定的场景，尤其适合需要高度集中控制和迅速做出决策的情况。举例来说，在危机管理领域，一个明确且权威的指挥中心至关重要。它能够迅速且高效地收集来自各方的信息，凭借其集中控制权快速做出精准决策，并及时向下传达，从而确保危机能够得到迅速且有效的响应和处理。除此之外，在项目管理工作中，项目经理常常充当中心人物的关键角色，负责全面协调各方资源，密切监控项目进度，通过集中控制和决策，全力保障项目依照预定的计划顺利进行。

4.1.2 线性沟通模式的优缺点分析

线性沟通模式在特定场景下具有显著的优势，但同时存在一些不容忽视的局限性。以下是对线性沟通模式优缺点的综合分析。

1. 线性沟通模式的优点

(1) 信息传递路径清晰。线性沟通模式的信息传递路径明确，有助于减少信息传递过程中的混乱和误解。无论是链式沟通还是轮式沟通，信息都沿着既定的路径流动，确保每个成员都能准确接收并理解信息。

(2) 便于集中控制。在轮式沟通中，中心人物能够全面掌控信息的流向和内容，确保决策的快速执行和信息的准确传递。这种集中控制方式有助于组织在关键时刻迅速响应和应对挑战。

(3) 责任明确。线性沟通模式有助于明确每个成员在信息传递过程中的角色和责任，特别是在链式沟通中，每个成员都清楚自己的职责范围和工作内容。在轮式沟通中，中心人物则承担主要责任，确保决策的有效实施。

(4) 决策效率高。由于信息传递路径清晰且集中控制力强，线性沟通模式有助于组织快速做出决策并付诸实施。特别是在紧急情况下，这种高效的决策机制能够确保组织迅速应对挑战并恢复稳定。

2. 线性模式的缺点

(1) 信息失真风险。在链式沟通中，由于信息需要逐个传递，每个成员都可能对信息进行解读和筛选，这会导致最终接收到的信息与原始信息存在偏差。信息失真可能严重影响组织的决策质量和执行效果。

(2) 沟通成本高。特别是在链式沟通中，由于信息传递链条较长且每个环节都需要花费时间进行解读和传递信息，整体沟通成本较高。此外，在轮式沟通中，中心人物需要花费大量时间与各方沟通，以确保信息的准确传递和决策的有效实施，这增加了沟通成本。

(3) 灵活性差。线性沟通模式的信息传递路径相对固定且难以改变。一旦组织环境发生变化或需要调整沟通策略，线性沟通模式可能难以满足新的需求。特别是在轮式沟通中，中心人物的离职或变动可能导致整个沟通系统陷入混乱和不稳定状态。

(4) 依赖性强。无论是链式沟通还是轮式沟通都存在一定的依赖性。链式沟通中的每个成员都依赖上一个成员传递准确的信息，而轮式沟通中的每个成员则依赖中心人物的集中控制和决策能力。这种依赖性可能导致组织在面对突发情况时缺乏应变能力和灵活性。

(5) 抑制创新。线性沟通模式可能抑制组织内部的创新精神和创造力。由于信息传递路径固定且集中控制力强，成员可能更倾向于遵循既定规则和流程而不敢轻易尝试新的想法和方法。这种保守氛围可能阻碍组织的长期发展和竞争力提升。

线性沟通模式具有信息传递路径清晰、便于集中控制、责任明确、决策效率高等优势，但同时存在信息失真风险、沟通成本高、灵活性差、依赖性强、抑制创新等局限性。因此，在选择沟通模式时，组织应根据自身特点和需求进行权衡，以确保沟通效果的最大化。同时，随着组织环境的不断变化和发展，组织也应不断调整和优化沟通策略，以迎接新的挑战和机遇。

4.2 交互式沟通模式

在组织管理与人际交往中，沟通不仅仅是信息的单向传递，更多的是一个互动的过程，即信息的发送方与接收方或多方之间进行动态的、相互影响的交流。这种强调互动性的沟通方式被称为交互式沟通模式。本节将深入探讨交互式沟通模式中的全向沟通与网络式沟通两种主要模式，并分析交互式沟通模式在实践中的应用及其优缺点。

4.2.1 全向沟通与网络式沟通

1. 全向沟通

全向沟通，又称全方位沟通或者开放式沟通，是一种极具活力且高度先进的沟通模式。在这种独特的沟通模式之下，每个成员都被赋予了与其他所有成员直接进行信息交流的权利和机会。这种模式不存在固定不变、刻板僵化的信息传递路径，也没有森严的层级限制来束缚信息的流通。

全向沟通大力倡导开放、坦诚且毫无保留的对话。在这样的环境中，信息就如同自由的飞鸟，不受任何束缚地在成员之间穿梭传递。每个成员都能够积极主动地表达自己的观点、想法和感受，同时能够毫无障碍地接收来自其他成员的信息。这种自由开放的交流方式极大地促进了信息的自由流动和广泛共享，使得每个团队成员都能够站在信息的前沿，及时了解与工作、项目或组织发展相关的各种动态。

(1) 特点。

① 信息自由流通是全向沟通极为突出的特征之一。所有成员都如同置身于一个信息的海洋，能够直接与其他成员进行交流，信息的流通毫无限制。无论是重要的决策信息、创新的想法还是日常的工作进展，都能够在瞬间传递给每一个相关人员，确保了信息的及时性和全面性。

② 高度互动性是全向沟通的关键特点。沟通不再是单向的信息传递，而是双向甚至多向的交流与互动。团队成员之间可以随时进行即时反馈和深入讨论，这种实时的交流使得问题能够被迅速发现和解决，决策能够在充分的讨论中得以优化，创新的思路能够在思维的碰撞中不断涌现。

③ 全向沟通有助于促进信任与合作的建立。在一个开放透明的沟通环境中，成员不再需要猜测和揣摩他人的意图，也无须担忧信息被隐瞒或扭曲。这种坦诚和透明能够有效地消除误解和猜疑，建立起坚实的信任基础。基于信任，团队成员更愿意相互协作，共同为实现团队的目标而努力拼搏。

④ 全向沟通具有很强的灵活性。其相对扁平的组织结构使得信息传递的环节大大减少，决策过程更加迅速高效。当面对复杂多变的外部环境时，组织能够迅速做出调整和响应，快速适应环境的变化，保持竞争优势。

(2) 适用场景。对于创新型团队来说，全向沟通是激发创新思维和推动快速迭代的理想模式。在创新型团队中，成员需要不断地突破传统思维的束缚，尝试新的方法和途径。全向沟通为他们提供了自由交流和思想碰撞的平台，使得创意能够在宽松的氛围中孕育而生。

跨部门协作是全向沟通的重要应用场景。当多个部门需要紧密合作，共同完成一个复杂的项目或实现一个共同的目标时，全向沟通能够打破部门之间的壁垒，促进信息的顺畅流通和资源的有效整合。通过直接的沟通与协作，不同部门的成员能够更好地理解彼此的需求和困难，共同解决问题，提高工作效率和质量。

在具有高绩效文化的组织中，全向沟通更是如鱼得水。这种强调开放、平等、共享的企业文化环境为全向沟通的实施提供了肥沃的土壤。在这样的文化氛围中，团队成员积极主动地分享知识和经验，相互学习，共同进步，为组织的发展贡献自己的智慧和力量。

(3) 实践案例。华为、小米等国内科技企业，在全向沟通模式的运用上成效显著。

① 华为打造了开放式的办公空间，摒弃传统办公区域的隔阂，使员工能随时随地进行面对面的交流，极大地提升了信息流通效率。华为定期举办跨部门的技术交流大会，来自不同产品线、不同职能部门的专家与员工汇聚一堂，碰撞思想火花，分享各自在通信技术、芯片研发、终端产品设计等领域的宝贵经验与前沿见解。此外，华为搭建了功能强大的内部知识云平台，员工可以将自己攻克技术难题的思路、项目执行中的关键经验、创新的技术方法等上传至平台。无论是远在海外的研发人员，还是国内各地区的工作人员，都能实时查阅、学习，这有力推动了企业整体知识体系的更新与迭代，促进全公司范围内的知识共享与协同创新。

② 小米同样极为重视全向沟通。企业内部营造出一种开放包容的沟通文化，鼓励各级员工大胆表达想法、提出建议。高层领导也常常深入基层团队，与员工共同探讨产品优化方向、市场策略等关键议题。这种无障碍的沟通环境充分激发了员工的创新活力与工作热忱，助力小米持续推出高性能智能手机、智能家居生态产品等一系列深受消费者喜爱的创新产品，进而在竞争激烈的科技市场中脱颖而出。

全向沟通作为一种先进的沟通模式，在当今复杂多变的商业环境中具有重要的应用价值和广阔的发展前景。通过充分发挥全向沟通的特点和优势，组织能够更好地激发团队的创造力，提高工作效率，增强竞争力，实现可持续发展的目标。

2. 网络式沟通

网络式沟通以一种独特而富有前瞻性的视角，将组织成员视作构成一个复杂而精妙的网络的关键节点。在这个复杂的网络架构中，每一个节点都并非孤立存在的，而是与众多其他节点紧密相连，从而交织形成了一个错综复杂、纵横交错的沟通网络。

在网络式沟通模式下，信息的流动展现出了极其丰富和多样的特点。信息不仅能够在相邻的节点之间顺畅地传递，还能够凭借多个不同的路径，如同电流在复杂的电路中穿梭一般，迅速传播至整个网络的每一个角落。网络式沟通着重强调信息的多元传播和广泛连接，使得信息能够最大限度地实现全面覆盖和深度渗透。

(1) 特点。

① 多元传播路径是网络式沟通极为突出的特征之一。信息不再局限于单一的传递渠道，而是可以通过多种多样的途径在网络中自由传播。这就如同城市中的交通网络，既有宽阔的主干道，也有密集的支路和小巷，信息可以根据实际情况选择最快捷、有效的路径进行传递，大大提高了信息传播的效率和灵活性。

② 广泛连接性使得每个团队成员都与多个其他成员建立起了紧密的联系网。这种紧密的连接如同无数条丝线交织在一起，形成了一张坚固而富有弹性的大网。每个团队成员都能够通过这些连接与众多的伙伴进行交流和合作，获取丰富的信息和资源，从而拓宽自己的视野、拓展自己的能力。

③ 网络式沟通模式有助于发现潜在的合作机会和创新点。由于信息在网络中广泛传播，不同领域、不同背景的成员能够接收到彼此的思想和观点。这种跨领域、跨专业的信息交流往往能够碰撞出意想不到的火花，激发出创意和灵感。同时，信息的广泛传播也能够让成员更容易发现彼此的需求和优势，从而挖掘出潜在的合作机会，实现资源的优化配置和协同创新。

④ 网络式沟通具有强大的适应性。网络式沟通凭借其灵活多变的网络结构能够根据组织

内外环境的变化迅速做出调整和优化。无论是面对市场的突然变化、技术的快速更新，还是组织内部的结构调整和人员变动，网络式沟通都能够迅速适应，确保信息的流通不受阻碍，工作的推进不受影响。

(2) 适用场景。在复杂项目团队中，项目涉及多个领域和专业知识，需要来自不同学科、具有不同背景的专家和人员共同协作。网络式沟通能够打破学科和专业的界限，促进信息的快速流通和整合，提高项目的协同效率和创新能力。

在创新生态系统中，组织需要与广泛的外部资源和合作伙伴建立紧密的联系，共同推动创新的发展。网络式沟通能够帮助组织构建一个庞大而高效的合作网络，实现信息、技术、人才等资源的快速流动和共享，加速创新的进程和市场的拓展。

对于高度分散的组织，如跨国公司或远程工作团队，由于成员分布在不同的地区和时区，传统的沟通方式往往面临诸多挑战。网络式沟通凭借其强大的信息传播能力和灵活的结构，能够跨越地理和时间的障碍，实现成员之间的无缝连接和高效协作。

(3) 实践案例。

① 阿里巴巴作为全球知名的互联网企业，在其业务拓展和创新发展过程中，充分运用了网络式沟通模式。以天猫“双十一”项目为例，这是一个涉及市场营销、技术研发、物流配送、客户服务等多个领域的超大型项目。阿里巴巴通过构建内部的数字化沟通平台，将各个部门的员工紧密联系起来。在这个平台上，市场部门能够实时分享消费者的最新需求和市场动态，技术团队则可以迅速反馈技术难题与解决方案，物流部门能够及时沟通配送能力和遇到的问题，客服部门能够提供用户反馈的关键信息。信息在这个庞大的网络中快速流转，不同部门的员工根据自身需求获取信息并协同工作，确保“双十一”期间的购物狂欢能够顺利进行，每年都能创造出令人瞩目的销售成绩。

② 字节跳动在短视频领域的成功离不开网络式沟通的助力。字节跳动旗下拥有众多产品，如抖音、今日头条等，员工分布在全球多个地区。为了实现高效的沟通与协作，字节跳动打造了一套独特的内部沟通机制。通过线上即时通信工具、内部知识分享社区等方式，世界各地的员工能够随时交流想法。在产品研发过程中，算法工程师、内容创作者、运营人员等不同角色的员工能够迅速建立联系，针对用户反馈和市场变化，快速调整产品策略和功能优化方案。这种网络式沟通模式使得字节跳动能够在瞬息万变的互联网市场中迅速响应，不断推出创新产品功能，吸引海量用户，成为全球互联网行业的领军企业之一。

③ 腾讯在推动微信小程序生态发展时同样采用了网络式沟通模式。腾讯不仅强调内部的开发团队之间保持紧密沟通，还积极与外部的开发者、商家、合作伙伴等建立广泛的联系。通过举办开发者大会、线上交流论坛、技术支持社区等方式，腾讯为各方搭建了一个沟通交流的平台。在这个平台上，开发者可以分享开发经验、提出技术需求，商家能够反馈使用情况和商业诉求，合作伙伴可以探讨合作机会。信息在这个庞大的网络中广泛传播，促进了微信小程序生态的繁荣发展，吸引了大量用户使用小程序，为腾讯带来了巨大的商业价值和用户流量。

4.2.2 交互式沟通模式的实践应用

交互式沟通模式在现代组织管理中具有广泛的应用价值。它不仅促进了信息的自由流通和共享，还增强了团队成员之间的信任与合作，为组织带来了更高的效率和创新能力。以下将从几个方面探讨交互式沟通模式在实践中的应用。

1. 促进知识共享与创新

在交互式沟通模式的大框架下，知识的归属发生了根本性的转变。它不再被局限于某个特定的部门或者由个人所独有，而是成为整个组织共同拥有的宝贵资源。通过全方位、无死角的全向沟通以及犹如网络般纵横交错的网络式沟通，团队成员能够极为便捷地获取他人在各自领域所积累的专业知识和丰富经验，同时能够轻松地将自己的知识和心得传递给他人，从而极大地促进了知识在组织内部的快速传播和广泛共享。

这种知识共享的良好环境所带来的积极影响是多方面的。首先，知识共享为创新思维的激发提供了肥沃的土壤。当不同领域、不同背景的知识相互碰撞、交融时，新的想法和创意便如同火花般不断迸发。团队成员能够从他人的知识和经验中获得灵感，突破自身思维的局限，从而开拓出全新的思路和方法。其次，知识共享有助于推动跨界合作的顺利开展。在一个知识充分流通的环境中，不同部门、不同专业的员工能够更加深入地了解彼此的工作内容和专业知识，从而打破部门之间的壁垒，实现资源的优化整合和协同创新。例如，在一个研发新产品的项目中，技术部门的员工可以从市场部门获取关于用户需求和市场趋势的最新信息，从而调整研发方向；市场部门的员工也可以从技术部门了解到产品的技术特点和优势，制定更有针对性的营销策略。这种跨界合作能够充分发挥各个部门的优势，提高工作效率和创新能力。

为了实现知识共享与创新，以下提供一些切实可行的实践策略。

(1) 建立内部知识库和分享平台是至关重要的一步。这个知识库和平台应该涵盖组织内各个领域的知识和经验，包括技术文档、项目案例、培训资料等。员工可以根据自己的需求随时上传和下载学习资料，实现知识的快速积累和传播。

(2) 定期组织知识分享会和技术研讨会也是必不可少的。这些活动可以为团队成员提供面对面交流的机会，让他们能够更加深入地探讨问题、分享经验。在知识分享会上，团队成员可以就自己在工作中遇到的问题和解决方案进行分享，引发大家的讨论和思考；在技术研讨会上，专家和技术骨干可以介绍最新的技术发展趋势和应用案例，激发员工的创新灵感。

(3) 实施导师制度或知识传承计划也是帮助新员工快速融入团队并获取关键知识的有效途径。为新员工安排经验丰富的导师，使他们能够在导师的指导下迅速熟悉工作流程、掌握专业知识和技能，同时能够传承导师的工作经验和职业素养。导师制度不仅有助于新员工的成长，也能够促进老员工对自身知识和经验的总结和反思，实现共同进步。

在交互式沟通模式下，促进知识共享与创新是组织发展的重要动力源泉。通过建立有效的实践策略，组织能够充分发挥知识的价值，不断向前发展，在激烈的市场竞争中立于不败之地。

2. 增强团队协作与凝聚力

交互式沟通模式将团队成员之间的互动与合作置于极其重要的位置。在这种模式下，通过全面覆盖的全向沟通以及四通八达的网络式沟通，团队成员之间能够搭建起更为紧密且坚实的联系桥梁，进而构建起深厚的信任关系。当面临各种错综复杂的挑战时，他们不再是孤立无援的个体，而是能够携手并肩，共同探寻行之有效的解决方案的团队。

这种强大的协作精神所带来的益处是显而易见且影响深远的。首先，它显著地提升了工作效率和质量。在一个协作良好的团队中，团队成员能够充分发挥各自的专长，实现优势互补。比如，在一个市场营销项目中，创意人员能够提供新颖独特的策划思路，而执行人员则能够凭借其高效的组织能力将这些想法精准落地。各方紧密配合，避免了工作中的重复和冲突，从而大大缩短了项目周期，提高了工作的质量和效果。

协作精神极大地增强了团队的凝聚力和归属感。当团队成员共同攻克一个又一个难题，共同为实现团队目标而努力奋斗时，他们会深刻地感受到自己是团队中不可或缺的一部分，从而对团队产生强烈的认同感和归属感。这种情感上的联结使得团队成员更加愿意为团队的利益付出，形成一种积极向上、团结奋进的工作氛围。

为了进一步增强团队协作与凝聚力，以下提供一些行之有效的实践策略。

(1) 设立跨部门协作小组或项目团队是一种行之有效的方法。将来自不同部门的成员汇聚在一起，可以打破部门之间的界限，促进信息的流通和资源的整合。在跨部门协作小组中，成员需要共同面对来自不同领域的问题和挑战，这就要求他们相互学习、相互支持，从而培养出良好的协作习惯和团队精神。例如，在一个新产品研发项目中，可以组建一个由研发、设计、市场、销售等部门成员组成的团队。在项目推进过程中，研发人员能够及时了解市场需求和用户反馈，设计人员能够根据研发要求提供创新的设计方案，市场人员能够制定有效的推广策略，销售人员能够提前准备销售渠道和客户沟通方案。这种跨部门的紧密合作，不仅能够加快产品的研发进度，提高产品的市场竞争力，还能够增强团队成员之间的信任和协作能力。

(2) 定期举行团队建设活动和社交聚会也是增进成员之间了解和信任的重要途径。这些活动可以为成员提供一个轻松愉快的交流环境，让他们在工作之余能够更好地了解彼此的兴趣爱好、性格特点和生活情况。通过共同参与团队建设活动，成员能够增强团队意识，建立彼此之间的默契，增强彼此之间的情感联系。比如，可以组织户外拓展训练、团队聚餐、主题晚会等活动。在户外拓展训练中，团队成员需要共同完成各种挑战任务，这有助于培养他们的团队合作精神和应对困难的能力；在团队聚餐和主题晚会中，团队成员可以放松心情，畅所欲言，分享工作和生活中的点滴，进一步加深彼此的了解和友谊。

(3) 实施绩效管理和激励机制对于激发团队活力至关重要。通过明确的绩效评估标准和公正的评价体系，对优秀团队和个人进行表彰和奖励，能够激发成员的工作积极性和创造力。同时，合理的激励机制能够引导团队成员朝着共同的目标努力奋斗，形成良好的工作氛围。例如，可以设立团队优秀奖、个人突出贡献奖、创新奖等多个奖项。对于表现优秀的团队和个人，给予物质奖励，如奖金、礼品，以及精神奖励，如荣誉证书、晋升机会等。这样的激励措施不仅能够让获奖者感到自己的努力得到了认可和回报，还能够激发整个团队的活力和竞争意识。

交互式沟通模式为增强团队协作与凝聚力提供了有力的支持。通过实施有效的实践策略，能够打造出更加团结、高效、富有创造力的团队，为组织的发展注入源源不断的动力。

3. 提升决策效率与质量

在交互式沟通模式的大环境下，决策过程发生了翻天覆地的变革，不再是以往少数领导者凭借个人意志独断专行的局面，而是转变成全体成员共同参与、群策群力的过程。通过全方位、无死角的全向沟通以及犹如神经网络般复杂而高效的网络式沟通，能够广泛收集到来自各个层面、各个角度的丰富信息和多元观点，这些无疑为决策的制定提供了坚如磐石的基础。

在这个过程中，团队成员之间的即时反馈和深入讨论发挥着至关重要的作用。通过迅速而直接的交流，能够及时发现潜在的问题和隐藏的风险，为决策的优化和调整提供宝贵的契机。同时，团队成员各抒己见，从不同的视角出发，能够为决策提供更多的创新思路，发现新的改进空间，从而显著提升决策的质量和可执行性。例如，在制定公司的新产品推广策略时，传统的决策方式可能是由高层领导根据有限的市场调研和经验来决定。然而，在交互式沟通模式下，不仅市场部门能够提供详细的市场数据和竞争分析，销售团队也可以分享在与客户直接接触中获取的需求和反馈，研发部门能够阐述产品的技术特点和优势，就连一线员工也能根据日常工作中的观察提出对推广渠道和方式的建议。通过广泛收集和整合这些信息，并进行充分的讨论和反馈，制定出的推广策略将更加贴合市场实际，具有更高的可行性和有效性。

为了进一步提升决策效率与质量，以下提供一些切实可行的实践策略。

(1) 建立决策支持系统或数据分析平台是必不可少的。这样的系统和平台能够对海量的数据进行收集、整理、分析和挖掘，为决策提供基于数据的科学依据。例如，大数据分析、市场预测模型等手段能帮助决策者更全面、准确地了解市场动态、客户需求、竞争对手情况等关键信息，从而做出更加明智和精准的决策。

(2) 积极鼓励员工提出建设性意见和创新想法，并将其纳入决策的考虑范围。①营造一种开放包容的沟通氛围，让员工敢于表达自己的观点和想法。②设立专门的渠道和机制，收集员工的建议，并对有价值的意见给予及时的反馈和奖励。这些做法不仅能够激发员工的积极性和创造力，还能够为决策提供更多的灵感和选择。比如，可以设立“金点子”奖励制度，对于提出具有创新性和可行性建议的员工给予表彰和奖励。同时，定期组织员工开展意见征集活动，通过在线问卷、座谈会等形式，广泛听取员工的声音。对于收集到的意见和建议，进行认真评估和筛选，将有价值的内容纳入决策过程。

(3) 实施敏捷决策机制对于快速响应市场变化和组织需求至关重要。在当今竞争激烈、变化迅速的市场环境中，决策的速度和灵活性往往决定了企业的成败。建立敏捷的决策流程，减少不必要的层级和审批环节，赋予基层团队一定的决策权，能够使组织在面对突发情况和机遇时迅速做出反应，抢占先机。例如，当市场出现突然的需求变化或者竞争对手推出新的产品时，组织能够迅速组织相关人员进行紧急讨论和决策，在最短的时间内调整产品策略、营销方案或者生产计划。通过敏捷决策机制，组织能够更好地适应市场的不确定性，保持竞争优势。

交互式沟通模式为提升决策效率与质量提供了广阔的空间和有力的支持。实施上述实践策略，能够充分发挥团队的智慧和力量，制定出更加科学、合理、高效的决策，推动组织不断向前发展。

4. 应对组织变革与挑战

在当今这个瞬息万变、竞争激烈的市场环境中，组织如同在汹涌波涛中航行的船只，需要不断适应新出现的挑战，抓住稍纵即逝的机遇。交互式沟通模式恰如为组织配备的一副坚固的船桨，赋予了其灵活应对变革的强大能力。

借助全面覆盖的全向沟通以及纵横交错的网络式沟通，组织能够像拥有敏锐触角的生物一样，及时、精准地了解外部环境发生的微妙变化，以及内部需求所产生的动态调整。在此基础上，组织能够迅速、果断地调整战略方向，合理、高效地进行资源配置，从而为其可持续发展奠定坚实的基础，确保在汹涌的市场浪潮中稳健前行。

例如，当新兴技术崛起，对行业产生冲击时，通过交互式沟通，组织能够迅速从各个部门和员工那里收集到关于新技术的看法、可能的应用场景以及潜在的风险。市场部门能够第一时间反馈客户对新技术的接受程度和需求变化；研发部门能够评估自身在新技术方面的研发能力和资源需求；管理层则能够综合这些信息，及时调整组织的战略方向，加大对新技术的研发投入或者调整产品线，以适应市场的变化。

为了更好地应对组织变革与挑战，以下提供一些切实可行的实践策略。

(1) 建立市场情报收集和分析系统是至关重要的。这个系统应能够广泛收集行业动态、市场趋势、竞争对手的策略等关键信息，并运用数据分析和专业的研究方法进行深入剖析。通过对这些情报的及时掌握和准确解读，组织能够提前预判市场的变化，为应对变革做好充分准备。比如，组织可以利用大数据分析工具监测社交媒体、行业报告、专业论坛等渠道的信息，捕捉市场的细微变化和潜在趋势；同时，组建专业的市场情报分析团队，对收集到的数据进行深度挖掘和分析，为决策层提供有价值的建议和预测。

(2) 变革管理和组织发展项目是推动组织结构和文化持续优化的有效手段。变革管理项目能够帮助组织制订科学合理的变革计划，协调各方资源，确保变革的顺利实施。组织发展项目则可以关注组织的结构优化、流程改进、人才培养等，提升组织的整体效能和适应能力。例如，在进行组织结构调整时，通过变革管理项目，可以提前与员工进行充分沟通，消除他们的疑虑和抵触情绪，同时制订详细的过渡方案，确保工作的连续性。组织发展项目可以对调整后的组织结构进行评估和优化，完善相关的流程和制度，促进部门之间的协作和信息流通。

(3) 加强与供应商、客户等外部利益相关者的沟通，能够为组织获取更多的支持和资源。通过与供应商建立紧密的合作关系，组织可以确保原材料的稳定供应，降低成本，提升供应链的弹性。与客户保持良好的沟通，能够深入了解他们的需求和期望，为产品和服务的创新提供方向。比如，定期与供应商举行座谈会，共同探讨合作中的问题和改进措施，建立长期稳定的战略合作伙伴关系。通过客户满意度调查、焦点小组讨论等方式，收集客户的意见和建议，及时改进产品和服务，提高客户忠诚度。

4.3 群体沟通模式

在组织管理与人际交往中，群体沟通作为一种复杂且多维度的沟通模式，对团队效能、决策质量及组织氛围具有深远影响。本节将深入探讨群体沟通模式的核心要素——群体决策与沟通，分析群体沟通中面临的挑战，并提出相应的解决策略，以期为实践者提供全面且专业的指导。

4.3.1 群体决策与沟通

群体决策是指由两个或两个以上个体组成的群体，针对特定问题或议题，通过相互讨论、协商，最终达成共识并做出决定的过程。这一过程不仅涉及信息的交换与整合，还包含情感的交流、意见的碰撞与融合，是群体沟通的核心体现。

1. 群体决策的优势

群体决策具有诸多显著的优势，为解决问题和制定策略提供了更全面、有效的途径。

(1) 信息多样性是群体决策的重要优势之一。在一个群体中，团队成员具有不同的背景，涵盖了不同的专业领域，拥有丰富的生活经历。这种多元化使得团队成员能够从各自独特的视角出发，为决策提供丰富多样的信息。例如，在制订一项城市交通规划方案时，交通工程师可以从技术角度提供专业的数据分析和解决方案，城市规划师能够从整体布局和可持续发展的角度提出建议，而普通市民则可基于日常出行的实际体验指出当前交通系统存在的问题需求。这种多样化的信息输入有助于更全面地审视问题，发现潜在的问题，提出合理的解决方案，避免单一视角而产生的局限性和片面性。

(2) 知识互补性是群体决策不可忽视的优点。团队成员之间的知识结构和经验往往存在差异，这种差异在群体决策中可以形成互补。个人的认知不可避免地存在局限性，但团队成员之间的知识互补能够弥补这些不足，从而提高决策的全面性和准确性。比如，一个医疗团队为患者制订治疗方案时，外科医生、内科医生、护士、药剂师等不同专业人员的知识和经验相互补充，能够综合考虑患者的病情、身体状况、治疗风险等多方面因素，制订出更科学、更完善的治疗方案。

(3) 增强合法性是群体决策的又一突出优势。群体决策过程通常相对公开透明，所有成员都有机会参与讨论和表达意见。这种公开性和参与性使得决策结果更具合法性和可接受性。因为决策不是由某一个人独断专行做出的，而是经过了群体的共同思考和协商，所以在决策执行过程中能够减少来自各方的阻力。比如，在社区制订公共设施建设方案时，如果是通过全体居民共同参与决策的方式确定下来的，那么在实施过程中，居民更有可能积极配合，因为他们认为这个方案是公平合理、符合大家共同利益的。

(4) 培养团队精神给群体决策带来积极影响。在群体决策的过程中，团队成员之间需要进行频繁的互动与协作。通过共同探讨问题、交流想法、协商解决方案，团队成员之间能够增进相互的理解和信任。这种深度的合作有助于提升团队的凝聚力，使团队成员在未来的工作中更加默契、更加团结。例如，在一个企业的项目团队中，通过共同参与重要决策的制定，成员之间建立起了深厚的合作关系，这种团队精神将在后续的项目执行中发挥重要作用，能够提高整个团队的工作效率和创新能力。

2. 群体沟通在群体决策中的作用

(1) 群体沟通在群体决策中扮演着至关重要的角色，是确保决策质量和效率的关键因素。信息传递与整合是群体沟通的首要功能。在群体决策的过程中，准确、及时地传递信息是至关重要的。群体沟通就像是一座坚固的桥梁，确保所有成员都能够获取决策所需的相关信息。通过各种形式的讨论和协商，团队成员能够将各自掌握的信息进行整合，形成一个全面、系统的信息库。例如，在一个新产品研发的项目团队中，市场调研人员提供市场需求和竞争态势的信息，技术人员介绍最新的技术发展和可行性，设计人员阐述创意和设计理念。通过群体沟通，这些分散的信息得以汇总和融合，为制订出符合市场需求和技术可行的产品方案提供了基础。

(2) 意见表达与碰撞在群体沟通中具有重要意义。在一个开放、包容的群体沟通环境中，团队成员可以自由地表达个人的观点和看法。不同的思想相互碰撞，往往能够激发新的创意和解决方案。这种思想的交流和交锋不仅能够拓宽思路，还能够对各种观点进行充分的比较和筛选，从而找到最优的决策方向。比如，在一场关于营销策略的讨论中，有的成员主张采用传统的广告宣传方式，有的成员则提议利用社交媒体进行推广，通过充分的交流和辩论，可能会形成一种结合传统和新兴渠道的综合性营销策略，取得更好的效果。

(3) 情感交流与支持也是群体沟通不可或缺的部分。群体沟通并不局限于理性的讨论和观点的交锋，还包含着成员之间情感的交流和相互支持。在群体决策过程中，团队成员难免会出现紧张、焦虑和分歧，而良好的情感交流能够缓解决策过程中的紧张氛围，增强团队成员的归属感和参与感。当团队成员感受到被理解、被支持时，他们更愿意积极投入决策，为实现共同的目标贡献力量。比如，在一个面临困难抉择的团队中，团队成员之间的相互鼓励和安慰能够帮助大家保持冷静和信心，共同克服困难，做出明智的决策。

3. 群体决策与沟通的影响因素

(1) 群体决策与沟通的效果受到多种因素的综合影响。群体规模是一个重要的影响因素。群体规模过大时，团队成员之间的沟通和协调难度会增加，可能导致信息传递不畅、讨论效率低下，团队成员难以在短时间内达成一致意见。例如，一个几十人的大型决策团队在讨论问题时，可能会出现发言混乱、讨论焦点分散的情况，从而影响决策的进度和质量。相反，如果群体规模过小，虽然沟通可能较为顺畅，但可能缺乏足够的多样性和创新性，难以全面地考虑问题，从而影响决策的质量。

(2) 群体构成对群体决策与沟通有着深远的影响。团队成员的性别、年龄、文化背景、专业背景等方面的差异会导致沟通风格和决策偏好的不同。例如，具有不同文化背景的团队成员可能在表达方式、思维方式和价值观念上存在差异，这可能会在沟通中产生误解和冲突。不同专业背景的团队成员可能对问题的关注点和解决思路也不尽相同。如果不能有效地协调和整合这些差异，可能会影响决策的效率和效果。

(3) 领导风格在群体决策与沟通中发挥着关键的作用。领导者的沟通风格直接影响信息的传递和成员的参与度。如果领导者善于倾听、鼓励开放的讨论，并且能够以清晰明确的方式表达自己的观点和期望，那么将有助于营造一种积极、活跃的决策氛围。相反，如果领导者独断专行、压制不同意见，可能会导致团队成员不敢表达真实想法，影响决策的质量。领导者的决策方式也会对群体沟通产生影响，过于保守或过于冒险的决策风格都可能引发成员的不满和抵触。此外，领导者对群体氛围的调控能力也至关重要，能否及时化解冲突、缓解紧张情绪，直接关系到群体决策与沟通的效果。

(4) 沟通渠道的多样性和畅通性对群体决策与沟通具有重要的影响。在现代社会，沟通渠道丰富多样，包括面对面交流、电话、电子邮件、即时通信工具、视频会议等。不同的沟通渠道在信息传递的速度、准确性和丰富性方面各有特点。如果能够根据决策的需求和群体的特点，灵活地选择和运用合适的沟通渠道，将能够大大提高信息传递的效率和准确性。例如，对于紧急且需要即时反馈的问题，面对面交流或视频会议可能是更好的选择；对于需要详细阐述和留存记录的信息，电子邮件可能更为合适。同时，要确保沟通渠道的畅通无阻，避免信息堵塞和延误，以保证群体决策能够顺利进行。

4.3.2 群体沟通的挑战与策略

由于团队成员间的差异、信息的不对称以及沟通机制的局限性等因素，群体沟通往往会面临一系列挑战。本节将分析这些挑战并提出相应的解决策略。

1. 群体沟通的挑战

群体沟通往往面临诸多复杂的挑战，这些挑战可能会严重影响沟通的效果和决策的质量。

(1) 沟通障碍是一个突出的问题。语言与非语言障碍常常给群体沟通带来困扰。团队成员之间可能由于语言习惯的不同、口音的差异，传达信息不准确。比如，某些地区的特定词汇或表达方式在其他地区可能难以理解。此外，肢体语言的表达不当也容易造成误解，一个不经意的手势或表情可能被误读。

(2) 心理障碍同样不容忽视。在群体中，地位的差异可能会使一些成员对上级产生畏惧心理，不敢真实地表达自己的想法。性格内向的成员可能因为沉默寡言而无法充分参与讨论，导致他们的观点和建议被忽视。

(3) 文化差异在跨文化群体中表现得尤为明显。不同的文化背景塑造了人们不同的沟通风格和价值观。比如，在一些文化中，直接表达观点被视为坦率和真诚；而在一些文化中，可能更倾向于委婉和含蓄的表达方式。这种差异可能引发冲突和误解，阻碍有效沟通。

(4) 信息过载也是群体决策中常见的难题。在复杂的决策过程中，信息量往往巨大且复杂多变，成员可能因为自身信息处理能力有限而感到困惑和焦虑。面对海量的信息，他们难以筛选出关键和有用的部分，从而影响决策的效率和准确性。

(5) 群体思维是另一个潜在的风险。团队成员可能为了追求一致性和避免冲突，而倾向于忽略少数不同的意见。这种现象可能导致决策的片面化，无法充分考虑各种可能性和潜在问题。

(6) 搭便车现象在群体合作中时有发生。部分成员可能依赖其他成员的努力，而减少个人的贡献。这种行为不仅不公平，而且会影响整个群体的效能和积极性，破坏团队的合作氛围。

2. 解决策略

为了应对群体沟通中的挑战，可以采取一系列有效的解决策略。

(1) 建立有效的沟通机制至关重要。在群体沟通前，明确沟通目标是首要任务。清晰地定义沟通的目的和期望成果，能够为整个沟通过程指明方向，确保成员在交流时有的放矢。

(2) 选择合适的沟通渠道也需要精心考虑。根据沟通内容的性质和成员的特点，灵活选择面对面会议、电子邮件、即时通信工具等渠道。例如，对于需要深入讨论和即时互动的问题，面对面会议可能是最佳选择；对于传递简单的通知和文件，电子邮件和即时通信工具则更为便捷、高效。

(3) 促进多元化沟通能够丰富交流的层次和效果。鼓励成员使用多种沟通方式表达意见和情感，如口头表达、书面报告、图表展示等，增强沟通的丰富性和深度，使信息能够更全面、准确地传递。

(4) 提升信息处理能力是应对信息过载的关键。一方面，要教授成员如何快速筛选关键信息并进行有效整合。通过培养他们的分析和归纳能力，帮助他们在众多信息中抓住重点，梳理出清晰的思路。另一方面，利用信息技术可以大大提高决策的效率和准确性。引入数据分析工具、决策支持系统等，能够对海量的数据进行快速处理和分析，为决策提供有力的支持。

(5) 培养批判性思维对于打破群体思维的局限具有重要意义。①鼓励质疑精神，引导成员勇于对现有观点提出疑问，并积极提出新的想法和建议。②营造开放和包容的讨论氛围，可以激发成员的创新思维和独立思考能力。

(6) 实施匿名反馈是收集真实意见的有效手段。通过匿名问卷、意见箱等方式，成员可以毫无顾虑地表达自己的真实看法和建议，减少因担心得罪他人或受到批评而产生的偏见和保留。

(7) 强化团队激励与约束是保证群体合作的重要措施。明确角色与责任，为每个成员分配具体、清晰的角色和责任，使他们清楚自己在群体决策中的职责和任务，从而确保每个成员都能积极为群体决策贡献力量。

(8) 建立奖惩机制能够有效地激励成员积极参与，并对不良行为进行约束。对积极参与、贡献突出的成员给予适当的奖励(如表扬、晋升、奖金等)，激发他们的积极性和创造力。同时，对搭便车行为进行适当的惩罚或引导改进(如批评教育、调整工作任务等)，促使这些成员改变行为，增强团队的整体效能。

(9) 跨文化沟通与理解是跨文化群体合作的关键。进行文化敏感性培训，帮助成员了解不同文化之间的差异和相似之处，增进相互的理解和尊重。

(10) 建立共同语言与规范有助于减少误解和冲突。在跨文化沟通中，制定一套共同的语言规范和行为准则，明确在交流中应该遵循的原则和方式，使成员能够在一个相对统一的框架下进行沟通。

(11) 引入第三方协调在复杂的群体决策中具有重要作用。聘请专家顾问，他们能够为群体提供专业的意见和中立的观点，帮助解决争议和分歧。

(12) 建立调解机制，设立专门的调解机构或角色，负责处理群体内部的冲突和分歧。通过公正、客观的调解，促进和谐沟通与合作，维护群体的稳定和团结。

4.4 本章小结

本章全面深入地探讨了沟通模式在组织管理与人际交往中的重要性及具体表现。在当今社会，无论是国家建设还是社会发展，都离不开有效的沟通模式，正如党和政府与人民之间建立起多样化的沟通渠道，保障信息的上传下达，促进社会和谐稳定发展，这与组织管理中的沟通有着相似的意义。

首先，本章介绍了线性沟通模式，包括链式沟通和轮式沟通，分析了它们的特点及适用场景。链式沟通在信息传递的准确性和效率方面有一定优势，这类似一些军事行动中指令的传达，需要保证信息不被轻易干扰，但它也存在信息容易失真等缺点。轮式沟通在集中领导和快速解决问题方面有作用，如在一些紧急救援行动的指挥中，但也可能限制成员之间的充分交流。这些特点让我们明白不同的沟通模式在不同情境下的价值，也启示我们在组织管理中要根据实际情况选择合适的方式，就像国家在不同发展阶段采用不同的政策传达和执行方式一样。

其次，本章阐述了交互式沟通模式，如全向沟通和网络式沟通。这种沟通模式在当今全球化、多元化的时代背景下具有重要意义。在国家发展中，科技创新领域广泛采用这种沟通模式，促进知识共享与创新。例如，国家搭建的科研交流平台，让不同地区、不同背景的科研人员可以自由交流，就像组织中的全向沟通一样，激发创新思维，推动科技进步。在国际合作中，网络式沟通有助于各国之间增强协作，共同应对全球性问题，这与组织中通过这种模式增强团队协作与凝聚力是相通的。在国家治理过程中，通过广泛的民意收集和各方参与的决策过程，提升决策效率与质量，这和组织中交互式沟通在决策方面的作用一致。而且，在面对复杂多变的国际形势和国内改革发展需求时，交互式沟通模式能够更好地应对组织变革与挑战，为国家和组织发展提供有力支持。

最后，本章探讨了群体沟通模式，涵盖群体决策的优势、群体沟通的作用、影响因素以及群体沟通中面临的挑战，如沟通障碍、信息过载、群体思维、搭便车现象等，并提出了相应的解决策略。在国家建设中，重大政策的制定往往是群体决策的过程，需要充分发挥群体沟通的优势，广泛征求各界意见，集思广益。然而，在这个过程中也可能面临类似组织中沟通障碍的问题，如不同地区、不同阶层的利益诉求表达不畅等。信息过载问题在当今信息爆炸的时代也同样存在于国家治理中，需要我们合理筛选和整合信息。群体思维可能导致决策失误，这就需要我们借鉴组织中应对此类问题的策略，鼓励多元化的观点表达。对于搭便车现象，国家通过完善制度和激励机制来解决，这和组织在群体沟通中克服此类问题的思路是相似的。本章通过对这些沟通模式的研究，让读者认识到不同模式各有优劣，组织应根据自身特点和需求选择合适的沟通模式，以提升沟通效果和组织效能，实现持续发展。这对于国家和社会的发展同样具有重要启示，我们要不断优化沟通机制，保证国家发展战略的有效实施和人民幸福生活的持续提升。

4.5 本章习题

一、单项选择题

1. 以下哪种沟通模式信息传递路径清晰，有助于减少信息传递过程中的混乱和误解？(　　)

A. 全向沟通模式　　B. 网络式沟通模式
C. 线性沟通模式　　D. 交互式沟通模式

2. 轮式沟通的突出特点是什么？(　　)

A. 信息传递路径复杂　　B. 集中控制力强

C. 沟通效率低　　D. 成员地位平等

3. 以下哪一项不是群体决策的优势？(　　)

A. 信息单一　　B. 知识互补

C. 增强合法性　　D. 培养团队精神

4. 以下哪种沟通模式适用于需要高度集中控制和迅速做出决策的情况？(　　)

A. 链式沟通　　B. 轮式沟通

C. 全向沟通　　D. 网络式沟通

5. 以下哪一项不是应对群体沟通中信息过载的有效方法？(　　)

A. 提升信息处理能力　　B. 建立有效沟通机制

C. 减少信息传递环节　　D. 培养批判性思维

二、简答题

1. 简述链式沟通的两种形式及其特点。
2. 简述全向沟通的适用场景。
3. 群体决策与沟通的影响因素有哪些？
4. 群体沟通面临的挑战有哪些？
5. 应对群体沟通挑战的策略中，如何强化团队激励与约束？

第 5 章

沟通障碍

在软件开发过程中，沟通障碍是影响团队协作和项目成功的重要因素。随着项目规模的扩大和团队的多元化，沟通障碍越发突出，成为项目顺利推进的隐形阻力。本章深入探讨了各种沟通障碍的类型，包括语言与非语言障碍、心理与文化障碍等，并详细分析了这些障碍的成因及对项目的影响。掌握识别沟通障碍的技巧和策略，项目经理可以及时发现并解决沟通问题，促进团队成员间的理解与协作。本章还介绍了克服沟通障碍的方法，如增强文化意识和提升沟通技巧，并通过实际案例展示如何在跨国项目和内部沟通中有效应对沟通障碍。

5.1 沟通障碍的类型

沟通是软件开发中确保团队协作和项目顺利推进的关键。然而，沟通障碍往往成为阻碍信息传递和团队合作的主要因素。本节探讨沟通障碍的两大类型：语言与非语言障碍，以及心理与文化障碍。深入了解这些障碍及其成因，团队成员可以更好地识别和解决问题，从而提升沟通效率。这些障碍在多国团队或跨部门协作中尤为常见。结合党的二十大精神，本节强调以“和而不同”的思想化解沟通障碍，倡导包容与理解。通过识别并克服沟通障碍，团队成员不仅能实现高效协作，还能践行社会主义核心价值观中的“友善”与“和谐”，为构建更加开放、包容、和谐的工作环境贡献力量。在课程思政方面，本节引导读者认识解决沟通障碍是推动团队进步、增进文化交流的重要途径，也是体现职业素养与社会责任感的实际行动。

5.1.1 语言与非语言障碍

在软件开发过程中，沟通是团队协作和项目成功的关键。然而，语言与非语言障碍常常成为有效沟通的阻碍。语言与非语言障碍主要表现为语言表达不清、专业术语滥用，以及非语言信号(如表情、手势)传递的信息不一致。了解这些障碍，并采取相应的策略克服它们，是每个开发团队的重要任务。

1. 语言障碍

语言障碍是指在沟通过程中，信息由于语言上的差异或误解而无法正确传达。语言障碍主要类型如表 5.1 所示。

表 5.1 语言障碍主要类型

类型	描述	例子
语言不一致	团队成员使用不同的语言或方言	国际团队中，成员使用不同的母语
专业术语滥用	使用过多的技术术语或行话，导致非专业成员难以理解	开发人员与非技术团队讨论时
语法与发音	语法错误或发音不标准导致信息误解	非母语者在使用外语进行沟通时
文化差异	由于文化背景不同，语言表达方式和习惯有所差异	不同国家的团队成员对某些词语理解不同

语言障碍常常导致信息传递效率低下，误解增加，甚至引发冲突。例如，在国际化开发团队中，不同的母语可能导致语法和发音差异，进而影响团队成员对信息的准确理解。

2. 非语言障碍

非语言障碍则涉及面部表情、身体语言、眼神接触、手势等非语言形式的沟通障碍。非语言障碍主要类型如表 5.2 所示。

表 5.2 非语言障碍主要类型

类型	描述	例子
面部表情	表情不协调或误导信息传递	讨论中面无表情或表情严肃，导致误解
身体语言	姿势或动作传达出与语言不一致的信息	说话时身体前倾表示紧张或攻击性
眼神接触	眼神接触过多或不足，影响沟通效果	眼神回避被误解为不自信或不诚实
手势	手势含义在不同文化背景中差异较大	“OK”手势在某些文化中被误解为冒犯

非语言障碍往往在不经意间影响沟通效果。例如，一名团队领导在会议中面无表情地发表意见，可能会被误解为不支持或不感兴趣，从而影响团队士气和合作氛围。

为有效克服这些障碍，可以采取以下策略，如表 5.3 所示。

表 5.3 克服语言与非语言障碍的策略

策略	描述
提高语言能力	加强团队成员的外语培训，提高团队成员语言表达能力
使用简明语言	尽量使用简单、清晰的语言，避免使用过多的术语和行话
文化敏感性培训	提供文化差异培训，提高团队成员的文化敏感性和适应能力
注重非语言沟通技巧	加强对非语言沟通技巧的培训，如面部表情、手势等
定期反馈与调整	定期进行沟通反馈，识别并调整沟通过程中的语言和非语言障碍

通过以上策略，团队可以有效地识别和克服语言与非语言障碍，提升沟通效果，确保项目的顺利推进。

5.1.2 心理与文化障碍

在软件开发过程中，心理与文化障碍常常是影响团队沟通效率的重要因素。心理与文化障碍涉及成员之间的思维方式差异、情感状态影响，以及多元文化背景下的误解。理解并克服这些障碍，对项目成功至关重要。

1. 心理障碍

心理障碍是指个人心理状态或情绪导致的沟通问题。心理障碍主要类型如表 5.4 所示。

表 5.4 心理障碍主要类型

类型	描述	例子
情绪波动	因个人情绪不稳定而影响沟通效果	团队成员在压力下容易发脾气或焦虑
自我防御	因担心批评或拒绝而防御性对待沟通	团队成员对建议持防御态度，难以接受反馈
自尊心作祟	自尊心过高或过低导致沟通困难	团队成员因自尊心过高而拒绝承认错误
先入为主	已有的偏见或成见而影响沟通质量	团队成员对某些观点持有固定的负面看法

心理障碍会导致沟通的效率和效果大大降低。例如，一名开发人员因自尊心作祟，拒绝承认代码中的错误，从而影响了问题的及时解决。

2. 文化障碍

文化障碍指由不同文化背景带来的沟通问题。文化障碍主要类型如表 5.5 所示。

表 5.5 文化障碍主要类型

类型	描述	例子
文化差异	不同文化背景导致的沟通方式和习惯差异	国际团队成员时间观念和工作方式不同
文化敏感性不足	缺乏对其他文化的理解和尊重	团队成员不理解或不尊重他人文化习惯
非语言文化差异	非语言行为在不同文化中含义不同	手势、眼神接触等在不同文化中有不同含义
语言与文化结合	语言与文化背景密切相关，导致误解	某些词语在不同文化中具有不同的含义

在跨文化团队中，文化障碍往往会对团队的整体沟通和协作产生显著影响。时间观念上的差异是其中最为常见的一个例子。在一些文化中，时间被视为一种严格的线性资源，遵守时间表和按时完成任务被认为是专业和负责任的表现。这些文化背景下的成员通常对项目截止日期有着高度的敏感性，倾向于提前计划并严格按照预定的时间节点推进项目。然而，在其他一些文化中，时间观念可能更加灵活，任务的完成顺序和时间安排可以根据实际情况进行调整。在这些文化背景下，团队成员可能更重视人际关系的维护或灵活应对意外情况，而不严格拘泥于

既定的时间表。这种时间观念上的差异可能导致跨文化团队在项目管理过程中出现误解和摩擦。为有效克服心理与文化障碍，可以采取以下策略，如表 5.6 所示。

表 5.6　克服心理与文化障碍的策略

策略	描述
加强情绪管理	提供情绪管理和压力应对培训，提高团队成员的情绪调节能力
建立信任环境	通过团队建设活动和开放沟通，建立互信的工作环境
提高文化敏感性	提供文化差异培训，增加团队成员对不同文化的理解和尊重
促进跨文化交流	组织跨文化交流活动，促进团队成员之间的文化互融
鼓励包容性	创建包容性的团队文化，鼓励不同观点的表达并尊重
定期反馈与调整	定期进行沟通反馈，识别并调整沟通过程中的心理和文化障碍

通过这些策略，团队可以有效地识别和克服心理与文化障碍，提升沟通效果，确保项目的顺利推进。

5.2 沟通障碍的识别与分析

在软件开发项目中，识别和分析沟通障碍是保证团队合作顺利和项目成功的重要环节。沟通障碍通常源于语言、文化、心理等多种复杂因素，如果不能及时识别和解决，可能导致信息传递不畅、误解加深、团队协作效率低下等问题。掌握科学的识别技巧并深入分析障碍成因，团队可以制订有效的解决方案，从而提升沟通质量，确保项目目标的实现。识别沟通障碍需要敏锐的观察力和实践技巧。例如，通过反馈机制或定期会议，了解团队成员的真实想法；通过分析信息传递的断点，判断问题环节。此外，借助现代技术工具，如项目管理平台和数据分析软件，可以帮助团队更精准地定位障碍的来源。分析沟通障碍的原因则需要结合具体的项目环境，从文化差异、技术背景、心理状态等多维度入手，探索深层次的成因。这种分析不仅为障碍的解决提供了依据，还能为团队未来的沟通优化奠定基础。在内容方面，本节融入党的二十大精神，强调“凝聚发展力量，促进和谐共生”。通过识别和分析沟通障碍，团队成员能够实现彼此理解与尊重，克服分歧，增强凝聚力。在课程思政方面，本节倡导团队通过沟通提升合作意识和责任感，将个人成长与集体目标紧密结合，为推动科技创新和团队文化建设贡献力量。在实践中，识别障碍、寻找原因、解决问题，不仅能提升团队绩效，还为实现共同奋斗的目标奠定了良好的基础。

5.2.1　识别沟通障碍的技巧

在软件开发中，识别沟通障碍是确保团队高效合作和项目顺利进行的关键步骤。以下是一些有效识别沟通障碍的技巧。

1. 主动倾听

主动倾听是识别沟通障碍的基本技巧。通过专注倾听，可以更好地理解对方的观点和潜在问题。主动倾听的基本步骤如表 5.7 所示。

表 5.7　主动倾听的基本步骤

步骤	描述
关注对方	保持眼神接触，避免分心，显示对对方的重视
确认理解	通过复述对方的话语来确认自己的理解是否正确
提问澄清	如果有疑问，及时提出问题，以避免误解
表达同理心	通过表达同理心，显示理解对方的感受和观点

2. 观察非语言信号

非语言信号，如肢体语言、面部表情和语调等，也能提供大量关于沟通障碍的信息。非语言信号的主要类型如表 5.8 所示。

表 5.8　非语言信号的主要类型

非语言信号	描述
面部表情	注意对方的表情变化，识别其是否有困惑、不满或紧张的情绪
肢体语言	观察对方的姿势和动作，判断其是否有抵触或不安的表现
语调和节奏	关注对方说话的语调和速度，判断其是否有情绪波动或不确定感

3. 开放式提问

通过开放式提问，可以引导对方更详细地表达观点，从而识别潜在的沟通障碍。开放式提问的问题类型如表 5.9 所示。

表 5.9　开放式提问的问题类型

问题类型	例子
探索性问题	你能详细解释一下这个问题吗？
观点问题	你对这个解决方案有什么看法？
经验问题	你之前遇到过类似的情况吗？当时是怎么处理的？

4. 反馈和确认

在沟通过程中，及时反馈和确认可以帮助识别并解决沟通障碍。反馈和确认并解决沟通障碍的基本步骤如表 5.10 所示。

表 5.10　反馈和确认并解决沟通障碍的基本步骤

步骤	描述
及时反馈	在沟通过程中，及时反馈对方的信息和观点
确认理解	通过总结和复述来确认自己是否正确理解对方的意思
双向交流	鼓励对方也提供反馈，确保沟通是双向的

5. 观察团队动态

通过观察团队的整体动态，可以识别潜在的沟通障碍。团队动态的主要类型如表 5.11 所示。

表 5.11 团队动态的主要类型

动态类型	描述
参与度	观察团队成员的参与度，判断是否有人被忽视或被排斥
情绪状态	注意团队整体的情绪状态，识别有无紧张或冲突的迹象
互动方式	观察团队成员之间的互动方式，识别有无不平等或不和谐的现象

6. 使用技术和工具

现代技术和工具可以辅助识别沟通障碍。辅助识别沟通障碍的现代技术和工具如表 5.12 所示。

表 5.12 辅助识别沟通障碍的现代技术和工具

工具/技术	描述
沟通软件	使用 Slack、Microsoft Teams 等沟通软件，记录和分析沟通内容
调查问卷	通过匿名调查问卷收集团队成员对沟通问题的反馈
数据分析	使用数据分析工具分析沟通频率和内容，识别潜在问题

掌握以上技巧，团队成员可以更有效地识别沟通障碍，及时采取措施解决问题，确保项目顺利推进。

5.2.2 分析沟通障碍的成因

在软件开发过程中，沟通障碍常常导致项目进度延误、质量下降和团队冲突。因此，深入分析沟通障碍的成因是解决问题的关键。以下从不同角度详细分析沟通障碍的成因。

(1) 在个人层面，形成沟通障碍的因素主要包括情绪、认知偏差和表达能力等。个人的情绪状态(如压力、焦虑、愤怒或沮丧等)会直接影响沟通的效果。例如，开发人员 A 由于项目进度滞后感到压力很大，情绪紧张，在与同事沟通时言辞激烈，产生误解和冲突。认知偏差是指个人由于过往经验、教育背景和价值观形成的固定思维方式，影响对信息的理解和判断。

(2) 在团队层面，形成沟通障碍的因素主要包括团队结构、沟通渠道和团队文化等。在团队结构方面，团队成员的角色和职责分配不清，会导致信息传递不畅。在一个敏捷开发团队中，如果产品经理、开发人员和测试人员的职责界限不明，可能导致任务重复或遗漏，信息无法有效传递。在沟通渠道方面，若缺乏有效的沟通渠道或沟通工具，会导致信息传递不及时或不完整。例如，团队 D 没有使用统一的项目管理工具，导致各成员通过不同渠道传递信息，造成信息丢失和沟通障碍。在团队文化方面，团队内部缺乏开放和信任的文化，成员之间不愿意分享信息或表达真实想法，是造成沟通障碍的主要原因。在一个等级森严的团队中，普通成员可能因为担心受到惩罚而不敢提出问题或建议，导致问题积压。

(3) 在组织层面，形成沟通障碍的因素包括组织结构、管理风格和政策制度等。首先，组织结构过于复杂或层级过多，导致信息传递层层过滤，失真或延迟。其次，管理者的沟通风格和领导方式直接影响团队的沟通效果。最后，缺乏明确的沟通政策和程序，或现有政策和程序不合理，导致沟通障碍。

(4) 在技术层面，形成沟通障碍的因素主要包括技术工具、技术背景和技术复杂性等。沟通上使用的技术工具不适用或不高效，会影响信息传递的质量和速度。团队成员的技术背景和知识水平差异较大，将导致沟通障碍。若项目的技术复杂性和专业性高，信息传递过程中将容易出现理解偏差。

(5) 在跨文化团队中，形成沟通障碍的因素包括语言障碍、文化差异和时间差异等。团队成员来自不同国家，母语不同，导致沟通困难。在一个国际化开发团队中，英语水平不高的成员可能难以准确表达技术问题，导致误解和信息传递延误。不同文化背景的成员在沟通方式、工作习惯和价值观上存在差异，这也将影响沟通效果。一个注重直接沟通的成员与一个习惯间接沟通的成员在讨论时可能产生误解和冲突。跨时区的团队在沟通和协作上面临时间差异的挑战。在一个分布于不同大陆的团队中，由于时区差异，实时沟通困难，信息传递滞后，影响项目进度。

(6) 在环境层面，形成沟通障碍的因素包括工作环境、物理空间和远程工作等。工作环境的噪声、拥挤和设备不完善，影响沟通效果。在一个开放式办公室中，嘈杂的环境可能让电话会议和面对面沟通变得困难，影响信息传递。团队成员分布在不同的物理空间，导致面对面沟通困难。在一个跨国项目中，团队成员分布在不同的城市或国家，无法进行频繁的面对面沟通，依赖于虚拟沟通工具。远程工作的普及带来了新的沟通挑战，如缺乏即时反馈和社交互动。在一个远程团队中，成员依赖电子邮件和即时通信工具进行沟通，可能导致信息传递不及时和误解。

(7) 在沟通内容层面，形成沟通障碍的因素包括信息复杂性、信息不对称和信息过载等。沟通内容过于复杂，导致理解困难和信息丢失。在讨论一个复杂的算法时，详细的技术细节和公式可能让非技术人员难以理解，影响沟通效果。信息不对称指某些团队成员掌握的信息比其他成员多，导致沟通不平衡。例如，项目经理掌握了最新的客户需求变更，但没有及时传达给开发团队，导致开发进度偏离客户期望。信息过载导致团队成员无法有效处理和理解，影响沟通效果。在一个大型项目中，大量的邮件、报告和会议记录可能让团队成员应接不暇，无法及时获取和理解关键信息。

详细分析沟通障碍的成因，可以帮助软件开发团队识别潜在问题并采取针对性的措施，确保沟通的顺畅和项目的成功。

5.3 克服沟通障碍的策略

在软件开发过程中，克服沟通障碍是实现团队高效协作和项目成功的关键。本节从增强文化意识和提升沟通技巧两个方面，探讨克服沟通障碍的有效策略；以党的二十大精神为指导，强调中华文化的包容性和开放性，倡导团队成员尊重多元文化，树立共同发展的理念；同时，结合课程思政内容，鼓励技术人员提升语言表达能力和跨文化沟通技巧，培养全球视野和协作能力，通过践行社会主义核心价值观，加强理解与合作，推动技术创新与文化自信并行，助力软件开发行业迈向更高水平，为实现中国式现代化贡献智慧和力量。

5.3.1 增强文化意识

在软件开发团队中，缺乏文化意识可能导致沟通不畅、误解和冲突，从而影响项目的成功。增强文化意识能够帮助团队成员理解和尊重彼此的文化差异，促进更有效的沟通与合作。

(1) 文化培训和教育是增强文化意识的基础。首先，通过系统的培训和教育，团队成员可以了解不同文化背景的沟通方式、价值观和行为习惯，从而减少误解和冲突。具体策略如下：①通过组织跨文化培训，介绍不同文化的基本特征和沟通方式；②邀请跨文化沟通专家开展讲座和工作坊，讲解不同文化的沟通习惯、礼仪和工作方式。其次，通过文化敏感性教育，提高团队成员对文化差异的敏感度和尊重。具体策略如下：开展文化敏感性工作坊，介绍不同文化的礼仪和工作方式，分享跨文化沟通的成功案例。例如，在一个国际化开发团队中，定期举办文化敏感性工作坊，让团队成员分享自己国家的文化和习惯，促进相互理解。

(2) 跨文化交流活动能够增进团队成员之间的了解和信任，帮助他们更好地理解和适应不同的文化背景。具体策略如下：①通过组织团队成员参加文化交流活动，加深他们对其他文化的理解。例如，举办文化节或文化交流日，鼓励团队成员分享自己国家的文化，通过展示传统服饰、食品和音乐等方式促进交流。②通过跨文化团队建设活动，增强团队成员之间的信任和协作。例如，开展跨文化团队建设训练营，或跨文化合作的团队游戏和活动，促进团队成员之间的交流和合作。在一个全球分布的开发团队中，组织成员参加跨文化团队建设活动，通过团队游戏和项目合作，增强其相互理解和协作能力。

(3) 建立多元化团队有助于提升团队的创新能力和适应能力。通过吸引和保留具有不同文化背景的成员，可以丰富团队的视角和经验。具体策略如下：①在招聘过程中注重团队成员的多元化背景，促进团队文化的多样性。例如，在招聘广告中明确鼓励不同文化背景的候选人申请，通过多样化的招聘渠道吸引全球人才；软件公司在全球范围内招聘，可以考虑不同文化背景的候选人，以构建一个多元化的团队。②在项目中鼓励多元化团队合作，促进不同文化背景成员之间的交流和学习。例如，在跨国项目中组建包括不同国家和文化背景成员的团队，通过合作解决问题，分享知识和经验。

(4) 制定文化敏感政策能够为团队成员提供明确的行为准则，确保跨文化沟通中的尊重和理解。具体策略如下：①通过制定文化敏感政策，明确团队成员在跨文化沟通中的行为准则。②制定跨文化沟通指南，明确不同文化背景成员在沟通中的注意事项，如尊重对方的礼仪、沟通方式和工作习惯。③建立文化差异管理机制，及时解决团队成员在跨文化沟通中遇到的问题。④设立跨文化沟通协调员，负责处理团队成员之间的文化差异问题，提供咨询和支持。

(5) 引导团队成员尊重和欣赏文化的多样性，可以增强团队成员的文化意识，使他们在沟通中更加包容和理解彼此。具体策略如下：①通过定期组织文化分享会，让团队成员分享自己国家的文化传统和习俗；通过讲座、展示和互动等形式，让团队成员了解和体验不同的文化。

例如，公司可以每月举办一次文化分享会，由不同国家的团队成员轮流介绍自己国家的文化传统和习俗。②在公司内部可以推广多元文化节日，庆祝不同国家和文化的节日。例如，在公司内部庆祝如春节、圣诞节、排灯节等不同文化的节日，通过共同庆祝活动增进团队成员之间的了解和友谊。

团队成员可以通过增强文化意识，理解和尊重彼此的文化差异，从而促进更有效的沟通和协作。这不仅有助于减少误解和冲突，还能提升团队的创新能力和整体绩效，确保软件开发项目的成功。

5.3.2 提升沟通技巧

在软件开发中，沟通技巧的提升对项目的成功和团队协作至关重要。以下是几种提高沟通技巧的有效方法和策略。

1. 语言技巧

语言技巧是提高沟通效率的基础，涵盖了口头沟通和书面沟通的各个方面，包括如何清晰表达想法、选择合适的词语以及有效组织和传递信息的能力。语言技巧的主要类型如表 5.13 所示。

表 5.13 语言技巧的主要类型

技巧类型	描述
清晰表达	使用简明、清晰的语言，避免模糊和冗长的表达
有效倾听	专注于对方的讲话内容，避免打断，并通过复述确认理解
适应听众	根据听众的背景和需求调整沟通方式，如技术术语的使用

2. 非语言技巧

非语言技巧涉及肢体语言、面部表情、语调等，这些对沟通效果有重要影响。非语言技巧的主要类型如表 5.14 所示。

表 5.14 非语言技巧的主要类型

技巧类型	描述
肢体语言	通过身体姿势、手势和眼神接触传达积极和支持的信息
面部表情	通过面部表情表达情感和态度，如微笑、点头等
语调和语速	根据情境调整语调和语速，以保持听众的兴趣和理解

3. 问题解决技巧

有效的问题解决技巧可以提高在沟通中解决问题的效率。问题解决技巧的主要类型如表 5.15 所示。

表 5.15　问题解决技巧的主要类型

技巧类型	描述
结构化思维	使用结构化的方法分析和解决问题，如 5W1H[什么(what)、为什么(why)、何时(when)、何地(where)、谁(who)、如何(how)]
开放式提问	通过开放式提问引导对方提供更多信息和见解
协作解决	鼓励团队合作，共同讨论和解决问题

4. 情绪管理技巧

情绪管理技巧有助于在沟通中保持冷静和理性，避免情绪化反应。情绪管理技巧的主要类型如表 5.16 所示。

表 5.16　情绪管理技巧的主要类型

技巧类型	描述
情绪识别	识别并理解自己的情绪，以及对方的情绪
冷静处理	在冲突或紧张时刻，保持冷静，避免情绪化反应
同理心	表达对对方情感的理解和尊重，建立信任和合作氛围

5. 反馈技巧

反馈技巧在提升沟通质量和团队绩效中起着至关重要的作用。有效的反馈不仅能够帮助团队成员认识到他们的优点和不足，还能激励他们不断改进，从而推动整体团队的进步。正面反馈可以增强成员的自信心，使他们在未来的工作中继续保持高水平的表现。与此同时，建设性的批评性反馈则能够帮助团队成员发现工作中的问题和改进的机会，避免同样的错误在后续的任务中重复出现。

反馈技巧的运用不仅仅是简单地指出优点或缺点。反馈的时机、方式和内容都需要经过仔细斟酌。比如，及时的反馈可以让问题在早期得到解决，避免小问题演变成大问题；明确而具体的反馈可以使接收者清楚地理解自己的表现，以及如何在未来做得更好。

此外，反馈的方式应考虑到团队成员的感受，确保反馈能够在尊重和理解的基础上进行。采用富有同理心的语言和积极的态度，能使批评性反馈更容易被成员接受，并转化为实际行动。反馈技巧的主要类型如表 5.17 所示。

表 5.17　反馈技巧的主要类型

技巧类型	描述
建设性反馈	提供具体、积极的反馈，帮助对方改进和提升
接受反馈	以开放心态接受反馈，虚心听取建议和批评
定期反馈	定期进行沟通和反馈，保持团队成员之间的持续互动和改进

6. 实际案例

通过实际案例分析，可以更好地理解和应用提高沟通技巧的方法。实际案例主要分为成功案例和失败案例，如表 5.18 所示。

表 5.18 实际案例的主要类型

案例类型	描述
成功案例	分析成功的沟通实例，提炼出关键技巧和策略
失败案例	讨论失败的沟通实例，找出问题和改进点

7. 实践与反思

持续的实践与反思是提升沟通技巧的有效途径。实践与反思的主要技巧如表 5.19 所示。

表 5.19 实践与反思的主要技巧

方法	描述
持续学习	参加沟通技巧培训和研讨会，学习最新的沟通方法和技术
实践应用	在实际工作中应用所学的沟通技巧，不断积累经验
自我反思	定期反思沟通中的得失，总结经验教训，持续改进

通过这些方法和策略，软件开发团队可以显著提升沟通技巧，增强团队协作，提升项目的成功率。

5.4 沟通障碍案例

在软件开发实践中，沟通障碍的影响往往通过具体案例体现。本节通过分析两个真实案例，探讨如何识别并解决沟通中的典型问题。案例“跨国项目中的语言与文化障碍”关注跨国项目中语言和文化差异引发的障碍，分析如何通过语言学习增强文化敏感性、提升团队协作效果。案例“内部沟通不畅导致的项目延误”则聚焦内部沟通，剖析如何优化信息传递和责任分配机制。这些案例为读者提供了实践中的参考，使其能够学会将理论应用于实际，提升团队沟通效率，助力软件开发项目顺利推进。

5.4.1 跨国项目中的语言与文化障碍

在软件开发过程中，跨国项目由于涉及不同国家和文化，常常面临语言与文化障碍。以下是一个实际案例，展示了语言与文化障碍以及应对策略。

1. 案例背景

某跨国软件开发项目，团队成员分布在中国、美国和德国，项目的目标是开发一个全球通用的企业管理软件。由于时区、语言和文化的差异，团队在沟通中遇到了诸多障碍。

2. 语言障碍

项目初期，团队成员在沟通中频繁出现误解，主要原因是语言障碍，如表 5.20 所示。

表 5.20　因语言障碍产生的误解

原因	描述
语言不一致	团队成员使用不同的母语(中文、英语、德语)，英语作为工作语言，但部分成员英语水平有限
专业术语	不同语言背景下，技术术语的理解和使用存在差异
发音和语法	非母语者的发音和语法错误导致信息传递不准确

3. 文化障碍

文化差异成为沟通中的主要障碍，如表 5.21 所示。

表 5.21　因文化差异产生的障碍

原因	描述
文化差异	团队成员具有不同文化背景，沟通方式和工作习惯差异明显
时间观念	不同文化对时间的理解和重视程度不同，导致项目进度协调困难
决策方式	各国文化对决策过程和领导风格的期望不同，影响团队协作效率

4. 问题表现

语言与文化障碍导致的一系列问题，如表 5.22 所示。

表 5.22　语言与文化障碍导致的问题

问题类型	描述
沟通效率低	由于语言障碍，团队成员需要花费更多时间进行解释和确认
误解和冲突	文化差异导致的误解增加了团队内部的冲突，影响合作氛围
项目延误	沟通问题导致的决策问题解决延迟，影响项目进度

5. 应对策略

为了克服这些障碍，团队采取了一系列策略，如表 5.23 所示。

表 5.23　应对策略

策略类型	描述
语言培训	提供英语培训，提高团队成员的语言能力
标准化沟通	制定标准化的沟通流程和文档模板，确保信息传递一致
文化培训	组织文化差异培训，增强团队成员对不同文化的理解和尊重
时间管理	制定跨时区的工作时间表，安排定期会议进行沟通，协调不同时间观念下的工作进度
协同工具	使用协同工具(如 Slack、Zoom 等)提高沟通效率，减少时区差异带来的影响

6. 成果与反思

通过上述策略，团队逐步克服了语言与文化障碍，提高了沟通效率，项目进度也得到了改善。表 5.24 是总结的关键成果。

表 5.24 总结的关键成果

成果类型	描述
沟通效率提升	语言培训和标准化沟通流程显著提高了信息传递的准确性和效率
冲突减少	文化培训和时间管理策略减少了团队成员之间的误解和冲突，增强了团队凝聚力
项目进展顺利	改善的沟通流程和协同工具确保了项目按计划推进，达成了预期目标

这次跨国项目的经验表明，增强语言能力和文化意识，制定标准化的沟通流程和策略，是克服跨国项目中语言与文化障碍的有效方法。通过持续改进和反思，团队可以不断提升跨文化沟通能力，确保项目的成功。

5.4.2 内部沟通不畅导致的项目延误

在软件开发过程中，内部沟通不畅常常导致项目延误、资源浪费和团队士气受挫。以下是一个实际案例，展示了内部沟通不畅引发的问题及应对策略。

1. 案例背景

某软件开发公司负责开发一个客户关系管理系统(CRM)。项目团队包括产品经理、开发人员、测试人员和设计师。由于内部沟通不畅，项目进度严重滞后，客户满意度降低。

2. 问题表现

项目初期，团队内部沟通不畅的主要表现如表 5.25 所示。

表 5.25 团队内部沟通不畅的主要表现

问题类型	描述
需求不明确	产品经理与开发人员沟通不充分，导致需求文档不完整和不准确
信息孤岛	团队成员各自为战，信息共享不足，导致重复工作和资源浪费
决策延迟	关键决策缺乏及时沟通和讨论，导致决策过程拖延
缺乏反馈	团队成员之间缺乏有效反馈，不能及时发现和解决问题

3. 问题原因分析

分析原因，内部沟通不畅的主要原因如表 5.26 所示。

表 5.26 内部沟通不畅的主要原因

原因类型	描述
沟通渠道缺乏	缺乏有效的沟通渠道和工具，导致信息传递不及时、不准确
角色不清晰	团队成员的角色和职责不明确，导致责任不清，沟通混乱
会议管理不善	会议频率过低或效率不高，关键信息和决策未能及时传达
缺乏沟通文化	团队缺乏开放、透明的沟通文化，导致信息封闭和沟通不畅

4. 应对策略

为了改善内部沟通，团队采取了以下应对策略，如表 5.27 所示。

表 5.27　应对策略

策略类型	描述
建立沟通渠道	使用协同工具(如 Slack、Microsoft Teams 等)建立高效的沟通渠道
明确角色和职责	重新定义团队成员的角色和职责，确保每个人都清楚自己的责任和任务
改善会议管理	定期召开项目会议，使用议程和会议纪要，提高会议效率和决策速度
推广沟通文化	倡导开放和透明的沟通文化，定期进行团队建设活动，增强成员之间的信任和合作

5. 实施效果

通过实施以上策略，团队的沟通状况显著改善，项目进度得到有效控制，其实施成果如表 5.28 所示。

表 5.28　实施成果

成果类型	描述
需求明确	产品经理与开发人员之间的沟通更加充分，需求文档得到及时更新和完善
信息共享	通过协同工具，团队成员能够实时共享信息，减少了重复工作和资源浪费
决策加快	改善的会议管理和沟通渠道确保了关键决策的及时性和准确性
反馈机制	建立了有效的反馈机制，问题能够及时发现和解决，提升了团队整体效率

6. 反思与总结

该案例展示了内部沟通不畅对项目的严重影响，通过分析问题原因并采取针对性的应对策略，团队成功改善了沟通状况，提高了项目管理的效率，具体经验总结如表 5.29 所示。

表 5.29　经验总结

经验总结	描述
沟通工具的重要性	使用合适的沟通工具是提高沟通效率的关键
角色清晰的必要性	明确团队成员的角色和职责有助于减少沟通混乱和责任不清
会议管理的价值	高效的会议管理能确保关键信息和决策的及时传达
沟通文化的影响	建立开放、透明的沟通文化，可以增强团队的信任和合作，提升整体绩效

通过总结经验教训和实施改进措施，团队可以持续提升内部沟通能力，确保项目顺利推进，最终实现项目目标。

5.5 本章小结

本章深入探讨了在软件开发项目中常见的沟通障碍及其解决策略。本章首先分类讨论了语言与非语言障碍、心理与文化障碍的影响，明确了这些障碍如何影响项目的顺利进行；接着，介绍了识别和分析沟通障碍的技巧，包括如何有效地发现和解析沟通中的问题，揭示障碍背后的原因。

在应对沟通障碍方面，本章提供了增强文化意识和提升沟通技巧的具体策略，帮助读者提升处理沟通问题的能力。通过增强对文化差异的理解和掌握有效的沟通技巧，团队可以更好地应对各种沟通挑战，减少误解和冲突，推动项目进展。

此外，章末通过实际案例展示了如何在跨国项目中克服语言与文化障碍，以及如何应对内部沟通不畅导致的项目延误。这些案例不仅提供了实际解决问题的思路，还强调了预防和及时解决沟通障碍的重要性。

在党的二十大精神的指导下，我们要在本章的学习过程中深刻理解“共同富裕”和“创新驱动”战略的重要性。在项目开发过程中，我们需要尊重不同文化的多样性，注重自我与他人的沟通能力，尤其是跨文化沟通能力的培养，才能推动团队合作和技术创新。同时，本章体现了社会主义核心价值观中的和谐与诚信，强调良好的沟通能够促进团队成员间的理解与信任，为实现团队目标、推动项目成功奠定坚实的基础。

在未来的职业发展中，软件开发团队成员需要不断提升沟通能力，克服沟通中的障碍，在实践中形成更有效的沟通模式，推动技术进步和社会发展。

5.6 本章习题

一、单项选择题

1. 以下哪项不是沟通障碍的类型？(　　)

A. 语言障碍　　B. 心理障碍

C. 文化障碍　　D. 技术障碍

2. 在沟通障碍的识别中，哪种方法最有效？(　　)

A. 简单记录沟通失败的情况　　B. 深入分析沟通失败的原因

C. 停止所有沟通活动　　D. 忽略沟通中的误解

3. 克服沟通障碍时，增强文化意识包括哪项措施？(　　)

A. 了解和尊重对方的文化背景　　B. 强调自己的文化优势

C. 避免与不同文化背景的人沟通　　D. 忽略文化差异

4. 以下哪个不属于克服沟通障碍的策略？(　　)

A. 提高沟通技巧　　B. 增强文化意识

C. 避免沟通　　D. 识别沟通障碍

5. 在跨国项目中，解决语言与文化障碍的方法是什么？(　　)

A. 提供语言培训和文化适应培训　　B. 只使用一种语言进行沟通

C. 避免讨论文化差异　　D. 依赖自动翻译工具进行所有沟通

二、判断题

1. 沟通障碍只包括语言障碍，不涉及心理和文化障碍。　(　　)
2. 识别沟通障碍的技巧不需要深入分析原因，只需简单记录。　(　　)
3. 克服沟通障碍的策略中，增强文化意识不包括了解对方文化背景。　(　　)
4. 内部沟通不畅通常不会对项目进度产生重大影响。　(　　)
5. 跨国项目中的沟通障碍通常与不同的语言和文化差异有关。　(　　)

三、简答题

1. 简述沟通障碍的主要类型，并举例说明每种类型。
2. 解释如何识别沟通障碍，并描述一种有效的分析方法。
3. 简述克服沟通障碍的策略，并说明如何增强文化意识。
4. 阐述沟通障碍对项目管理的影响，并给出一种克服内部沟通障碍的策略。
5. 简述跨国项目中常见的语言与文化障碍，并提供解决这些障碍的方法。

第6章

沟通技巧

在软件开发项目中，沟通技巧是确保团队协作顺畅、项目顺利推进的关键因素。随着团队规模的扩大和项目复杂度的提高，掌握有效的沟通技巧变得尤为重要。本章旨在探讨如何通过多种沟通方法提升团队的协作效率和项目质量。有效的沟通如同桥梁，连接着团队成员，确保信息准确传递，减少误解和冲突。项目经理不仅需要具备扎实的技术背景，还需要精通各种沟通技巧，以确保项目目标的实现。从口头表达的清晰简洁，到非语言沟通的细微把控，再到书面沟通的规范性，每一种沟通方式都有其独特性。本章结合理论知识和实际案例，详细阐述了有效表达技巧、非语言沟通技巧、书面沟通技巧、沟通技巧应用案例等方面的内容，帮助读者全面提升沟通能力。无论是新员工，还是经验丰富的项目经理，都能从本章得到有效的指导，从而在项目管理中更加自信和高效地沟通，推动项目成功。

6.1 有效表达技巧

有效表达是软件开发中沟通成功的关键能力，也是实现团队协作与项目高效推进的基础。本节通过探讨清晰与简洁的表达方法以及说服与影响的技巧，帮助读者提升语言的精准性与感染力。在新时代背景下，党的二十大精神强调要弘扬中国精神，凝聚共识力量，这为软件开发者在表达时注入了更高层次的价值追求。本节通过课程思政内容引导，鼓励读者将个人表达与团队使命相结合，做到既清晰明了，又能激发团队成员的共同奋斗热情，利用语言的力量为科技强国建设贡献智慧和力量。

6.1.1 清晰与简洁的表达

在软件开发过程中，清晰与简洁的表达是沟通的关键，它直接影响团队协作的效率和项目的成功率。清晰的表达意味着信息传递明确，没有歧义；简洁的表达则是用最少的字传递最多的信息。以下将详细讨论如何在沟通中实现清晰与简洁的表达。

1. 确定核心信息

在表达前，首先要明确自己想传达的核心信息是什么。通过以下问题可以帮助确定核心信息。

(1) 我的目标是什么？

(2) 听众需要了解哪些关键信息？

(3) 哪些信息是次要的，可以省略？

2. 结构化表达

结构化表达有助于听众更好地理解和记忆信息。常用的结构化表达方法有以下两种。

(1) 总分总结构：先概述主要观点，然后详细阐述，最后总结。

(2) 三段式结构：引入问题，提出解决方案，给出结果或结论。

结构化表达方法的特点和适用场景如表 6.1 所示。

表 6.1　结构化表达方法的特点和适用场景

结构化表达方法	特点	适用场景
总分总结构	清晰明了，逻辑性强	报告、方案陈述
三段式结构	条理清晰，易于记忆	问题分析、解决方案介绍

3. 使用简洁的语言

在表达过程中，避免使用复杂的词汇和冗长的句子，可以采用以下策略。

(1) 使用简单直接的词汇，如“使用”替代“利用”，“帮助”替代“辅助”。

(2) 短句表达：每个句子传达一个信息，避免长句和复合句。

(3) 去除冗余：删除重复和无关的信息，确保每个词都有其存在的必要性。

4. 运用视觉辅助工具

使用图表、表格和清单等视觉工具，让信息更加直观、易懂。例如，在项目汇报中，用甘特图展示项目进度，用表格比较不同方案的优缺点。视觉辅助工具的特点和适用场景如表 6.2 所示。

表 6.2　视觉辅助工具的特点和适用场景

表格示例	优点	适用场景
甘特图	直观展示时间和任务进度	项目管理，进度汇报
比较表	清晰比较不同选项的优缺点	方案选择，决策分析

5. 反馈与改进

有效的沟通是一个双向的过程。表达后，应积极寻求反馈并进行改进。

(1) 询问听众理解情况：通过提问或讨论了解听众是否理解你的表达。

(2) 调整表达方式：根据反馈调整表达的方式和内容，以提高沟通效果。

通过以上方法，可以在沟通中实现清晰与简洁的表达，提高团队协作效率，促进项目成功。

清晰与简洁的表达不仅是沟通的技巧，更是对他人的尊重。在软件开发团队中，每个成员的时间和精力都有限，有效沟通能够最大限度地减少误解和时间浪费，提升工作效率，实现更好的合作，产生更好的成果。

6.1.2 说服与影响的技巧

在软件开发过程中，说服与影响的技巧至关重要。它不仅关系到项目的推进，还会影响团队的协作和决策的有效性。以下将详细介绍如何在沟通中运用说服与影响的技巧。

1. 理解听众

了解听众的背景、需求和关注点是说服成功的基础。按照表 6.3 所列步骤可以更好地理解听众。

表 6.3 理解听众的步骤

步骤	描述	目标
分析听众背景	了解听众的角色、职责和专业知识水平	确定沟通内容的深度和广度
识别听众需求	明确听众关心的问题和期望	提供有针对性的解决方案
倾听与反馈	倾听听众意见，并及时调整沟通策略	增强沟通的有效性

2. 建立可信度

建立可信度是说服的前提。可信度可以通过以下途径建立。

(1) 展示专业知识：通过清晰、准确的专业表达，展示自己的专业能力。

(2) 提供可靠数据：使用可靠的数据和事实，支持自己的观点和建议。

(3) 诚信沟通：诚实地表达自己的观点和立场，避免夸大和误导。

3. 构建逻辑性强的论点

说服力强的论点需要逻辑严谨、条理清晰。构建逻辑性强的论点可以采用表 6.4 所示方法。

表 6.4 构建逻辑性强的论点的方法

方法	描述	适用场景
总—分—总结构	概述、详细论述、总结和强化观点	方案陈述、决策汇报
因果关系	展示观点的因果关系	解释复杂问题、影响决策
反驳异议	预见可能的反对意见并准备反驳理由	面对质疑和不同意见

4. 激发情感共鸣

情感共鸣是增强说服力的重要手段。通过以下方式，可以激发听众的情感共鸣。

(1) 讲述故事：通过讲述相关的成功案例或亲身经历，激发听众的共鸣。

(2) 表达热情：在表达中融入热情和真诚，感染听众。

(3) 关注利益：突出方案对听众直接利益的影响，提高其接受度。

5. 运用社会认同

社会认同原理是说服技巧中的重要一环，人们倾向于相信和遵循他人已经接受的观点与行为。运用社会认同原理的策略如表 6.5 所示。

表 6.5 运用社会认同原理的策略

策略	描述	目标
引用权威	引用专家或权威机构的观点和数据	增强观点的权威性
展示成功案例	展示其他团队或公司的成功案例	提高可信度，减少疑虑
群体影响	寻找团队支持者，通过群体力量影响更多人	扩大影响范围，增强说服力

通过以上技巧，可以在软件开发团队中有效地说服和影响他人，推动项目进展，促进团队协作，提高决策质量。

6.2 非语言沟通技巧

非语言沟通是语言表达的重要补充，在软件开发的沟通过程中起着至关重要的作用。本节围绕身体语言、面部表情，以及声音和语调的运用展开探讨，帮助读者掌握通过这些非语言形式传递信息、增进理解和增强影响力的方法。身体语言和面部表情能够直观地传递情感和态度，而声音和语调则可以影响信息的接收效果、沟通氛围。通过学习这些技巧，开发人员可以更有效地向团队表达自己的想法，营造积极的团队氛围，从而提升协作效率和沟通效果。

6.2.1 身体语言和面部表情

在软件开发团队的沟通中，身体语言和面部表情起着至关重要的作用。它们不仅能够传达信息，还能够增强沟通的效果，增进团队成员之间的理解和信任。以下将详细介绍如何在沟通中有效运用身体语言和面部表情。

1. 身体语言的重要性

身体语言包括手势、姿态等，是非语言沟通的重要组成部分。

(1) 手势。手势可以用来强调和补充语言信息。适当的手势可以增强表达的生动性和说服力。例如，在讨论代码逻辑时，使用手势描绘流程图或逻辑关系，可以帮助团队成员更好地理解。

(2) 姿态。姿态反映了一个人的态度和自信心。开放的姿态，如站直、身体稍微前倾，表示积极参与和自信。相反，交叉手臂或低头看地，可能被解读为防御或不感兴趣。

有效的身体语言可以帮助强调语义，表达情感和态度，并促进信息的传递。

2. 面部表情的作用

面部表情是情感和态度的直接反映，包括眼神交流、微笑等。

(1) 眼神交流。眼神交流是建立信任和理解的重要手段。适当的眼神接触可以表示关注和尊重，增强沟通的互动性。避免过度凝视或目光游离，否则可能会让人感到不自在或被忽视。

(2) 微笑。微笑是传递友好和积极态度的有效方式。在团队讨论中，微笑可以缓解紧张气氛，促进团队成员之间的和谐。

面部表情可以更直观地传递情绪和反应，从而加强沟通效果。

3. 协调语言和非语言信号

在沟通中，语言和非语言信号需要协调一致。矛盾的信号会导致误解和不信任。例如，在表达赞同时，如果面无表情或身体后倾，会让人怀疑赞同语言的真实性。

(1) 一致性。确保身体语言和面部表情与口头表达一致。表达积极意见时，保持开放的姿态和友好的面部表情。

(2) 反馈和调整。通过观察对方的非语言信号，及时调整自己的沟通方式。如果对方表现出困惑或不安，尝试改变姿态或语气，以缓解对方情绪。

4. 文化差异的考虑

在跨文化团队中，身体语言和面部表情的解读可能会有所不同。

(1) 手势差异。不同文化对手势的解读可能完全不同；在国际团队中，应避免使用可能引起误解的手势。

(2) 眼神交流。在一些文化中，过多的眼神接触可能被视为不礼貌，而在另一些文化中，则是信任和尊重的象征。

了解并尊重不同文化的非语言沟通习惯，能够减少误解和冲突。

合理运用身体语言和面部表情，可以大大提高沟通的有效性，增强团队的协作和信任。确保语言和非语言信号的一致性，理解和尊重文化差异，是实现高效沟通的重要步骤。

6.2.2 声音与语调的运用

在软件开发团队的沟通中，声音与语调同样扮演着关键角色。它们不仅能够影响信息的传递效果，还能表达情感和态度，增强沟通的互动性和说服力。以下将详细介绍如何在沟通中有效运用声音与语调。

1. 声音的控制

声音的音量、速度和清晰度是影响沟通效果的重要因素。适当的声音控制可以提高听众的注意力和理解力。

(1) 音量。音量适中能够确保所有听众都能听清楚；音量过高会让人感到不适，音量过低则可能无法传递信息。在大型会议或远程沟通中，尤其要注意音量的调整。

(2) 速度。说话速度应适中；说话速度过快会让听众难以跟上，过慢则可能使听众感到无聊，注意力分散。可以根据听众的反应调整说话速度，以确保信息的有效传递。

(3) 清晰度。发音清晰能够减少误解和重复；尤其在技术讨论中，应确保每个专业术语和关键点都清晰可辨。

2. 语调的运用

语调的变化可以更好地表达情感和态度，使沟通更具生动性和感染力。

(1) 强调重点。通过提高或降低语调来强调重要信息或关键点，增强听众的理解和记忆力。比如，在讨论项目进展时，使用稍高的语调强调完成的里程碑或面临的重大问题。

(2) 表达情感。不同的语调可以传递不同的情感，如热情、关切或坚定。在团队激励或问题讨论中，语调的变化能够更好地传递情感，增强沟通效果。

(3) 缓解紧张。在紧张的讨论或冲突中，平稳的语调可以缓解气氛，促进冷静和理性地解决问题。

3. 一致性和适应性

声音和语调应与内容和场合相一致，并根据沟通对象和情境进行调整。

(1) 一致性。声音和语调应与所传达的信息相匹配，提高沟通的真实性和说服力。例如，在表达感谢时，使用温和和真诚的语调；在强调紧急任务时，使用坚定和清晰的语调。

(2) 适应性。根据不同的听众和情境调整声音和语调，增强沟通的效果和互动性。例如，在与高级管理层沟通时，使用正式和专业的语调；在团队内部讨论时，可以采用更为轻松和互动的语调。

合理运用声音与语调，可以大大提高沟通的效果，使信息传递更加准确，情感表达更加丰富，从而促进团队的协作和项目的成功。理解声音和语调的重要性，并在实践中不断调整和优化，是提升沟通技巧的关键步骤。

6.3 书面沟通技巧

书面沟通是软件开发中不可或缺的一部分，对于信息传递的准确性和规范性具有重要意义。本节将探讨如何撰写清晰、高效的商务邮件与报告，以及如何通过文档格式化和视觉辅助工具提升内容的可读性和专业性。书面沟通不仅是开发者之间的重要桥梁，也是面向客户和利益相关方的重要窗口。在新时代背景下，书面沟通需要体现高质量发展的理念，注重表达的精确性、逻辑性和可持续性。同时，本节融入党的二十大精神，通过强调书面表达中的严谨和责任感，培养开发人员在撰写技术文档和商务沟通中的工匠精神，为实现高水平科技自立自强贡献力量。这一过程也将增强学生对专业写作的价值认同，提升其社会责任感和职业素养。

6.3.1 商务邮件与报告撰写

在软件开发中，商务邮件和报告撰写是日常沟通中不可或缺的部分。高效、专业的书面沟通能够清晰地传递信息，促进团队合作和项目推进。以下将详细介绍商务邮件和报告撰写的关键技巧。

1. 商务邮件撰写

商务邮件是软件开发团队内部及对外沟通的重要工具。撰写商务邮件时，需要注意以下几个方面。

(1) 主题明确。邮件主题应简洁明了，概括邮件内容，便于收件人快速了解邮件的目的。

(2) 结构清晰。邮件正文应分段落撰写，开头简要说明写邮件的目的，中间详细描述相关信息，结尾提出具体要求或下一步行动。结构清晰可增强邮件的可读性和逻辑性。

(3) 语言简洁。使用简洁、正式的语言，避免使用冗长和复杂的句子；确保语法正确，避免拼写错误。语言简洁可提高邮件的专业性和易读性。

(4) 礼貌和尊重。在邮件中保持礼貌和尊重，适当使用敬语和礼貌用语，如“请”“谢谢”“您好”等。

2. 报告撰写

报告是总结项目进展、分析问题、提出解决方案的重要文档。在撰写报告时，应注意以下几点。

(1) 目标明确。明确报告的目的和读者，根据目标和读者调整内容和格式，以提高报告的针对性和有效性。

(2) 逻辑结构。采用总—分—总的结构，先概述主要观点，再详细阐述支持数据和论据，最后总结和提出建议，这样能够增强报告的逻辑性和条理性。常见的报告结构包括引言、背景、分析、结论和建议。

(3) 数据支持。使用数据和图表支持观点，使报告内容更具说服力和可信度；确保数据来源可靠，并在报告中注明引用来源。

(4) 简洁明了。语言简洁明了，避免使用专业术语或复杂句子。报告内容应条理清晰，段落分明，便于读者理解和查阅。

3. 常见错误与避免

在撰写商务邮件和报告时，常见的错误包括语法错误、逻辑不清、缺乏数据支持等。为了避免这些错误，可以采取以下措施。

(1) 校对与修改。撰写完成后，仔细校对邮件和报告，检查语法、拼写和格式错误。校对与修改时，可以使用拼写检查工具和语法检查工具辅助校对。

(2) 请求反馈。在发送重要邮件或提交报告前，先请同事或上级审核，提出修改建议，确保内容准确无误。

(3) 不断学习。学习和参考优秀的邮件和报告范例，不断提高自己的撰写技能。

掌握以上技巧，可以提高商务邮件和报告撰写的质量，增强书面沟通的效果，从而促进软件开发团队的协作和项目的顺利推进。

6.3.2 文档格式化与视觉辅助

在软件开发团队中，文档格式化与视觉辅助是提升沟通效果的重要手段。格式化良好的文档和适当的视觉辅助不仅能够增强信息的清晰度和易读性，还能够提高团队的工作效率和项目的成功率。以下将详细介绍如何有效地进行文档格式化和运用视觉辅助。

1. 文档格式化

格式化良好的文档有助于信息的组织和传递，使读者能够快速找到和理解关键信息。以下是文档格式化的一些关键要素。

(1) 标题与子标题。使用标题和子标题组织内容，清晰地分隔不同部分，提高文档的逻辑性和可读性。标题应简洁明了，能够概括段落的主要内容。

(2) 段落分隔。使用适当的段落分隔和空行，使文本更具可读性。每个段落集中表达一个主题或观点。

(3) 项目符号和编号。在列出多个要点时，使用项目符号或编号，使信息更加条理化和易于浏览。

(4) 字体和字号。选择易读的字体和适中的字号，确保文本清晰。常用的字体包括 Arial、Times New Roman 等。

2. 视觉辅助

视觉辅助工具包括图表、表格和图示等，可以直观地传达信息，帮助读者更好地理解复杂的概念和数据。

(1) 图表。使用图表可以直观地展示数据趋势和对比，如折线图、柱状图和饼图等。图表应简单明了，标注清晰。

(2) 表格。使用表格整理和展示数据，可以增强数据的条理性和易读性，便于比较和分析。表格应结构清晰，标题明确，数据准确。

(3) 图示。使用流程图、架构图等图示展示流程和系统结构，帮助读者直观理解复杂关系。图示应简洁，关键节点和流程路径清晰标示。

3. 常见格式化和视觉辅助错误及避免

在进行文档格式化和运用视觉辅助时，常见错误包括格式混乱、图表不清晰和数据错误等。为了避免这些错误，可以采取以下措施。

(1) 统一格式。在整个文档中保持一致的格式，如相同的字体、字号和段落间距。使用模板来确保文档的专业性和一致性。

(2) 简洁明了。避免过度使用视觉元素，确保每个图表和表格都有明确的目的和清晰的标注，减少不必要的装饰和复杂的图形。这样可以增强信息传递的有效性。

(3) 数据准确。确保所有图表和表格中的数据准确无误，并注明数据来源。定期检查和更新数据，保持文档的准确性和可靠性。

合理的文档格式化和有效的视觉辅助，能够大大提高文档的可读性和信息传递的效果，从而促进软件开发团队的沟通和协作，提升项目的成功率。

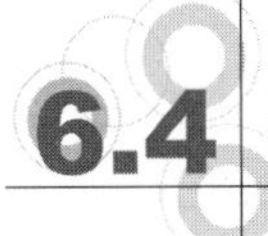

6.4 沟通技巧应用案例

理论的价值在于实践，沟通技巧的掌握需在实际情境中得以验证和深化。本节通过具体案例，展示如何将有效表达、非语言沟通等技巧灵活运用于软件开发的实际场景。通过案例“使用有效表达技巧提升会议效率”，探讨如何通过清晰、简洁的表达和说服策略，引导团队达成共识，提高会议产出。在案例“非语言沟通在客户交流中的成功应用”中，分析身体语言、面部表情以及语调等非语言元素在客户需求沟通中的作用，提升客户信任感与合作效率。本节旨在帮助读者将沟通理论转化为实用技能，增强处理复杂沟通场景的能力，从而在职业发展中实现突破；同时，通过案例分析培养学生的实践能力和问题解决能力，为软件开发中的团队协作和客户服务提供指导。

6.4.1 使用有效表达技巧提升会议效率

在软件开发过程中，团队会议是沟通和协调的重要环节。然而，低效的会议常常导致时间浪费和沟通不畅。使用有效的表达技巧，可以显著提升会议效率。以下是一个实际案例，展示如何运用这些技巧提升会议效率。

1. 案例背景

某软件开发公司正在进行一个大型项目的开发。在项目的中期，团队发现会议效率低下，导致项目进度延误，如表 6.6 所示。为了提升会议效率，项目经理决定引入有效的表达技巧，包括清晰与简洁的表达、声音与语调的运用以及使用视觉辅助工具。

表 6.6　会议问题

会议问题	描述
低效的会议	讨论冗长、观点分散、缺乏明确的行动计划

2. 有效表达技巧实施步骤

(1) 清晰与简洁的表达。在会议开始前，项目经理制定了清晰的议程，确保每个议题都有明确的讨论目标。每个发言者在表达观点时，使用简洁明了的语言，避免冗长和重复。项目经理鼓励团队成员在发言前先思考，确保观点表达清晰、直截了当，如表 6.7 所示。

表 6.7　清晰与简洁的表达

表达技巧	实施方法	效果
清晰与简洁	制定明确的议程，使用简洁明了的语言	减少讨论时间，提升会议效率

(2) 声音与语调的运用。项目经理注意控制发言的音量和速度，确保所有参会者都能清楚听到和理解；在强调关键点时，适当提高语调以引起参会者注意，并在总结时使用坚定的语气，明确下一步的行动计划。团队成员在发言时，也要学习运用这些技巧，确保信息传达的有效性，如表 6.8 所示。

表 6.8　声音与语调的运用

表达技巧	实施方法	效果
声音与语调	控制音量和速度，强调关键点时提高语调	增强信息传递的清晰度和理解度

(3) 使用视觉辅助工具。在会议中，项目经理使用图表和幻灯片展示项目进展和数据分析。关键任务和时间节点通过甘特图直观展示，复杂的逻辑关系通过流程图说明。视觉辅助工具帮助团队成员更直观地理解信息，减少口头解释的时间，如表 6.9 所示。

表 6.9　视觉辅助工具

视觉辅助工具	实施方法	效果
图表和幻灯片	使用甘特图和流程图展示项目进展和逻辑关系	提高信息的直观性，便于成员理解

(4) 实施效果。通过引入这些表达技巧，会议效率显著提升。会议时间从平均 2 小时缩短至 1 小时，讨论更加集中和高效。每次会议结束时，团队都能明确下一步的行动计划，项目进度也因此得到加快。具体的实施效果如表 6.10 所示。

表 6.10　实施效果

实施效果	描述
会议时间缩短	从平均 2 小时缩短至 1 小时
讨论集中高效	观点表达清晰，减少冗长讨论和重复
行动计划明确	每次会议结束时都有明确的下一步行动计划
项目进度加快	由于沟通高效，项目进度显著加快

通过清晰与简洁的表达、声音与语调的运用以及使用视觉辅助工具，项目经理成功提升了会议的效率。这些沟通技巧不仅节省了时间，还提高了沟通的效果和项目的整体进度。有效的沟通技巧是提升会议效率的重要手段，对于软件开发团队而言，掌握并应用这些技巧将显著促进项目的成功。

6.4.2　非语言沟通在客户交流中的成功应用

在软件开发项目中，与客户的交流至关重要。非语言沟通技巧，如身体语言和面部表情，可以增强沟通效果，建立信任，促进合作。以下案例展示了非语言沟通在客户交流中的成功应用。

1. 案例背景

一家软件开发公司正在与一个重要客户洽谈新项目。在项目初期的几次会议中，双方的沟通出现了障碍，客户对公司的方案表示怀疑，项目推进受阻。项目经理意识到非语言沟通的重要性，决定在后续的交流中重点运用这些技巧。

2. 交流技巧实施步骤

(1) 身体语言的运用。项目经理在会议中注重使用积极的身体语言，如保持眼神交流、适度的手势和开放的身体姿态，如表 6.11 所示。通过这些非语言信号，项目经理表达出对客户的关注和诚意，增强了沟通的互动性。

表 6.11　身体语言的运用

非语言沟通技巧	实施方法	效果
眼神交流	与客户保持适度的眼神交流，表达关注	增强信任感，客户感到受到重视
适度的手势	使用适度的手势强调关键点	增强表达的生动性和说服力
开放身体姿态	保持开放的身体姿态，避免交叉双臂等封闭姿势	表现出诚意和开放态度，促进沟通

(2) 面部表情的运用。项目经理在交流中保持友好和自信的微笑，传递积极情绪，增强沟通的亲和力；在客户提出疑问或表达担忧时，项目经理通过点头和适当的面部反应表示理解，缓解了客户的紧张情绪，增强客户的信任感，促进交流。

(3) 一致性和适应性。项目经理应确保非语言沟通与语言表达一致，如在表达感谢时，面带微笑并保持眼神交流，以增强信息的可信度和传递效果；同时，项目经理根据客户的反应适时调整非语言沟通方式，确保沟通的有效性和互动性。

(4) 实施效果。通过运用这些非语言沟通技巧，项目经理成功化解了客户的疑虑，与客户建立了信任关系。客户对项目方案的态度逐渐转变，从最初的怀疑变为积极参与，项目得以顺利推进。

非语言沟通在客户交流中具有重要作用。通过有效运用身体语言和面部表情，项目经理与客户成功建立了信任关系，化解了沟通障碍，促进了项目的顺利进行。非语言沟通技巧是软件开发团队在与客户交流中不可或缺的工具，掌握并灵活运用这些技巧，可以显著提升沟通效果和项目成功率。

6.5 本章小结

本章系统地介绍了提升沟通效果的关键技巧。本章首先探讨了有效表达技巧，强调了清晰与简洁的表达方式在信息传达中的重要性，以及如何通过说服与影响的技巧来增强沟通的说服力和影响力。清晰地表达能够确保信息的准确传递，而说服技巧则帮助沟通者更好地提出观点和建议。

在非语言沟通技巧部分，本章分析了如何运用身体语言与面部表情来辅助语言沟通，以强化信息传递的效果。同时，本章详细讨论了声音与语调的运用，揭示了这些非语言因素如何影响沟通的情感色彩和听众的接受度。

在书面沟通技巧部分，本章着重介绍了商务邮件和报告撰写的要点，包括如何有效组织内容和格式化文档，以提高信息的可读性和专业性。此外，视觉辅助工具如图表和其他视觉元素的运用可以增强书面沟通的效果。

通过案例分析，本章展示了有效表达技巧在提升会议效率中的应用，以及非语言沟通在客户交流中的成功应用。这些实际案例不仅说明了沟通技巧的实际应用效果，还提供了宝贵的实践经验。本章为读者提供了全面的沟通技巧指南，包括口头沟通和书面沟通的多方面内容。掌握这些沟通技巧将有助于提升个人和团队的沟通能力，促进信息的准确传递和有效交流。

在党的二十大精神的指引下，本章进一步强调了我们对沟通技巧的重视，特别是在创新和协同的大背景下，沟通作为推动技术创新、促进团队协作的核心能力，将成为实现社会发展与科技进步的基础。课程思政也强调了良好的沟通技巧能够促进团队间的和谐合作，这不仅能推动项目的成功，也能为培养更具社会责任感与创新精神的技术人才提供支持。

在未来的软件开发工作中，团队成员不仅要在技术上不断创新突破，更要在沟通中提升自我，实现信息的准确流动与知识的高效共享，最终推动社会发展与共同富裕的实现。

6.6 本章习题

一、单项选择题

1. 以下哪项不是有效表达技巧的一部分？(　　)

A. 清晰的语言　　B. 说服与影响的能力

C. 使用专业术语　　D. 编写代码

2. 在非语言沟通中，哪种方式能够显示关注和尊重？(　　)

A. 眼神接触　　B. 避免面部表情

C. 高声说话　　D. 闭眼

3. 书面沟通技巧的提升包括以下哪一项？(　　)

A. 使用复杂的术语　　B. 使用标准的文档格式

C. 编写长篇文章　　D. 避免视觉辅助

4. 提高会议效率的有效表达技巧包括以下哪一项？(　　)

A. 避免使用议程　　B. 在会议中使用复杂语言

C. 在会议开始前设定明确的议程　　D. 不记录会议决策

5. 以下哪一项不是非语言沟通的组成部分？(　　)

A. 身体语言　　B. 面部表情　　C. 语调　　D. 文字处理

二、判断题

1. 有效表达技巧只关注语言的清晰度，而不考虑情感的影响。 (　　)
2. 非语言沟通包括身体语言、面部表情、声音和语调。 (　　)
3. 书面沟通技巧的提升不涉及文档的格式化和视觉辅助。 (　　)
4. 在会议中，使用有效表达技巧可以减少信息传达的误解。 (　　)
5. 非语言沟通技巧不适用于与客户交流的场景。 (　　)

三、简答题

1. 简述有效表达技巧的关键要素。
2. 简述非语言沟通在沟通中的作用，并举例说明。
3. 简述书面沟通技巧的基本要求，并说明如何提升这些技巧。
4. 简述如何通过有效表达技巧提升会议效率，并给出具体的策略。
5. 简述非语言沟通技巧在与客户交流中的应用，并举例说明。

第7章

倾听技巧

在软件开发过程中，倾听技巧是促进有效沟通和团队合作的关键。面对复杂的项目需求和多样化的团队成员，掌握倾听技巧不仅能够增进团队成员之间的理解，还能够有效解决冲突，推动项目顺利进行。首先，本章将深入探讨倾听的重要性，揭示其在有效沟通中的核心作用，并介绍倾听的艺术与科学。其次，本章通过分析倾听的五个层次和提升倾听能力的策略，帮助读者掌握积极倾听的方法。特别是在冲突解决中，倾听的技巧能够帮助识别问题根源并促使团队成员达成共识。最后，本章结合实际案例，展示了如何通过积极倾听解决团队内部冲突，以及积极倾听在客户需求收集中的关键作用。无论是项目管理新人还是经验丰富的专业人士，通过本章的学习都将获得实用的技巧和宝贵的见解，提升倾听能力，从而在实践中优化项目沟通效果，实现项目目标。

7.1 倾听的重要性

倾听是沟通的基础，是理解他人、构建信任和促进协作的关键能力。在软件开发中，倾听不仅有助于明确需求、解决问题，还能增强团队凝聚力，提升客户满意度。本节从倾听与有效沟通的角度，分析倾听在实现双向互动中的核心作用；通过倾听的艺术与科学，探讨如何结合情感共鸣与逻辑分析，更深入地理解他人意图，提高沟通效果。同时，本节融入党的二十大精神，坚持“以人民为中心”的理念，强调倾听是服务群众和践行使命的重要途径。在课堂中引导学生关注倾听在日常学习和工作中的重要性，培养耐心、尊重和责任感。通过实践倾听技巧，学生不仅能提升职业能力，还能为构建和谐社会、推动行业高质量发展贡献自己的力量。

7.1.1 倾听与有效沟通

在软件开发过程中，倾听是实现有效沟通的关键环节。倾听不仅是信息传递的基础，也是建立信任和促进团队合作的关键。通过倾听，团队成员能够更清晰地了解项目需求、技术问题以及客户的期望，从而避免误解和错误的决策。倾听的有效性直接影响沟通的质量，尤其在解决复杂问题时更为重要。良好的倾听技巧帮助开发人员准确识别问题的核心，及时调整解决方案。此外，倾听还能增强团队成员间的情感联系，促进开放式交流，使每个人都能表达自己的观点和建议，从而提升团队的整体协作水平。以下将详细探讨倾听在有效沟通中的重要性及应用技巧。

1. 有效倾听

倾听不仅是信息接收的过程，更是理解和回应的基础。有效倾听不仅要求我们专注对方的言辞，还要捕捉其背后的情感和意图，避免误解。通过积极的倾听，我们能够更准确地理解对方的观点和需求，从而做出更为恰当的回应，实现顺畅和深度的沟通，建立更强的信任和合作关系。

有效倾听可以带来以下好处。

(1) 增强理解。通过倾听，团队成员能够准确理解他人的观点和需求，避免误解和信息遗漏。

(2) 建立信任。积极倾听不仅体现了对他人的尊重和关注，还能增强沟通的有效性，从而有助于建立深厚的信任关系和团队合作。

(3) 促进协作。倾听有助于团队成员之间的沟通和协作，增强团队凝聚力。

2. 倾听技巧

要实现有效倾听，团队成员需要掌握以下技巧。

(1) 集中注意力。在倾听时，排除干扰，专注于说话者。避免在对方讲话时思考自己的回应，或被外界干扰分散注意力。

(2) 给予反馈。通过点头、微笑、适当的提问和复述等方式，向说话者传达你在认真倾听。例如，当对方描述一个问题时，你可以说：“我明白你的意思，你是说……”

(3) 避免打断。让对方完整地表达观点，避免随意打断。打断不仅会让对方感到不被尊重，还可能导致信息遗漏。

(4) 理解情感。注意对方的语气和非语言信号，理解其情感和态度。这样不仅能更好地理解对方表达的内容，还能表现出同理心。

3. 倾听在沟通中的应用

在软件开发团队中，倾听技巧可以应用于多个场景。

(1) 需求分析。在与客户或用户讨论需求时，积极倾听可以确保对对方需求的准确理解，避免误解导致的开发错误。

(2) 团队会议。在团队会议中，倾听其他成员的观点和建议，有助于全面了解项目情况，促进集体决策。

(3) 冲突解决。在处理团队内部冲突时，倾听双方的意见，可以更好地理解问题的根源，找到解决方案。

4. 案例分析

在一次某软件开发项目需求讨论会上，由于需求复杂，讨论一度陷入僵局。项目经理注意到这一情况，主动引导团队成员轮流发言，并通过倾听和反馈总结每个人的观点。最终，团队成员达成一致意见，明确了需求方向，项目得以顺利推进。

通过这个案例可以看出，倾听在有效沟通中起到至关重要的作用。它不仅能够帮助团队成员更好地理解彼此的观点，还能够促进问题的解决和项目的顺利进行。

倾听是软件开发团队实现有效沟通的基础。通过掌握和应用倾听技巧，团队成员可以增进理解、建立信任、促进协作，从而提高团队的整体效率和项目的成功率。

7.1.2 倾听的艺术与科学

在软件开发过程中，倾听不仅是一种技能，更是一门艺术和科学。有效的倾听能帮助团队成员更好地理解需求、减少误解、提高协作效率。本节将探讨倾听的艺术与科学，并提供一些实用的技巧和策略。

1. 倾听的艺术

倾听的艺术侧重于情感和人际关系的维系。这需要同理心以及关注和理解他人的情感和需求。以下是一些艺术性的倾听技巧。

(1) 保持专注。在对方说话时，保持眼神接触，避免分心，应将手机、平板电脑等设备放置一边，以示尊重。

(2) 表达同理心。通过点头、微笑或简短的回应(如“我明白”“是的”等)来表达你对对方的理解和关注。

(3) 有效反馈。重复或总结对方的主要观点，以确认你听懂了，如“你的意思是……对吗？”

(4) 保持开放态度。不要急于反驳或下结论，给对方充分表达的空间。即使不完全同意，也要尊重对方的观点。

2. 倾听的科学

倾听的科学则关注认知和行为层面的技巧，旨在提高信息的获取和处理效率。以下是一些科学性的倾听技巧。

(1) 主动倾听。不仅要听对方在说什么，还要理解其背后的含义和逻辑。主动倾听包括提问、澄清和验证信息。

(2) 结构化倾听。通过笔记、关键词记录等方法，帮助自己整理和记忆重要信息。结构化倾听记录关键要点如表 7.1 所示。

表 7.1　结构化倾听记录关键要点

时间	说话者	主要观点	需要跟进的事项
10：00—10：15	张××	项目进度报告	确认里程碑完成情况
10：15—10：30	李××	技术难题讨论	研究解决方案，安排测试

(3) 分析与反馈。通过分析对方的信息，给予建设性反馈。这不仅有助于解决问题，还能增进团队成员间的信任，加强合作。

(4) 识别非语言信号。科学研究表明，非语言信号(如肢体语言、面部表情、语调等)在沟通中起着重要作用。理解这些信号有助于更全面地解读对方的意图和情感。

3. 实践案例

在某软件开发项目中，团队成员发现沟通中频繁出现误解和矛盾。经过分析发现，问题的根源在于缺乏有效的倾听。为解决这一问题，团队引入了一系列倾听技巧培训，并在会议中实施结构化记录方法。结果显示，团队成员之间的理解和信任显著提升，项目进展也更加顺利。

总之，倾听的艺术与科学是软件开发中至关重要的技能。通过积极倾听，并结合情感和认知层面的技巧，团队可以实现更高效、更和谐的协作。这不仅有助于项目的成功，还有助于促进团队成员的职业发展和个人成长。

7.2 积极倾听的技巧

积极倾听是一种深度参与的沟通方式，它通过专注、反馈和共情来增强交流效果。本节首先从倾听的五个层次入手，介绍从被动接收信息到深度理解和回应的不同倾听阶段，帮助读者明确倾听的多维度特性。同时，在提高倾听能力的策略中，提供具体的技巧，如运用开放式问题、控制分心、保持眼神交流以及及时复述和确认等，以实现更高效的互动和沟通。在软件开发领域，积极倾听是团队合作和需求分析中的核心技能。本节强调倾听对推动项目成功和构建健康工作环境的重要性，并通过案例展示如何通过有效倾听识别问题、激发创新。倾听不仅是一种沟通技巧，更是一种尊重和包容的态度，能够促进多元化团队的协作，推动个人和集体的共同进步。

7.2.1 倾听的五个层次

在软件开发中，倾听是有效沟通的关键。倾听不仅是听对方说的话，更要理解对方的意图、情感和需求。本节将探讨倾听的五个层次，帮助软件开发团队提升沟通效果和工作效率。

1. 表面层次听觉

表面层次听觉是指简单地接收和理解对方所说的字面意思。这一层次的倾听者主要关注词汇和语法，努力理解对方表达的具体内容。在软件开发项目中，这意味着理解技术细节、功能需求和工作指示。表 7.2 是表面层次听觉的特点和技巧。

表 7.2　表面层次听觉的特点和技巧

特点	技巧
理解字面意思	专注于对方的话语，确保准确理解每个词汇和句子
注重结构和语法	注意句子结构和语法，确保理解不产生歧义或误解
提问澄清疑问	如果有疑问或不清楚的地方，及时提出问题以澄清意思

2. 表达层次理解

表达层次理解是指理解对方所表达的意图和目的。这一层次的倾听者不仅关注字面意思，还努力理解对方为什么会这样说，其背后的动机和目标是什么。在软件开发项目中，这意味着理解用户需求背后的业务目标和技术要求。表 7.3 是表达层次理解的特点和技巧。

表 7.3　表达层次理解的特点和技巧

特点	技巧
理解意图和目的	分析对方话语背后的动机和目标，推断其真正意图
注意上下文和背景	关注对方所处的环境和背景，帮助理解其表达的更深层含义
主动确认理解	使用回放或总结方式确认自己是否正确理解了对方意图和目的

3. 情感层次感知

情感层次感知是指感知和理解对方在表达时的情感状态和情绪。这一层次的倾听者不仅注意对方的语言，还关注其语气、表情和身体语言等非语言信号，从而更全面地理解对方的沟通意图。在软件开发项目中，这意味着理解用户对系统功能和解决方案的期望、担忧或兴奋情绪。表 7.4 是情感层次感知的特点和技巧。

表 7.4　情感层次感知的特点和技巧

特点	技巧
分析情感表达方式	观察和分析对方的语气、表情和姿势，理解其情感表达方式
理解情感背景	关注对方可能隐藏的情感背景和动机，帮助理解其表达的真实含义
表达同理心和共鸣	主动展示理解和关心，表达对对方情感状态的共鸣和支持

4. 意图层次推测

意图层次推测是指推测和预测对方未明言的意图和期望。这一层次的倾听者通过深入理解对方的表达和情感，进一步推测对方想要达成的最终目标和未来行动。在软件开发项目中，这意味着理解用户所提出的功能需求背后更深层次的目标和业务价值。表 7.5 是意图层次推测的特点和技巧。

表 7.5　意图层次推测的特点和技巧

特点	技巧
推测未明言的意图和期望	结合对方的言辞、情感和背景信息，推测其未明言的意图和期望
提出建议和解决方案	根据推测的意图和期望，主动提出符合对方真实需求的建议和解决方案
确认推测的准确性	通过反馈和确认，确保自己对对方意图的推测是准确和有效的

5. 后果层次评估

后果层次评估是指评估和预测对方表达行动可能带来的后果和影响。这一层次的倾听者不仅关注当前的需求和意图，还能够理解其潜在的长远影响和系统性后果。在软件开发项目中，这意味着理解新功能或变更对整体系统和用户体验可能产生的影响。表 7.6 是后果层次评估的特点和技巧。

表 7.6　后果层次评估的特点和技巧

特点	技巧
分析行动可能带来的后果	考虑和评估对方表达的行动可能产生的各种直接和间接后果
提供全面的反馈和建议	根据评估的后果，提供全面和综合的反馈，包括建议和潜在改进方案
长期关注和跟进	持续关注和跟进实施行动后的效果，及时调整和优化工作和沟通策略

掌握以上五个层次的倾听技巧，软件开发团队可以有效提升沟通和工作效率。从简单的表面理解到深入的意图推测和后果评估，倾听者能够更全面地理解对方的需求和期望，从而更有效地协作和达成项目目标。在实际工作中，团队应该结合具体情境和对方特定需求，灵活应用这些技巧，以提升团队整体的沟通和执行能力。

7.2.2　提高倾听能力的策略

在软件开发中，倾听是有效沟通和团队协作的关键。提高倾听能力不仅能够帮助团队更好地理解需求和解决问题，还能够增强团队之间的合作和信任。本节将探讨几种提高倾听能力的策略和技巧，帮助软件开发人员在工作中更有效地应用倾听技巧。

1. 策略和技巧

表 7.7 是几种有效提高倾听能力的策略和技巧，可以帮助软件开发人员提升倾听能力。

表 7.7　提高倾听能力的策略和技巧

策略和技巧	描述
主动倾听	主动倾听意味着积极关注和理解对方的言辞与情感表达，而不是简单地听。这包括注意对方的语言和非语言信号，如语气、表情和姿势
建立互信关系	在倾听过程中建立互信关系是至关重要的。团队成员应展示诚实和尊重，以营造开放和坦率的沟通氛围

(续表)

策略和技巧	描述
使用积极反馈	给予积极的反馈可以增强对方的表达意愿和信心，促进更深层次的沟通和理解
练习专注	专注于倾听意味着避免分心和干扰，全神贯注地听取对方的观点和需求。这可以通过减少环境干扰、练习冥想或深度思考来实现
提问澄清	在倾听过程中，及时提出问题以澄清对方的意图和表达。这有助于避免误解和假设，确保双方对话的准确性和有效性

2. 应用示例

以下是一个示例，说明如何应用上述策略和技巧来提高倾听能力。

场景：团队成员在讨论用户需求时出现了理解上的差异。

策略和技巧的应用。

(1) 主动倾听。成员 A 注意到成员 B 在表达中有些不确定，主动询问其具体原因，并注意其语气和表情的变化。

(2) 建立互信关系。成员 B 感到被理解和尊重，因此更愿意详细解释其需求和背景，从而帮助成员 A 解决理解上的歧义。

(3) 使用积极反馈。成员 A 给予成员 B 积极的反馈，确认理解了成员 B 的需求，并提出建议，以更好地满足用户期望。

(4) 练习专注。成员 A 在对话过程中集中注意力，避免被其他项目或事务干扰，确保全情投入到对话中。

(5) 提问澄清。成员 A 及时提出问题，澄清了成员 B 的需求细节和优先级，避免了后续工作中的混淆和错误。

通过以上策略和技巧，软件开发人员可以显著提升倾听能力，从而更好地理解用户需求、减少沟通误解，并促进团队合作和项目成功。倾听不仅仅是一种技能，更是建立有效沟通基础的关键步骤，对于软件开发团队来说尤为重要。在实际工作中，团队应积极应用这些策略，并根据具体情境调整和优化倾听技能，以提升整体工作效率和项目质量。

7.3 倾听在冲突解决中的应用

在软件开发团队中，冲突的发生不可避免，而有效的冲突管理是团队高效运作的重要保障。在解决冲突的过程中，倾听发挥着关键作用。通过积极倾听，团队成员能够准确识别冲突的根源、理解各方观点，并在尊重与理解的基础上，找到解决方案。倾听不仅是信息的获取，更是一种情感的传递，它能够缓解紧张情绪，促进相互信任，从而推动冲突朝积极方向转化。倾听在冲突识别中的作用体现在以下方面：通过倾听不同成员的叙述，厘清事实，排除误解，抓住问题的本质；通过倾听非语言表达，如语调和肢体语言，洞察对方隐藏的情感和需求；进一步地，通过倾听来促进冲突解决，如团队能够在充分了解各方立场后，创造一个包容的讨论环境，以找到满足各方需求的解决路径。倾听使沟通更具同理心，为构建和谐团队奠定了基础。本节融入党的二十大精神，强调“发展全过程人民民主，增进社会和谐”。在团队冲突管理中，倾听体现民主协商精神，鼓励每个团队成员表达意见，找到利益的最大公约数。同时，课程思政融入团队合作意识的培养，教育团队成员在冲突中保持理性与包容，将个人诉求与团队目标相结合，为团队的和谐发展贡献力量。这种沟通方式不仅有助于解决当前的冲突，而且为塑造未来更具凝聚力的团队文化提供了实践路径。

7.3.1 通过倾听识别冲突

在软件开发项目中，冲突可能会因为团队成员不同的观点、需求或沟通不畅而产生。倾听在冲突识别和解决中扮演着关键角色，帮助团队及时发现潜在的冲突因素，并有效地加以解决。本节将探讨倾听在冲突识别中的作用及实际应用。

1. 倾听在冲突识别中的作用

倾听作为一种有效的沟通技能，不仅有助于理解和表达，还能在冲突识别中发挥重要作用。

(1) 感知情感和隐含信息。倾听者通过有效的倾听，能够感知并理解他人的情感状态和表达背后隐含的信息。在团队沟通中，团队成员常常会通过语气、表情和非语言信号暗示他们真正的想法和感受。通过倾听这些隐含信息，团队可以更早地发现潜在的冲突迹象。

(2) 识别观点和需求差异。倾听有助于识别团队成员之间的观点和需求差异。不同的背景、经验和角度可能导致对问题的不同看法，进而引发潜在的冲突。通过仔细倾听并理解每个团队成员的立场和期望，团队可以及时调整沟通和协作策略，避免冲突的进一步升级。

(3) 减少误解和偏见。有效的倾听有助于减少误解和偏见的产生。在沟通过程中，信息的传递和接收往往存在差异，可能导致信息失真和误解。通过倾听并确认理解，可以及时纠正错误的理解，避免因误解而产生的冲突。

(4) 建立信任和共鸣。倾听是建立信任和共鸣的桥梁。真诚地倾听，可以让团队成员感受到自己的意见或建议被重视和理解，从而增强团队的凝聚力和合作精神。在冲突出现时，建立在良好倾听基础上的信任关系可以促进冲突的有效解决和团队的成长。

2. 倾听在冲突识别中的应用示例

在软件开发项目中，倾听不仅仅是听取对方说的话，更是一种深入理解和感知的过程。感知情感和隐含信息是指通过观察语气、语速、肢体语言等非语言线索，捕捉对方情感状态和潜在的情绪需求。例如，当团队成员在讨论某个技术难题时语气显得急促或情绪化，这可能表明他对当前进度感到焦虑或困惑，而不仅仅是对技术细节的争论。通过倾听这种情感和隐含信息，能够更好地理解对方的真实需求，进而为后续的沟通和冲突化解奠定基础。识别观点和需求差异是通过倾听彼此的意见，了解团队成员对问题的不同看法和需求实现的。例如，在讨论功能实现时，团队成员 A 侧重于功能的快速交付，而团队成员 B 则更关注代码的长期可维护性。通过倾听，团队可以发现这些差异，并找到平衡点，从而达成一致意见。减少误解和偏见是通过确保每个团队成员的意见都得到充分理解和尊重，避免错误的假设和先入为主的偏见实现的。

例如，在讨论技术方案时，避免以“我认为这是最好的方案”来简单下结论，而应通过倾听他人的观点，发现可能被忽略的细节和潜在的更好的解决方案。另外，建立信任和共鸣，可以增强团队成员之间的信任感。通过表达理解和支持，倾听者能促进团队成员之间的信任，减少冲突并增强团队的凝聚力。这些倾听策略不仅能帮助团队成员及时发现潜在冲突，还能推动团队朝着共同目标迈进。

以下是一个实际示例，说明如何通过倾听在软件开发项目中识别和处理潜在冲突。

场景：开发团队在讨论新功能的实施方式时出现了意见分歧。

应用倾听的策略如表 7.8 所示。

表 7.8　应用倾听的策略

策略	描述
感知情感和隐含信息	成员 A 通过观察成员 B 的语气和表情感知到其对现有方案的不满情绪
识别观点和需求差异	成员 A 倾听并理解成员 B 提出的技术实现方案的关键差异和优劣势
减少误解和偏见	通过及时的反馈和澄清，成员 A 避免了因误解成员 B 观点而导致的进一步冲突
建立信任和共鸣	成员 A 通过真诚倾听并积极响应成员 B 的需求，建立起了团队内部的信任和共鸣

倾听在软件开发项目中扮演着不可替代的角色，特别是在识别和解决冲突中。通过倾听，团队能够更快速地察觉到潜在的冲突因素，理解每个团队成员的观点和需求，从而有效地促进团队协作和项目进展。在实际工作中，软件开发人员应当积极应用倾听技巧，并结合具体情境和团队特点，灵活调整和优化沟通策略，以提升团队整体的沟通效率和工作质量。

7.3.2　通过倾听促进冲突解决

在软件开发项目中，冲突是常见的现象，可能由需求变更、技术选择、沟通不畅或资源分配等问题引起。倾听作为一种重要的沟通技巧，对于解决这些冲突起着关键作用。本节将探讨如何通过倾听来促进冲突的有效解决，并提供相关的实用技巧和方法。

1. 倾听在冲突解决中的作用

倾听在冲突解决中的重要作用体现在以下几个方面。

(1) 理解问题根源。倾听帮助各方更深入地理解冲突的本质和各方的关切点。通过仔细倾听，可以识别出冲突背后的真正问题，而不仅仅是表面上的分歧。

(2) 促进信息共享。有效的倾听可以帮助各方更好地分享信息和观点，从而使得所有人对问题有更全面的理解。这有助于避免信息不对称而引发的冲突。

(3) 改善沟通氛围。倾听不仅仅是听取言辞，更是关注和理解对方的情感和意图。倾听可以改善沟通的氛围，减少紧张和敌对情绪，为解决冲突创造积极的条件。

2. 通过倾听促进冲突解决的实用技巧

通过倾听有效地促进冲突解决的实用技巧如下。

(1) 积极倾听。保持开放的姿态，真诚地倾听对方的观点和意见；先理解对方的立场和感受，避免急于表达自己的观点。

(2) 提问和澄清。通过提问来澄清对方的意图和诉求，确保自己理解正确。这有助于避免误解和偏见，从而更有效地解决问题。

(3) 表达同理心。表达对对方情感和观点的理解和尊重。这有助于缓解对方紧张情绪，使双方建立信任，并提高合作的可能性。

(4) 寻求共同利益。通过倾听和理解对方的核心关注点和利益，寻找共同的目标和解决方案。这有助于在冲突中找到双赢的解决方案。

3. 冲突解决的关键步骤

冲突解决的关键步骤如表 7.9 所示。

表 7.9 冲突解决的关键步骤

步骤	描述
确认冲突	定义冲突的具体性质和涉及的各方利益
倾听	听取各方的观点、意见和感受，理解各方的立场和关注点
提问澄清	通过提问来澄清对方的意图和诉求，确保双方对问题的理解一致
共同探索	寻找共同的利益点和解决方案，避免陷入单方面的立场和对立态度
达成协议	就解决方案达成一致意见，并明确后续行动步骤和责任分配

掌握以上技巧和方法，团队可以更加有效地利用倾听来解决冲突，改善工作氛围，并推动软件开发项目的顺利进行。

7.4 倾听技巧实践案例

倾听技巧的运用不仅提升了沟通效率，还为解决团队内部问题和满足外部需求提供了重要支持。本节通过真实案例分析，展示了积极倾听在团队合作和客户沟通中的实际应用，帮助读者更直观地理解倾听在软件开发场景中的价值。案例“通过积极倾听解决团队内部冲突”聚焦团队内部冲突，通过积极倾听化解误解、缓解紧张气氛，为团队成员提供表达和被理解的空间。案例“倾听在客户需求收集中的关键作用”则侧重于客户需求的收集，展示如何通过倾听获取更准确、完整的需求信息，为项目的成功奠定基础。这些实践案例表明，倾听不仅是一项沟通技巧，更是一种建立信任、增强合作的能力。它促进了团队的和谐运作，同时提升了开发过程中需求分析和问题解决的质量。通过学习这些案例，读者能够深刻认识到倾听的重要性，并将其转化为日常实践中的具体行动，助力个人与团队的共同成长。

7.4.1 通过积极倾听解决团队内部冲突

在软件开发过程中，团队内部冲突不可避免。积极倾听是解决这些冲突的有效策略之一。以下是一个实际案例，展示了积极倾听在解决团队内部冲突中的重要作用。

1. 案例背景

某软件开发公司正在进行一项关键项目，团队成员包括开发人员、测试人员和产品经理。由于对项目需求和优先级的理解不同，团队内部产生了严重的冲突，项目进度受阻。

2. 冲突表现

团队内部冲突主要表现如表 7.10 所示。

表 7.10 团队内部冲突主要表现

冲突类型	描述
需求理解差异	产品经理与开发人员对需求的理解不同，导致开发方向不一致
工作优先级冲突	开发人员与测试人员对任务的优先级存在争议，影响整体工作流程
沟通不畅	团队成员之间沟通不畅，误解和不信任增加，合作效率下降

3. 积极倾听策略

为了缓解冲突，项目经理决定采用积极倾听策略，具体步骤如表 7.11 所示。

表 7.11 积极倾听策略

步骤	描述
安排一对一会议	项目经理与每个团队成员进行一对一会议，倾听他们的意见和感受，了解产生冲突的根本原因
组织团队讨论	项目经理安排全体会议，鼓励每个团队成员分享自己的观点和建议，并确保每个团队成员的意见和建议都能被听到
总结和反馈	项目经理总结每个团队成员的意见和建议，进行反馈，并制订解决方案
跟进和调整	项目经理定期跟进解决方案的实施情况，及时调整策略，确保团队的持续沟通和合作

4. 实施效果

通过实施积极倾听策略，团队内部冲突得到了有效解决，项目进展顺利，实施效果如表 7.12 所示。

表 7.12 积极倾听策略实施效果

实施效果	描述
冲突缓解	通过倾听和理解，团队成员之间的误解和不信任逐渐减少，冲突得到缓解
沟通改善	一对一会议和团队讨论提高了沟通的透明度和效率，成员之间的信任和合作增强

(续表)

成果类型	描述
需求统一	通过共同讨论和总结，团队达成了对项目需求和优先级的一致理解，确保了开发方向的一致性
项目推进	冲突解决后，项目进展顺利，按时完成了关键里程碑

5. 经验总结

该案例展示了积极倾听在解决团队内部冲突中的重要性，通过总结经验教训，团队可以持续优化沟通策略，确保未来项目的成功，如表 7.13 所示。

表 7.13　经验总结

经验总结	描述
倾听的重要性	积极倾听有助于理解团队成员的真实想法和感受，找到发生冲突的根本原因
透明沟通	定期的一对一会议和团队讨论能够提高沟通的透明度，增强团队成员之间的信任和合作
需求管理	通过倾听和讨论，团队成员可以达成对需求和优先级的一致理解，确保项目的一致性和连贯性
持续跟进	定期跟进和调整解决方案，确保团队的持续沟通和合作，有助于项目的顺利推进

通过这些成功经验，其他软件开发团队可以借鉴和应用积极倾听策略，解决内部冲突，提升团队合作效率，确保项目的顺利进行。

7.4.2　倾听在客户需求收集中的关键作用

在软件开发过程中，准确理解和收集客户需求是项目成功的关键因素之一。本案例将详细描述倾听在客户需求收集中的关键作用，以及如何通过倾听技巧有效地获取和理解客户需求。

1. 案例背景

某软件开发公司正在与一个新客户合作，开发一个定制软件解决方案项目。在项目启动初期，团队面临了收集和理解客户需求的挑战。客户各部门之间存在不同的需求和优先级，而且有时候客户表达的需求可能存在模糊或矛盾之处。

2. 解决过程与技巧

为了有效地收集和理解客户需求，团队采取了以下倾听的关键技巧和策略。

(1) 设立倾听会议。团队安排了多次会议，专门用于倾听客户各部门代表的需求。会议旨在深入了解每个部门的需求、优先级和具体期望。

(2) 积极倾听并记录。在会议中，团队成员积极倾听客户代表的意见和建议，并详细记录每个部门的需求和特殊要求。记录包括关键信息、优先级以及可能的疑问和不明确之处。

(3) 提问和澄清。为了确保对客户需求的准确理解，团队成员经常使用提问技巧，澄清模糊或矛盾的信息。他们提出具体问题，以便客户能够更清晰地表达他们的期望和需求。

(4) 表达同理心和确认。团队成员在倾听过程中表达对客户需求的理解和尊重，同时确认每个部门的需求和优先级。这有助于建立信任关系，并确保团队和客户在需求收集方面的一致性。

3. 案例分析与效果

通过以上倾听技巧和策略的运用，团队实现了以下关键效果，如表 7.14 所示。

表 7.14　关键效果

关键效果	描述
改善了需求理解和准确性	通过积极倾听和记录，团队成功地捕捉到客户不同部门的详细需求和优先级
提高了客户满意度和信任	客户感受到团队的真诚倾听和对需求的尊重，提高了对项目成功的信心和期望
优化了软件开发的方向和优先级设置	借助清晰的需求收集，团队能够更有效地制定开发策略和优先级，确保项目成功交付

通过本案例的实施，团队不仅成功应对了客户需求收集中的挑战，还建立了良好的沟通基础和合作关系，为后续开发工作奠定了坚实的基础。

7.5 本章小结

本章详细探讨了倾听在沟通中的核心作用及应用，阐述了倾听的重要性，明确了其在有效沟通中不可替代的地位。倾听不仅是沟通的基础，还是解决问题和建立合作关系的重要工具。倾听的艺术与科学部分进一步揭示了倾听技巧的复杂性和专业性，强调了倾听能力对沟通质量的影响。

积极倾听的技巧部分介绍了倾听的五个层次：从基本的听取信息到深入理解和回应对方的感受。通过这些层次的分解，读者可以更好地理解倾听的过程和技巧。同时，本部分提供了提升倾听能力的策略，帮助读者在实际沟通中更有效地应用这些技巧。

倾听在冲突解决中的应用部分重点讨论了倾听如何在冲突识别和冲突解决中发挥作用。倾听能够帮助识别冲突的根源，并通过充分了解各方观点和需求，促进冲突的解决。这一部分展示了倾听在冲突管理中的实际价值和操作方式。

本章最后通过实际案例，展示了倾听技巧在解决团队内部冲突和客户需求收集中的成功应用。这些案例不仅验证了倾听技巧的有效性，还提供了实际操作的经验和启示。本章提供了系统的倾听技巧，强调了倾听在提升沟通效果、解决冲突和满足需求中的关键作用。掌握这些倾听技巧将有助于提高沟通的全面性和有效性，为个人和团队带来显著的沟通改善。在党的二十大精神的指导下，本章强调了倾听作为一种关键的沟通能力，其作用不限于提升工作效率和项目管理，更在于促进团队合作精神和社会责任感的形成。在全面建设社会主义现代化国家的过程中，技术人才不仅要具备扎实的专业能力，还要具备良好的沟通与协调能力，尤其是在多元文化和多样化需求的环境中。课程思政强调，培养倾听与沟通能力，能够帮助团队实现更高效的合作与更完善的产品开发，最终为社会创造更大价值。

通过本章的学习，我们意识到，倾听不仅是个人能力的体现，更是促进集体智慧汇聚和创新发展的重要途径。软件开发的成功，不仅仅取决于技术的创新，更依赖于团队成员之间的有效沟通和深度理解。在未来的工作中，我们需要不断提升倾听的技巧，强化团队协作，以共同推动技术进步与社会发展。

7.6 本章习题

一、单项选择题

1. 以下哪项不属于积极倾听的技巧？(　　)

A. 给予反馈　　B. 避免打断对方
C. 表现出兴趣　　D. 立即提供解决方案

2. 在解决冲突时，倾听的作用主要是什么？(　　)

A. 了解冲突双方的观点　　B. 迅速提出解决方案
C. 加强自己的立场　　D. 直接忽略对方的意见

3. 提高倾听能力的有效策略是什么？(　　)

A. 专注于对方说话的内容　　B. 在对方讲话时思考自己的回应
C. 经常打断对方以明确问题　　D. 完全依赖书面沟通

4. 在收集客户需求的过程中，倾听技巧的主要作用是什么？(　　)

A. 迅速记录客户的要求　　B. 确保对客户需求的准确理解
C. 提供标准化的产品方案　　D. 强调技术细节

5. 积极倾听的一个主要好处是什么？(　　)

A. 增强团队成员之间的信任　　B. 减少沟通的频率
C. 简化沟通流程　　D. 避免团队冲突

二、判断题

1. 倾听只是听到对方说话，并不需要理解对方话中的真正含义。(　　)
2. 积极倾听包括给予对方适当的反馈，以确保理解准确。(　　)
3. 倾听技巧对于解决团队内部冲突没有实质性作用。(　　)
4. 倾听的艺术和科学可以帮助改善客户关系和需求分析。(　　)
5. 倾听可以有效提升沟通效率和团队合作。(　　)

三、简答题

1. 简述倾听在沟通中的重要作用。
2. 解释积极倾听的五个层次，并说明每一层次的特点。
3. 如何通过倾听来有效解决冲突？
4. 简述倾听技巧在客户需求收集中的应用，并给出具体例子。
5. 简述提高倾听能力的策略，并解释其有效性。

第8章

跨文化沟通

在全球化的软件开发环境中，跨文化沟通成为团队协作和项目成功的重要因素。随着项目团队的国际化和文化背景的多样化，有效地进行跨文化沟通已成为项目经理和团队成员必须面对的挑战。本章将深入探讨跨文化沟通的挑战与机遇，揭示文化差异对沟通的影响，以及如何通过文化敏感性和适应性策略来克服这些障碍。本章通过介绍跨文化团队管理技巧和成功案例，帮助读者掌握管理多元文化团队的实用方法。案例分析将展示如何在跨国软件开发项目中实现高效协作，以及如何在国际化项目中体现文化适应性。本章结合理论与实践，旨在提升读者的跨文化沟通能力，为全球项目的顺利推进提供有力支持。无论是国际项目的新手还是经验丰富的专业人士，都能从本章获得宝贵的见解和实际指导，从而在多文化环境中实现项目目标。

8.1 跨文化沟通的挑战与机遇

在全球化和数字化迅猛发展的时代，跨文化沟通已成为软件开发团队协作中的重要课题。文化差异既带来了沟通挑战，也提供了创造性解决问题的机遇。本节将探讨文化差异如何影响团队成员的沟通与合作，以及如何有效利用多元文化的优势推动项目创新和团队融合。文化差异可能表现为语言习惯、思维方式和行为准则的不同，这些差异可能导致误解甚至冲突。但同时，文化的多样性也能够为团队注入新思维、新视角，给复杂问题的解决带来更多可能。通过理解和尊重文化差异，团队能够营造出开放、包容的工作氛围，对项目产生积极影响。本节融入党的二十大精神，聚焦如何践行文化自信和多元包容的理念，将中华民族优秀文化与其他文化有机融合，为跨文化沟通提供中国智慧。同时，课程思政将在此得到体现，激励读者在实践中树立全球视野、传递中国声音，以开放的心态迎接挑战，充分发掘多元文化带来的发展机遇，为推动科技合作与文明互鉴贡献力量。

8.1.1 文化差异的影响

在软件开发项目中，跨文化沟通是一个日益重要的议题。文化差异对团队合作和沟通的影响深远而复杂，本节将探讨文化差异对软件开发中沟通的各个方面可能产生的影响，并提供相关分析和实用建议。

1. 文化差异的主要影响

文化差异对软件开发中沟通的影响可以从以下几个方面来理解和分析。

(1) 语言和表达方式。不同文化背景的团队成员可能使用不同的语言和表达方式，这可能导致信息的误解或者难以理解。例如，一些文化倾向于间接表达观点，而另一些文化则更加直接和明确。

(2) 沟通风格。文化背景影响了个体的沟通风格，包括口头表达、非语言沟通和书面沟通。例如，一些文化背景更注重团队内部的层级关系和尊重，而另一些文化背景则更注重开放和平等地交流。

(3) 决策方式。不同文化对决策的态度不同，做决策的方式也有所不同。有些文化更倾向于集体决策和妥协，而另一些文化则更注重个体主义和快速决策。

(4) 时间观念。时间观念在不同文化中可能存在显著的差异，进而影响项目进度的管理和沟通的效率。例如，一些文化更强调准时和计划，而另一些文化则更强调灵活和弹性化。

表 8.1 展示了不同文化在沟通方式和决策风格上的一些典型特征。

表 8.1 文化特征

文化特征	沟通方式	决策风格
高层级文化	间接和委婉的表达方式，尊重层级关系	集体决策，强调团队协作和一致性
低层级文化	直接和明确的表达方式，注重平等和个体表达	个体主义，快速决策，强调效率和成果
高不确定性规避文化	喜欢详细规划和确切表达，对不确定性不太容忍	偏向于保守和谨慎的决策方式，避免风险
低不确定性规避文化	更灵活和开放的表达方式，对不确定性较为包容	更愿意接受风险，更具创新性和灵活性

2. 理解和尊重文化差异

理解和尊重文化差异是有效跨文化沟通的关键。在软件开发项目中，团队应该通过以下方式来处理文化差异。

(1) 教育和培训。为团队成员提供跨文化沟通的教育和培训，增强他们的文化敏感性和理解力。

(2) 灵活性和适应性。在沟通和决策中保持灵活性，尊重和适应不同文化的沟通风格和价值观。

(3) 开放和透明。建立开放和透明的沟通渠道，鼓励团队成员分享和理解彼此的观点和文化背景。

通过有效理解和尊重文化差异，团队可以提升沟通效率，增强合作，最终实现项目的成功和提升客户满意度。

8.1.2 跨文化沟通的机遇

跨文化沟通不仅是挑战，更是软件开发中的重要机遇。本节将探讨跨文化沟通中存在的机遇，以及如何利用这些机遇促进团队合作和项目成功，并提供相关的分析和实用建议。

1. 跨文化沟通的主要机遇

跨文化沟通为软件开发团队带来了以下几个主要机遇。

(1) 创新和多样性。不同文化背景的团队成员具有不同的视角和经验，这种多样性促进了创新。通过融合不同文化的思维方式和解决问题的方法，团队可以开发出更加创新和适应不同市场的软件产品。

(2) 全球市场的开拓。跨文化团队能够更好地理解和满足全球市场的多样化需求。通过深入了解不同地区和文化的用户习惯和偏好，团队可以开发出更具竞争力的产品，并提高其市场份额和影响力。

(3) 提升团队绩效。跨文化团队往往在创新和问题解决上表现出色。融合不同文化背景的团队成员具有更广泛的知识和技能，这有助于提升团队的业绩和效率。

(4) 文化智能的培养。通过跨文化沟通，团队成员可以增强文化智能和全球意识。这种能力不仅有助于个人职业发展，还能够提升团队的整体协作能力和文化敏感性。

2. 有效利用跨文化沟通的机遇

有效利用跨文化沟通的机遇，团队可以在全球化竞争激烈的软件开发领域取得更大的成功。以下是几点建议。

(1) 教育和培训。为团队成员提供跨文化沟通的教育和培训，提升其文化智能和全球意识。

(2) 促进开放和尊重。鼓励团队成员以开放心态尊重和欣赏不同文化背景的观点和贡献。

(3) 建立跨文化团队协作机制。设计有效的团队协作机制，促进跨文化团队的有效沟通和合作。

通过充分利用跨文化沟通的机遇，制定和实施合适的策略来应对挑战，团队可以实现更加稳健和创新的软件开发，达到更高的项目成功率和客户满意度。

8.2 文化敏感性和适应性

在软件开发的跨文化协作中，文化敏感性和适应性是构建高效团队的重要素质。本节将探讨如何通过培养文化敏感性，提升团队成员对不同文化的理解和尊重，并通过制定适应性策略，在多元文化环境中实现有效协作。培养文化敏感性需要团队成员在沟通中学会观察、倾听和包容，理解彼此文化中的核心价值观和行为逻辑，从而避免文化误解造成的冲突。同时，适应性策略强调团队在面对多样性时，通过灵活调整沟通方式和行为模式，建立信任和合作。例如，在与海外客户沟通时，尊重彼此的文化习惯和表达风格，有助于建立长期的合作关系。本节融入党的二十大精神，聚焦弘扬中华文化的包容性传统，同时借鉴全球优秀文化，培养文化敏感性，促进人类命运共同体理念的实践。课程思政内容将引导读者树立文化自信与开放精神，强调尊重差异、平等互信的重要性，鼓励读者在跨文化沟通中践行科技助力文明互鉴的使命，以实际行动展现中国在国际合作中的责任与担当。

8.2.1 培养文化敏感性

在软件开发中，培养文化敏感性是有效跨文化沟通的关键。本部分将探讨如何在团队中培养文化敏感性，以及为什么文化敏感性对项目成功至关重要，并提供相关的分析和实用建议。

1. 文化敏感性的重要性

文化敏感性指的是能够理解和尊重不同文化背景、信仰、价值观和行为习惯的能力。在软件开发团队中，良好的文化敏感性的重要性体现在以下几个方面。

(1) 有效沟通和理解。文化敏感性使团队成员能够更好地理解和解释跨文化沟通中出现的误解或歧义。尊重和适应不同文化的沟通风格和习惯，可以提高沟通的效率和准确性。

(2) 建立信任和合作。尊重和理解不同文化背景的团队成员有助于建立信任和良好的工作关系。文化敏感性促进了团队成员之间的互信和合作，有利于团队协作顺利进行。

(3) 优化决策和解决问题。在跨文化团队中，文化敏感性有助于更全面地考虑不同文化的观点和解决问题的方式。这样可以制定更有效的决策和解决方案，提升项目的成功率和效果。

表 8.2 展示了培养文化敏感性的几种主要方法。

表 8.2　培养文化敏感性的几种主要方法

方法	描述
跨文化培训和教育	提供跨文化沟通和文化智能的培训，帮助团队成员理解不同文化的习惯和价值观
探索和体验不同文化	鼓励团队成员参与文化交流活动或国际项目，亲身体验和理解不同文化背景下的生活和工作方式
开放的沟通和反馈机制	建立开放和透明的沟通渠道，鼓励团队成员分享和接受关于文化差异的反馈和建议
文化智能的评估和提升	使用文化智能评估工具或方法，帮助团队成员识别和提升其文化敏感性水平

2. 有效培养文化敏感性的建议

为了在软件开发项目中有效培养文化敏感性，团队可以采取以下几点建议。

(1) 持续的教育和培训。定期为团队成员提供跨文化沟通和文化智能的培训，增强团队成员的文化敏感性和全球意识。

(2) 促进开放和尊重。鼓励团队成员以开放心态尊重和欣赏不同文化背景的观点和贡献。

(3) 建立有效的沟通机制。设计和实施开放和透明的沟通渠道，鼓励团队成员分享和理解彼此的文化背景和沟通风格。

通过有效培养文化敏感性，团队能够更好地应对跨文化沟通的挑战，提升团队的协作效率和项目的成功率，从而实现更加稳健和创新的软件开发。

8.2.2 适应不同文化环境的策略

在软件开发项目中，适应不同文化环境是跨文化沟通成功的关键，因为项目通常涉及来自全球各地的团队成员，这些成员可能有着不同的文化背景、价值观、工作习惯和沟通方式。文化差异如果没有得到有效理解和管理，可能会导致误解、冲突和沟通障碍，进而影响项目的进度和质量。例如，某些文化高度重视团队合作和集体决策，而有些文化可能更注重个人的独立性和决策权。在这样的多元文化环境中，能否有效适应和沟通，成为项目成功与否的决定性因素。本节将探讨几种策略和方法，帮助团队成员适应和应对不同文化环境的挑战，以及通过这些策略促进项目的成功和团队的协作。

1. 主要策略和方法

在面对跨文化团队的挑战时，以下两个策略尤为重要。

(1) 文化智能的提升。文化智能是指理解和适应不同文化背景的能力。提升团队成员的文化智能，可以有效地减少文化冲突和误解，增强团队的合作力和创造力。表 8.3 是提升文化智能的具体策略。

表 8.3 提升文化智能的具体策略

策略	描述
跨文化教育和培训	提供针对不同文化背景的培训课程，帮助团队成员理解其他文化的价值观、信仰和行为习惯。这种培训通常涵盖文化差异的认知和跨文化沟通技巧的实践
跨文化经验分享	鼓励团队成员分享他们在跨文化工作中的经验和挑战。通过分享个人经历，团队可以共同学习如何应对不同文化环境中的挑战

(2) 灵活和开放的沟通。在跨文化团队中，采用灵活和开放的沟通方式是确保信息流畅和有效的关键。团队成员需要尊重并适应不同文化背景成员的沟通风格和习惯，避免使用可能引起误解或冒犯的语言和表达方式。表 8.4 是促进灵活沟通的策略。

表 8.4 促进灵活沟通的策略

策略	描述
尊重和理解差异	鼓励团队成员尊重和理解不同文化背景的沟通风格与习惯。通过提高团队成员对文化差异的敏感性，团队可以避免因沟通误解而产生的冲突和问题
建立开放的沟通渠道	设计和实施开放和透明的沟通机制，使团队成员能够自由地分享想法、意见和问题。这种沟通渠道能够跨越语言和文化的障碍，促进团队的信息共享和协作

2. 策略的实施与建议

为了有效应对不同文化环境带来的挑战，团队可以采取以下几点建议。

(1) 持续的文化智能培训。定期组织跨文化培训和教育，帮助团队成员提升对文化差异的理解和应对能力。

(2) 建立文化智能评估机制。使用文化智能评估工具或方法，评估团队成员的文化智能水平，并针对性地提供个性化的发展建议。

(3) 营造开放和尊重的工作氛围。鼓励团队成员在工作中开放心态，尊重和欣赏不同文化背景成员的观点和贡献。

通过以上策略和实施建议，软件开发团队可以更有效地应对不同文化环境的挑战，促进团队的协作和项目的成功。这些策略不仅有助于减少文化冲突和沟通障碍，还能够利用文化多样性带来的创新和竞争优势。

8.3 跨文化团队管理

在软件开发的全球化浪潮中，组建跨文化团队已成为常态。如何有效管理多元文化团队并充分发挥其潜力，是团队领导者和团队成员共同面临的重要课题。本节将从管理多元文化团队的技巧和团队建设两方面，探讨跨文化团队的管理策略。管理多元文化团队的技巧需要关注文化差异带来的挑战，包括沟通方式、决策习惯、工作风格等方面的差异。培养包容性领导力、灵活的沟通方式以及有效的冲突管理方法，能够在团队中建立互信、增强协作。同时，跨文化团队建设强调通过共享目标的设定和文化交流的促进，将多元背景转化为创新驱动的资源优势，形成高效的协同效应。本节融入党的二十大精神，结合人类命运共同体理念，强调跨文化团队管理中的平等合作与共同发展，倡导通过多元文化交流推动技术进步和社会福祉改善。课程思政内容将引导读者增强文化自信，学会尊重文化多样性，以开放心态吸纳国际先进经验，践行中华民族“天下大同”的思想。跨文化团队的合作实践既推动了项目成功，也为实现全球和平与发展的共同目标贡献了力量。

8.3.1 管理多元文化团队的技巧

在软件开发项目中，有效管理多元文化团队是确保项目成功的关键之一。本节将探讨几种管理多元文化团队的技巧和策略，帮助团队领导者和团队成员在跨文化环境中实现有效沟通和协作。

1. 关键技巧和策略

以下是两个管理多元文化团队的关键技巧和策略。

(1) 建立共享的愿景和目标。在多元文化团队中，建立共享的愿景和目标是确保团队成员共同努力的关键。团队领导者应该确保所有成员对项目的整体目标和期望有清晰的理解和共识。表 8.5 是建立共享愿景和目标的具体策略。

表 8.5　建立共享愿景和目标的具体策略

策略	描述
共同制定和沟通项目目标	确保团队成员参与到制定项目目标和里程碑的过程中，并通过透明和一致的沟通方式，确保所有成员理解和支持这些目标
强调团队的共同价值观	强调团队的核心价值观和文化共享点，帮助团队成员在跨文化环境中建立共同的工作价值观和行为准则

(2) 促进开放和尊重的沟通。在多元文化团队中，开放和尊重的沟通是解决文化差异和冲突的关键。团队领导者需要创建一个安全和包容的工作环境，鼓励成员分享想法和解决问题的方式。表 8.6 是促进开放沟通的具体策略。

表 8.6　促进开放沟通的具体策略

策略	描述
建立有效的沟通渠道	设计和实施开放和透明的沟通渠道，包括定期团队会议、远程工作工具和在线协作平台，以便团队成员能够自由分享信息和想法
培养积极的反馈文化	鼓励团队成员提供积极和建设性的反馈，帮助他们在跨文化沟通中不断改进和调整自己的沟通风格和策略

2. 管理多元文化团队的实施建议

为了有效管理多元文化团队，团队领导者应考虑以下几点实施建议。

(1) 跨文化培训和教育。提供定期的跨文化培训和教育，帮助团队成员理解和尊重不同文化，提升他们的文化智能和适应能力。

(2) 增强团队凝聚力和协作精神。通过团队建设活动和社交事件，促进团队成员之间的相互了解和信任，增强团队的凝聚力和协作精神。

(3) 持续改进和反馈机制。定期评估团队的跨文化沟通效果，建立反馈机制，并及时调整沟通策略，以提高团队的整体效能和项目的成功率。

通过以上策略和实施建议，团队能够更好地应对多元文化团队中可能出现的挑战，实现更加高效的软件开发。这些技巧不仅能够提升团队的工作效率，还能够促进文化多样性的积极影响，为项目的成功奠定坚实的基础。

8.3.2　跨文化团队建设

在软件开发项目中，跨文化团队的建设是确保团队成员有效协作和项目成功的关键之一。因为现代软件开发往往涉及多个国家和地区的团队成员，这些团队成员具有不同的文化背景，各自拥有独特的价值观、沟通方式、工作习惯和思维方式。如果不加以有效管理，这些文化差异可能导致误解、冲突，甚至影响团队的整体效率和项目的进展。因此，建立一支高效的跨文化团队，能够确保团队成员之间的协作顺畅，进而提高项目的成功率。本部分将探讨几种跨文化团队建设的技巧和策略，帮助团队领导者和成员在多样化文化背景下建立强大的团队合作。

1. 关键技巧和策略

以下是两个关键的跨文化团队建设技巧和策略。

(1) 建立共享的团队身份和归属感。在跨文化团队中，建立共享的团队身份和归属感是增强团队凝聚力、加强合作的重要因素。团队成员不仅是其文化背景的代表，而且是团队的一部分。表 8.7 是建立共享团队身份和归属感的具体策略。

表 8.7　建立共享团队身份和归属感的具体策略

策略	描述
设立共同的团队目标	确保团队成员对项目的整体目标和愿景有清晰的理解和共识。通过共同制定和沟通项目目标，形成团队在成就和责任感上的一致性
促进团队成员之间的理解与尊重	鼓励团队成员分享个人文化背景和价值观念，增强彼此之间的理解和尊重。通过开放和包容的沟通氛围，减少文化差异带来的误解和摩擦

(2) 跨文化沟通和协作技能的培养。在跨文化团队中，有效的沟通和协作技能对于成功完成项目至关重要。团队成员需要学习和掌握跨文化沟通的技巧，以有效地交流和解决问题。表 8.8 是促进跨文化沟通和协作的具体策略。

表 8.8　促进跨文化沟通和协作的具体策略

策略	描述
提供跨文化培训和教育	定期组织跨文化沟通和文化意识培训，帮助团队成员理解和尊重不同文化背景的差异。通过角色扮演和案例分析等活动，增强团队成员的跨文化沟通技能
建立跨文化合作的框架	设计和实施跨文化合作的流程和工具，如远程工作平台和多语言支持系统，以促进团队成员之间的有效沟通和信息共享

2. 跨文化团队建设的实施建议

为了有效建设和管理跨文化团队，团队领导者可以考虑以下几点实施建议。

(1) 持续的文化敏感性培训。定期组织和参与跨文化培训和教育活动，帮助团队成员增强对文化差异的认识和理解，提升文化智能水平。

(2) 促进团队的社会联系。通过团队建设活动和文化交流活动，促进团队成员之间的社会联系和互信，增强团队的凝聚力和协作精神。

(3) 建立有效的沟通和反馈机制。设计和实施有效的沟通渠道和反馈机制，确保团队成员能够自由地分享想法和解决问题，及时调整和改进工作方式。

通过以上策略和实施建议，团队领导者可以更有效地建设和管理跨文化团队，提高团队的协作效率，实现项目的成功。这些策略和实施建议不仅能够提升团队的工作效能，还能够增强团队的文化敏感性和全球竞争力。

8.4 跨文化沟通成功案例

跨文化沟通在软件开发项目中的重要性日益凸显，许多成功案例展示了文化融合对团队协作与项目推进的积极影响。本节通过分析两个典型案例，揭示跨文化沟通如何成为推动国际化合作成功的关键因素。案例“跨国软件开发团队的成功协作”介绍了一个跨国软件开发团队在沟通与协作中的实践经验。该团队的成员具有不同的文化背景，通过灵活的沟通工具、定期文化交流活动以及清晰的目标管理，成功克服了语言与文化障碍，实现了高效协作与项目目标的达成。案例“文化适应性在国际化项目中的体现”则介绍了在国际化项目中，团队通过增强文化适应性、尊重多样化视角，成功制定和执行策略，从而为项目增添创新活力和全球化视野。本节融入党的二十大精神，强调“推动构建人类命运共同体”的理念，展现中华文化在全球合作中的包容性与贡献力。在课程思政方面，本节将引导读者深刻理解跨文化沟通的现实意义，鼓励读者在国际合作中践行平等互信、包容共享的价值观。通过这些案例，启发读者在全球化背景下，树立文化自信，主动学习和适应不同文化的沟通方式，为软件开发行业的国际化发展贡献智慧与力量。

8.4.1 跨国软件开发团队的成功协作

在全球化背景下，跨国软件开发团队的成功协作成为许多企业追求的目标，因为企业不仅需要面对日益复杂的市场需求，还需要应对不同文化、地域、时区等多方面的挑战。随着信息技术的飞速发展和互联网的普及，软件开发已经不再局限于某一地区或国家，跨国协作逐渐成为常态。这种全球化的协作模式使得企业能够汇聚世界各地的技术和人才资源，从而提高创新能力，缩短开发周期，降低成本，并能够迅速响应全球市场的变化。然而，跨国软件开发团队的成功协作并非易事。团队成员具有不同的文化背景，拥有不同的工作习惯、沟通方式、决策风格和价值观，容易产生文化冲突和沟通障碍。这种文化差异可能影响团队成员之间的理解和信任，导致工作效率低下、误解和冲突。因此，跨国软件开发团队的成功协作要求团队具备高度的文化敏感性、良好的沟通技巧以及跨文化管理的能力。要想实现跨国团队的成功协作，企业需要采取一系列跨文化教育和培训等措施。例如，提供跨文化培训，帮助团队成员理解不同文化之间的差异，并建立起尊重多样性的团队文化；通过有效的沟通渠道和协作工具，促进团队成员之间的信息共享和即时沟通；安排跨时区的工作，确保团队成员能够灵活调整工作时间，避免时差问题影响协作进程。此外，跨国软件开发团队的成功协作还需要明确的项目管理标准，通过透明的任务分配和进度跟踪，确保团队成员能够高效协作，实现共同目标。在此基础上，企业可以利用跨国团队的优势，创造出具有全球竞争力的软件产品，并在全球市场上获得成功。

以下是一个成功案例，展示了跨国团队如何克服挑战，实现高效协作。

1. 案例背景

某跨国软件公司负责开发一个复杂的 ERP 系统，团队成员分布在美国、印度和德国。项目的目标是在一年内完成 ERP 系统的开发和测试，并交付全球客户。

2. 挑战及解决方案

项目初期，团队面临的挑战与解决方案如表 8.9 所示。

表 8.9 团队面临的挑战与解决方案

挑战类型	描述	解决方案
语言障碍	团队成员来自不同国家，母语不同，虽然英语作为工作语言，但部分成员英语水平有限	提供英语培训课程，提高成员的语言能力，使成员能够使用简明的语言进行沟通
时区差异	不同国家的时区差异导致实时沟通困难	制定跨时区的工作时间表，安排灵活的会议时间，并使用协同工具(如 Slack 和 Zoom)保持沟通
文化差异	各国成员的文化背景不同，沟通方式和工作习惯差异明显	组织文化差异培训，增进团队成员对不同文化的理解和尊重，创建开放和包容的团队文化
技术协同	不同国家的开发环境和工具可能存在差异，影响项目协同开发	统一开发环境和工具，制定标准化的开发流程，使用版本控制系统(如 Git)进行协作

3. 成功策略

通过一系列有效策略，团队有效应对了上述挑战，实现了高效协作。成功策略如表 8.10 所示。

表 8.10 成功的策略

策略类型	描述
定期沟通	每周举行全体会议，讨论项目进展和问题，确保信息透明和及时传递
明确角色与职责	清晰定义每个团队成员的角色和职责，确保每个团队成员都知道自己的任务和责任
文化融合活动	定期组织跨文化团队建设活动，如虚拟咖啡时间、文化分享会等，增进团队成员之间的了解和信任
技术支持	提供技术培训和支持，确保所有成员熟练使用统一的开发环境和工具

4. 实施效果

通过实施上述策略，跨国团队成功实现了高效协作，项目按时完成并交付。实施效果如表 8.11 所示。

表 8.11 实施效果

成果类型	描述
项目按时交付	通过高效的协作和沟通，项目在预定时间内顺利完成并交付
团队凝聚力提升	文化融合活动和定期沟通增进了团队成员之间的信任和合作，提升了团队凝聚力
技术能力提高	统一的开发环境和工具提高了团队的技术能力和协同效率
客户满意度高	按时交付高质量的 ERP 系统，客户满意度显著提高

5. 经验总结

该案例展示了跨国团队成功协作的关键因素，通过总结经验教训，团队可以持续优化协作方式，确保未来项目的成功。经验总结如表 8.12 所示。

表 8.12　经验总结

经验总结	描述
语言与沟通	提供语言培训和使用简明语言是克服语言障碍的有效方法
时区管理	灵活的工作时间安排和协同工具有助于克服时区差异带来的沟通挑战
文化理解	文化差异培训和团队建设活动可以增进跨文化理解，提升团队凝聚力
技术统一	统一的开发环境和工具以及标准化流程是实现技术协同的基础

其他跨国软件开发团队可以借鉴和应用这些成功经验，提升协作效率和项目成功率。

8.4.2　文化适应性在国际化项目中的体现

在国际化的软件开发项目中，文化适应性对团队协作和项目成功至关重要。

以下是一个实际案例，展示了文化适应性在国际化项目中的重要性及体现。

1. 案例背景

某全球知名软件公司启动了一个国际化项目，目标是为多个国家的用户开发一款多语言支持的移动应用。项目团队成员来自中国、美国和巴西，分别负责不同模块的开发。由于文化差异，团队初期遇到了许多沟通和协作问题。

2. 挑战及解决方案

项目初期，团队面临的主要挑战与解决方案如表 8.13 所示。

表 8.13　团队面临的主要挑战与解决方案

挑战类型	描述	解决方案
文化冲突	团队成员具有不同文化背景，沟通方式和工作习惯差异明显	组织跨文化培训，增强团队成员对不同文化的理解和尊重，倡导开放和包容的团队文化
沟通障碍	不同文化背景的团队成员对沟通的期望不同，直接影响沟通效果	制定明确的沟通规范，使用协同工具(如Slack 和 Zoom)保持实时沟通
决策方式差异	各国文化对决策过程和领导风格的期望不同，影响团队协作效率	实行扁平化管理，鼓励所有成员参与决策过程，尊重多样化的决策方式

3. 文化适应性策略

通过一系列文化适应性策略，团队成功应对了上述挑战，实现了高效协作，如表 8.14 所示。

表 8.14　文化适应性策略

策略类型	描述
跨文化培训	定期进行跨文化培训，增进团队成员对彼此文化的理解
灵活工作安排	根据各国的文化和工作习惯，灵活安排工作时间和任务，尊重不同文化的工作方式
文化交流活动	组织团队建设活动，如文化分享会、虚拟团队午餐等，增强团队成员之间的了解和信任
透明沟通	建立透明的沟通渠道，确保所有成员都能及时获取项目信息，并积极反馈问题和建议

4. 实施效果

通过实施上述策略，团队的文化适应性显著提高，项目进展顺利，实施效果如表 8.15 所示。

表 8.15　实施效果

成果类型	描述
团队凝聚力提升	文化交流活动和透明沟通增强了团队成员之间的信任和合作，提升了团队凝聚力
项目进展顺利	灵活的工作安排和跨文化培训提高了工作效率，使项目按计划顺利推进
创新能力增强	不同文化背景的团队成员带来了多样化的视角和创意，提升了项目的创新能力
客户满意度提高	文化适应性策略确保了产品符合不同国家用户的需求，提高了用户满意度

5. 经验总结

该案例展示了文化适应性在国际化项目中的重要性，通过总结经验，团队可以持续优化文化适应性策略，确保未来项目的成功，如表 8.16 所示。

表 8.16　经验总结

经验总结	描述
文化理解与尊重	跨文化培训和文化交流活动有助于增进团队成员之间的理解和尊重
灵活性与适应性	根据不同文化的需求，灵活地调整工作安排和管理方式，能够提高团队的工作效率和合作效果
透明沟通	透明的沟通渠道和及时的信息反馈是确保团队高效协作的关键
多样化与创新	不同文化背景的团队成员能够带来多样化的视角和创意，提升项目的创新能力和竞争力

其他国际化项目团队可以借鉴这些成功经验，提高文化适应性，确保项目顺利进行并取得成功。

8.5 本章小结

本章全面探讨了在全球化背景下，如何有效进行跨文化沟通。首先，本章分析了跨文化沟通面临的主要挑战和机遇，重点讨论了文化差异如何影响沟通，以及如何利用这些差异带来的机遇促进有效交流与合作。其次，本章提出了培养文化敏感性的必要性，并介绍了适应不同文化环境的策略。通过提升文化敏感性，个体和组织能够更好地理解和尊重不同文化背景成员的沟通习惯，从而在多样化的文化环境中有效地交流和协作。再次，本章详细阐述了管理多元文化团队的技巧，包括如何通过有效的沟通和协调促进团队的协作，以及如何构建具有包容性和凝聚力的跨文化团队。这部分内容为全球化背景下的团队管理提供了实际操作的指南。最后，本章通过两个成功案例分析展示了跨文化沟通的实际应用。第一个案例展示了跨国软件开发团队如何通过有效的跨文化沟通实现成功协作，第二个案例则说明了文化适应性在国际化项目中的关键作用。这些案例不仅提供了理论上的验证，还为读者提供了实际操作的经验和启示。

本章提供了关于跨文化沟通的全面指导，强调了文化敏感性、适应性以及团队管理的重要性。掌握这些技巧和策略，将帮助读者在多样化文化环境中实现更加高效和和谐的沟通与合作。本章内容还融入了党的二十大精神，强调在全球化背景下，团队成员不仅要具备专业技术能力，还要具备跨文化沟通和协作的能力。我们要学习贯彻党的二十大精神，推动建设一个更加包容和富有创新力的全球化世界，强调文化自信和文化交流的重要性。在软件开发领域，培养具有国际视野和文化适应性的技术人才，是推动技术创新和全球合作的重要途径。本章在课程思政方面，引导学生建立正确的文化认同，增强跨文化沟通能力，为更好地适应全球化的技术环境和促进国际化项目的成功做出贡献。在未来的工作中，跨文化沟通将成为软件开发行业中不可忽视的一项重要能力。通过学习和掌握跨文化沟通的技巧，团队可以突破文化边界的限制，创新协作方式，提高项目成功的概率。

8.6 本章习题

一、单项选择题

1. 跨文化沟通中，以下哪个因素对成功沟通最为关键？(　　)

   A. 语言技能　　B. 文化敏感性

   C. 技术能力　　D. 时间管理

2. 在跨文化团队管理中，以下哪项措施有助于提升文化适应性？(　　)

   A. 定期的跨文化培训　　B. 仅依赖单一文化的工作方式

   C. 忽视文化差异的存在　　D. 限制跨文化交流的频率

3. 以下哪种方法有助于克服跨文化沟通中的文化差异？(　　)

   A. 增加文化交流机会　　B. 使用行业术语

   C. 维持传统沟通模式　　D. 固守个人文化习惯

4. 在跨文化沟通中，如何有效应对非语言沟通的差异？(　　)

   A. 忽略非语言沟通的差异　　B. 通过跨文化培训提高对非语言沟通的认识

   C. 仅关注言语沟通　　D. 避免与不同文化背景的人交流

5. 以下哪项不是跨文化沟通成功的策略？(　　)

A. 了解对方文化背景　　B. 使用本国特有的俚语

C. 保持开放和包容的态度　　D. 避免使用文化特定的隐喻和俚语

二、判断题

1. 跨文化沟通只关注语言障碍，而忽视了文化差异的影响。(　　)
2. 文化敏感性在跨文化沟通中并不重要，因为沟通障碍可以通过翻译解决。(　　)
3. 跨文化团队管理中，了解不同文化的价值观和习惯有助于提高团队的协作效果。(　　)
4. 跨文化沟通中的非语言沟通对信息传递没有影响。(　　)
5. 培养文化适应性是跨文化沟通成功的一个重要因素。(　　)

三、简答题

1. 简述跨文化沟通中的主要挑战。
2. 简述文化敏感性在跨文化沟通中的重要性。
3. 简述如何提高团队的文化适应性。
4. 简述跨文化沟通中的有效策略，并举例说明其应用。
5. 简述跨文化团队管理的关键技巧。

第9章

沟通工具与技术

在软件开发这一需要高度协作且技术密集型的领域，有效的沟通是项目成功的基石。随着项目规模的扩大和团队结构的复杂化，沟通工具与技术的重要性越发凸显。它们不仅促进了团队成员之间的无缝协作，还确保了项目信息的准确传递与及时反馈，对于提升项目效率、保证软件质量及提升客户满意度有着不可替代的作用。本章将深入探讨沟通工具与技术的各个方面，从传统到现代，分析其特点、应用实例及未来发展趋势。

9.1 沟通工具的发展与使用

在软件开发领域，沟通不仅仅是信息传递那么简单，更是知识共享、问题解决、决策制定和团队协作的核心。随着敏捷开发、DevOps 等现代软件开发方法的普及，快速迭代、持续集成和持续交付成为常态，这要求团队内各部门之间的沟通高效、透明且实时。因此，选择合适的沟通工具与技术对于项目的成功至关重要。

9.1.1 传统沟通工具概述

在数字化迅猛发展的当今时代，尽管社交媒体、即时通信软件及电子邮件等新兴电子通信方式日益盛行，但传统沟通工具仍在各类场合扮演着不可或缺的角色。它们以其独有的韵味和实用性，持续拉近人与人之间的距离，发挥着不可替代的作用。

1. 传统沟通工具的优势

(1) 稳定可靠。传统沟通工具，如书信与电话，历经长期的使用与磨砺，积淀了丰富的经验和深厚的技术底蕴，因而在稳定性和可靠性方面彰显出卓越的表现。书信依托邮政系统的稳健传递，虽速度非其长项，但一旦踏上邮程，便能稳妥地抵达目的地；而通信工具中的电话则是通过稳定且覆盖广泛的电信网络，实现了人与人之间的实时通话。即便在网络出现拥堵或偶尔发生故障的情况下，电话系统也能凭借其强大的抗干扰能力和备用机制保持基本的通信功能，确保信息的及时传递与交流。

(2) 普及广泛。传统沟通工具在全球范围内展现出了极高的普及率，它们无处不在，深入人心。无论是地处偏远地区的乡村（那里或许交通不便、信息闭塞），还是繁华喧嚣的城市（高楼林立、车水马龙），几乎在每一个角落，我们都能找到那些正在使用书信、电话等传统沟通工具的人群。这些古老而可靠的沟通方式，以其独特的魅力，跨越了地域的限制，穿透了文化的壁垒，成了连接不同地域、不同文化背景人们的重要桥梁。它们不仅传递着信息，更传递着情感与温暖，让世界各地的人们能够相互理解、相互沟通。

(3) 无网络依赖。与依赖互联网的新兴通信工具不同，传统沟通工具大多不依赖网络。例如，书信的传递不需要互联网连接，只需通过邮政传递即可实现；电话则通过电信网络进行通信，即使在网络中断的情况下，也能通过有线电话线路保持联系。这种无网络依赖的特性使得传统沟通工具在特定场合具有不可替代的优势。

(4) 情感传递的深度。面对面交流和电话通话能够更直接地传递非语言信息，如肢体语言、语调变化、情感波动等，这些在电子通信中难以完全复制。这种深层次的情感交流有助于建立更紧密的人际关系，增强信任和理解。

(5) 即时反馈与互动。电话通话与面对面交谈均能即刻获得对方的即时反馈，这种快速且直接的响应特性，使得双方能够迅速捕捉彼此的意思，有助于及时发现问题并迅速解决问题。同时，这种即时反馈允许我们在沟通过程中灵活调整方式策略，以更适应对方的沟通习惯和需求，大大提升沟通的效率。相较而言，电子通信方式(如短信、邮件等)存在时间上的滞后，信息发送后可能需要等待一段时间才能得到对方的回复，这可能会在一定程度上减缓沟通的节奏，对沟通的流畅度和最终成效产生一定的影响。

(6) 隐私与安全。在某些情况下，传统沟通工具可能提供更高的隐私保护。例如，书信通信可以避免电子通信中的黑客攻击和数据泄露风险。同时，面对面的私密对话也能确保信息不被第三方窃听。

2. 传统沟通工具的局限性

(1) 受地域限制。尽管传统沟通工具在人们的日常生活中具有广泛的普及性和应用性，但它们仍然不可避免地受到地域因素的限制。例如，书信作为一种传统的沟通方式，其在传递过程中需要耗费一定的时间，并且完全依赖于邮政系统的正常运作，因此无法实现实时通信。电话虽然能够突破时间的限制，实现即时的语音交流，但跨国或跨地区的通话费用往往较为高昂，对于普通用户来说可能构成一定的经济负担；此外，在某些偏远地区，由于电信基础设施的不完善，可能无法接入电信网络，从而限制了电话沟通的使用范围。

(2) 效率低下。与新兴的电子通信方式相比，传统沟通工具在效率上显现出明显的劣势。书信的送达速度缓慢，常常需要数天乃至数周的时间才能完成传递；传真虽较书信快，但在处理文件时仍需人工介入，操作过程中易出现误差。另外，面谈会议等面对面的交流方式，尽管有助于加深双方的了解和信任，却也要求双方投入相当多的时间和精力。

(3) 功能单一。传统沟通工具在功能方面相对单一。例如，书信主要用于传递文字信息，无法传递声音、图像等多媒体内容；电话虽然可以实现语音通话，但无法同时处理多个任务或进行文件共享。这种功能上的局限性使得传统沟通工具在某些场合下无法满足复杂的通信需求。

(4) 成本问题。传统沟通工具在使用过程中需要考虑成本问题。例如，跨国或跨地区的电话通话费用较高；书信的邮寄费用虽然相对较低，但需要一定的时间和成本投入。此外，随着技术的发展和市场的变化，一些传统沟通工具(如传真机)的维护和更新成本也在不断增加。

(5) 信息保存与检索。电子通信工具通常具有强大的信息保存和检索功能，而传统沟通工具在这方面则显得相对不足。书信容易丢失或损坏，且难以进行大规模的检索和分析。

传统沟通工具在数字化时代虽有其独特的优势和价值，但存在一些局限性。在实际应用中，我们应根据具体情境和需求选择合适的沟通方式，以实现高效、准确、有深度的沟通。

9.1.2 面对面沟通与电话会议沟通

1. 面对面沟通

面对面沟通是最直接的口头沟通方式。面谈会议是人与人之间面对面交流的重要形式。它不仅能够传递信息、讨论问题，还能增进彼此的了解和信任。在商务洽谈、项目合作、团队讨论等场合，面谈会议都是不可或缺的环节。通过面对面的交流，人们能够更直观地感受对方的情绪、态度和意图，从而做出更加准确和有效的决策。

面对面沟通作为最原始且最直接的人际交流方式，在软件开发、商务合作及日常团队管理中占据着不可替代的位置。它不局限于信息的简单传递，更是情感交流、信任建立及问题解决的关键途径。

面对面沟通的过程可分为以下几个阶段。

(1) 准备阶段。

① 明确目的。在筹备会议之初，首要任务是清晰界定会议的目的、议程和预期结果。这有助于所有参与者明确会议的重点，确保讨论聚焦关键议题，避免时间和精力的浪费。

② 资料准备。根据会议议题，提前收集和整理相关资料、PPT 或其他辅助材料。这不仅有助于会议中的直观展示和深入讨论，而且能提升会议的专业性和效率。

③ 环境布置。会议环境的布置同样重要。确保会议场所整洁、舒适，并根据需要进行座位安排，以形成良好的交流氛围。一个整洁、舒适且布局合理的会议场所能够营造出良好的交流氛围，促进参与者之间的互动和合作。此外，根据会议性质调整座位安排，如采用圆桌或U形布局，有助于增加参与者的互动机会。

(2) 进行阶段。

① 积极倾听。在会议过程中，倾听是沟通的基础。参与者应全神贯注地听取他人的发言，通过眼神接触、点头等肢体语言展现尊重与关注。这有助于营造良好的沟通氛围，鼓励更多有价值的观点和建议的提出。

② 清晰表达。为了确保信息准确无误地传递，参与者应以简单明了的语言表达自己的观点和建议；避免使用模糊或容易产生歧义的词汇和句子结构，以减少误解和冲突的发生。

③ 适时反馈。在对方发言后，及时给予积极的反馈或提问。这不仅能够促进讨论的深入

和双方的理解，还能激发更多创意和灵感的碰撞。反馈是建立信任和尊重的重要方式之一。

④ 控制节奏。会议组织者应具备良好的掌控能力，适时调整会议节奏。会议组织者可以通过引导讨论方向、控制发言时间等手段，确保讨论始终围绕主题展开，避免偏离主题或陷入无意义的争论。

(3) 结束阶段。

① 总结成果。会议结束时，对讨论的成果进行总结是至关重要的。这有助于明确下一步行动计划或决策结果，确保所有参与者都了解会议的产出和后续工作重点。同时，总结是对会议效果的评估和反馈，有助于未来会议的改进和优化。

② 收集反馈。鼓励参与者提供会议反馈是提升会议效率和质量的有效途径。收集参与者的意见和建议，可以了解会议中的不足和待改进之处，为未来的会议提供更加完善的参考和指导。

面对面沟通在软件开发及团队管理中具有独特的优势和价值。面对面沟通通过精心准备、积极倾听、清晰表达、适时反馈以及总结等的实施，可以充分发挥自身优势，促进团队成员之间的深度互动和高效协作，为项目的成功和团队的发展奠定坚实的基础。

2. 电话会议沟通

电话会议作为直接、即时的沟通方式之一，自诞生以来便深受人们喜爱。它不受地理位置限制，能够迅速连接远方的亲友或同事，进行实时对话。无论是日常问候、工作安排还是紧急联络，电话都是不可或缺的工具。随着技术的进步，现代电话系统还提供了诸如视频会议、电话录音等高级功能，进一步丰富了沟通手段。在电话会议沟通中，需要注意语速、语调和用词，确保信息传递的准确性和有效性。

电话会议沟通的过程可分为以下几个阶段。

(1) 准备阶段。

① 技术检查。在进行电话会议前，首要任务是确保所有技术设备准备就绪，包括测试电话系统、检查网络连接稳定性以及确认视频设备(如使用视频会议功能)的可用性。技术上的小瑕疵可能会影响通话质量，甚至中断会议，因此这一步骤至关重要。

② 会议安排。向所有预订的参与者发送详细的会议邀请，包括会议的具体时间、电话号码(或会议 ID)、接入密码(如果会议平台需要)以及会议的议程。清晰的会议安排有助于参与者提前规划时间，确保能够准时参加。

③ 资料准备。与面对面沟通相似，电话会议也需要准备相关的会议资料。考虑到电话会议的特点，资料应以易于阅读和分享的形式呈现，如 PDF 文档或 PPT 演示文稿。同时，考虑如何在会议中有效地分享这些资料，如利用电话会议平台的屏幕共享功能。

(2) 进行阶段。

① 准时开始。确保所有参与者都能按时接入会议，以维护会议的纪律性和效率。会议组织者应提前几分钟进入会议系统，等待所有参与者的到来，并在必要时提供技术支持。

② 清晰发言。在电话会议中，由于参与者无法直接看到对方，因此语速、语调和用词显得尤为重要。发言者应尽量保持语速适中、语调清晰，并选用准确、简洁的词汇，以确保远程的参与者能准确理解自己的意图。

③ 使用辅助工具。现代电话会议平台提供了丰富多样的开会平台，这些平台不仅支持语音通话，还整合了视频、屏幕共享、文件传输、在线协作等多种功能，满足了不同企业和个人用户的远程会议需求。会议组织者需深入了解这些工具的使用方法，并在会议进程中灵活自如地加以运用，从而大幅提升沟通的成效与质量。

④ 轮流发言。为了维持会议的秩序和效率，应控制发言顺序和时间，避免个别参与者长时间占据话语权。可以通过设立发言顺序、使用计时器等方式来管理发言时间，确保每位参与者都有机会发表意见。

⑤ 记录要点。会议记录是后续跟进和执行的重要依据。在电话会议沟通过程中，可以指定专人或使用会议记录软件来记录会议要点和决策结果。这有助于确保信息的准确性和完整性，并为后续工作提供指导。

(3) 结束阶段。

① 总结回顾。在会议结束前，对会议要点和决策结果进行简要的回顾和总结，以确保所有参与者都对会议内容有清晰的理解。这有助于巩固会议成果，并为后续行动计划的制订奠定基础。

② 发送纪要。会议结束后，及时将会议纪要发送给所有参与者。会议纪要应包含会议的主要内容、决策结果以及下一步行动计划等关键信息。发送纪要，可以确保所有参与者都能够及时了解会议成果，并为后续的跟进和执行提供便利。

9.1.3 现代沟通工具与技术

1. 集成开发环境(IDE)内置聊天

许多现代 IDE(如 Visual Studio Code、IntelliJ IDEA)内置了聊天功能，允许开发者在编码过程中直接交流，减少了上下文切换的成本。

2. 项目管理工具

许多项目管理工具(如 Jira、Trello)不仅用于任务分配和进度跟踪，还集成了评论、讨论区等功能，促进了团队成员之间的协作和沟通。

3. 代码审查工具

通过代码审查工具(如 GitHub Pull Requests、GitLab Merge Requests)，团队成员可以就代码变更进行讨论，确保代码质量，同时促进了技术交流和知识共享。

4. 自动化文档和 API 管理工具

这些工具(如 Swagger、Read the Docs)自动生成和维护项目文档，减少了手动编写文档的负担，同时确保了信息的准确性和一致性，便于团队成员和外部利益相关者查阅。

5. 持续集成/持续部署(CI/CD)工具

这些工具(如 Jenkins、GitLab CI/CD)通过自动化构建、测试和部署流程，减少了人为错误，提高了交付速度；同时，提供了实时的反馈机制，促进了团队之间的紧密协作。

9.2 数字沟通工具与协作平台

随着互联网的普及和技术的发展，数字沟通工具与协作平台逐渐成为主流。数字沟通工具与协作平台不仅继承了传统沟通工具的优点，还融入了更多现代化的功能和特性。数字沟通工具与协作平台通过电子邮件、即时通信软件、在线会议系统、社交媒体等多种形式，极大地缩短了沟通时间、降低了沟通成本，并提高了沟通效率。数字沟通工具与协作平台的优势在于其能够打破地域和时间的限制，使得人们可以随时随地进行沟通和协作。

9.2.1 即时通信与视频会议工具

即时通信和视频会议工具在现代企业沟通与协作中占据着举足轻重的地位。它们不仅打破了传统沟通方式的地理和时间限制，还通过提供丰富多样的功能和高度灵活的应用场景，极大地提升了企业的运营效率、团队协作能力以及员工的工作体验。

1. 即时通信工具

即时通信工具以其即时性、便捷性和高效性，成为企业内部沟通的主要手段之一。它们支持文字、语音、视频等多种形式的实时交流，满足了用户在不同场景下的沟通需求。无论是日常的工作汇报、任务分配，还是紧急情况下的快速响应，即时通信工具都能迅速传递信息，确保团队成员之间的顺畅沟通。此外，文件共享、群组聊天、在线状态显示等功能，也进一步增强了团队协作的便利性和效率。

(1) 主要功能。

① 实时通信。这是即时通信工具最基本且核心的功能。即时通信工具支持文字、语音、视频等多种形式的实时交流，无论是简单的文本对话，还是复杂的视频会议，都能满足不同场景下的沟通需求。这种即时性使得沟通更加高效、直接，减少了信息传递的延迟。

② 文件共享。这是即时通信工具的另一大亮点。用户可以通过即时通信工具方便地共享文档、图片、视频等文件，无须再通过传统的邮件或文件传输软件。这不仅提高了工作效率，还使得团队成员能够随时访问和编辑共享文件，促进了协同工作。

③ 群组功能。支持创建群组是即时通信工具的重要特性之一。通过群组功能，团队成员可以轻松地组织起来，进行集体讨论和协作，这不仅有助于增强团队凝聚力，提高团队协作效率，而且，群组内的聊天记录和文件也便于成员随时回顾和查阅。

④ 安全性。在数据传输和存储方面，即时通信工具通常采用先进的加密技术来保护用户数据安全。这意味着沟通内容在传输过程中不会被窃听或篡改，存储在服务器上的数据也不会被非法访问。这种高度的安全性使得即时通信工具成为企业沟通的首选工具。

(2) 典型代表。

① 微信。作为中国非常流行的即时通信工具之一，微信不仅拥有庞大的用户群体，还提供了丰富的功能来满足不同场景下的沟通需求。企业微信针对企业用户进行了优化，提供了更

加专业的通信和协作功能。

② 钉钉。钉钉是阿里巴巴集团推出的一款企业级通信与协作平台。它整合了即时通信、文件共享、工作审批、考勤管理等多种功能，为企业用户提供了一站式的解决方案。钉钉还注重安全性能，采用多重加密技术保护用户数据安全。

③ Slack。Slack 是一款面向企业用户的即时通信工具，以其简洁的界面和强大的功能而受到广泛好评。Slack 不仅支持多种操作系统和设备平台，使得用户可以在任何地方都能保持连接，还提供了丰富的第三方应用集成和 API 接口，方便用户根据需求进行定制和扩展。

2. 视频会议工具

视频会议工具则以其直观性、互动性和远程协作功能，成为现代企业远程办公和跨国交流的重要工具。高清的画质、稳定的网络连接和丰富的互动功能，使得远程会议也能达到面对面交流的效果。屏幕共享功能让演示和讲解变得更加直观易懂，而会议录制功能则方便用户会后回顾和分享会议内容。此外，举手发言、投票、问答等互动方式，增强了会议的参与度和互动性，提高了会议的决策效率和效果。

视频会议工具在现代远程办公和团队协作中发挥着越来越重要的作用，它们通过提供高清的画质、屏幕共享、会议录制以及丰富的互动功能，极大地提升了远程会议的体验和效率。

(1) 主要功能。

① 高清的画质。这是视频会议工具的核心竞争力之一。通过采用先进的视频编码技术和网络优化算法，视频会议工具能够确保在不同网络环境下均能提供清晰流畅的视频通话体验。这对于提升会议效果、增强参会者的参与感至关重要。

② 屏幕共享。屏幕共享允许参会者将自己的计算机屏幕内容实时展示给其他参会者。这一功能在演示文稿、产品介绍、软件操作等场景中尤为实用，能够极大地提高会议的效率和互动性。

③ 会议录制。会议录制允许用户将会议过程录制下来，以便会后回顾或分享给未能参加会议的人员。这对于需要记录会议要点、评估会议效果或进行知识分享的企业来说非常有价值。

④ 互动功能。互动功能是视频会议工具不可或缺的一部分。通过举手发言、投票、问答等互动方式，参会者可以更加积极地参与到会议中来，表达自己的观点和意见。这不仅增强了会议的互动性，还提高了会议的决策效率和效果。

(2) 典型代表。

① Zoom。Zoom 是目前市场上非常受欢迎的视频会议工具之一。它以高清的画质、稳定的网络连接、丰富的互动功能和易于使用的界面而受到广泛好评。它支持跨平台使用，无论是个人计算机、Mac 还是移动设备都能轻松接入会议。此外，Zoom 还提供了会议录制、云存储、虚拟背景等高级功能，满足不同用户的需求。

② Teams。Teams 是微软推出的一款企业级通信与协作平台，集成了即时通信、文件共享、视频会议等多种功能。Teams 的视频会议功能支持高清的画质、屏幕共享、会议录制等常用功能，并且与微软的其他办公软件(如 Office 365)无缝集成，方便用户进行跨平台协作。Teams 还注重安全性能，采用多重加密技术保护用户数据安全。

③ 腾讯会议。腾讯会议是腾讯公司推出的一款云视频会议产品，支持手机、计算机、平

板电脑、小程序一键接入，快速发起会议。腾讯会议提供高清的画质、智能降噪、美颜、背景虚化等功能，确保会议清晰流畅。同时，腾讯会议支持屏幕共享、会议录制、互动批注等实用功能，满足不同场景下的会议需求。腾讯会议还注重用户体验和性能优化，确保在不同网络环境下都能提供稳定可靠的会议服务。

即时通信工具和视频会议工具的结合使用，更是为企业沟通与协作带来了前所未有的便利和效率。通过即时通信工具进行日常沟通和任务分配，利用视频会议工具进行远程会议和演示讲解，企业可以轻松实现跨部门、跨地域的实时协作和高效沟通。这种无缝衔接的沟通方式，既提升了企业的整体运营效率，又增强了团队成员之间的信任感和归属感。

9.2.2 项目管理软件与协作平台

项目管理软件和协作平台在项目管理和团队协作中扮演着举足轻重的角色，它们各自具备独特的功能和优势，并在一定程度上存在交叉和互补。

1. 项目管理软件

(1) 功能。

① 项目计划和进度管理。项目管理软件可以帮助项目经理创建和维护项目计划，并跟踪项目进度。这些软件通常能够自动生成甘特图，清晰地展示每个任务的起始时间和截止时间，便于项目经理进行任务调整和优先级设置，确保项目按时完成。

② 资源分配和管理。项目管理软件能够协助管理者分配资源，包括人员、预算和设备等，并跟踪资源使用情况。通过提供报告和仪表板，项目管理软件可以帮助管理者优化资源分配，提高资源利用效率。

③ 团队协作和沟通。项目管理软件为项目团队成员提供了实时的协作和讨论平台，使团队成员能够即时交流和解决问题。此外，项目管理软件还支持文档共享功能，方便团队成员协作工作。

④ 风险管理。项目管理软件内置的风险管理模块可以帮助管理者识别和评估项目风险，并采取相应的预防措施。这有助于减少项目风险和成本，提高项目成功率。

⑤ 数据分析和决策支持。项目管理软件能够收集、存储和分析项目数据，提供数据报告和可视化仪表板，帮助管理者更好地了解项目进展情况，并做出明智的决策。

(2) 优势。

① 提高效率。项目管理软件通过自动化任务和流程，减少人工操作的时间和精力，使团队成员更专注于创造性工作。

② 减少风险。项目管理软件通过风险管理模块和实时数据监控，提前预警潜在问题，减少项目失败的可能性。

③ 增强团队协作。项目管理软件提供实时协作和讨论功能，打破地域和时间限制，促进团队成员之间的紧密合作。

④ 优化决策过程。项目管理软件基于数据的分析和报告支持，帮助管理者做出更科学、更合理的决策。

2. 协作平台

协作平台，如Trello、Asana、钉钉等，是团队协作的得力助手。这些平台集项目管理、任务分配、文件共享、在线会议等多种功能于一体，为团队成员提供了一个集中、高效的工作空间。通过协作平台，团队成员可以清晰地了解项目进展、分配任务、共享资源，并实时进行沟通和协作。这种一体化的协作方式不仅提高了工作效率，还增强了团队成员之间的沟通和协作能力。

(1) 功能。

① 即时通信。协作平台支持文字、语音、视频等多种形式，满足团队成员在不同场景下的沟通需求。

② 文件共享。协作平台提供便捷的文件上传、下载和共享功能，方便团队成员之间共享工作成果和协作资源。

③ 任务管理。协作平台内置任务管理模块，支持任务的创建、分配、跟踪和完成等全周期管理，确保任务按时完成。

④ 日程安排。协作平台帮助团队成员规划日程，安排会议和活动，确保工作有序进行。

⑤ 在线会议。协作平台集成在线会议功能，支持多人视频会议和屏幕共享，提高远程协作效率。

(2) 优势。

① 打破地域限制。协作平台通过数字化手段实现远程协作，使团队成员无论身处何地都能实时沟通和工作。

② 提升沟通效率。协作平台的即时通信和文件共享功能减少了信息传递的延迟和误差，提高了沟通效率。

③ 增强团队协作。协作平台通过任务管理和日程安排等功能，促进团队成员之间的协作和配合。

④ 丰富协作工具。协作平台提供多种协作工具，如文档编辑、在线表格、思维导图等，满足团队成员多样化的协作需求。

项目管理软件和协作平台在项目管理和团队协作中存在一定的交叉和互补。项目管理软件更注重项目计划和进度的整体把控、资源分配及风险管理等，而协作平台则更注重团队成员之间的即时通信和文件共享等日常协作活动。两者相互结合可以形成更加完整、高效的项目管理和团队协作体系。例如，项目管理软件可以将任务分配给协作平台中的具体成员，并通过协作平台跟踪任务进度和沟通情况；而协作平台可以提供实时的沟通反馈和文件共享功能，为项目管理软件提供实时的数据支持。

(3) 典型协作平台。J2L3x、Worktile、金山文档三款协作平台各具特色，都能在不同的应用场景下为团队协作提供有力的支持。企业可以根据自身的需求和实际情况选择最适合自己的协作平台。

① J2L3x。作为一款全面的数字工作空间解决方案，J2L3x致力于为企业提供跨平台(Web、移动、桌面应用)的协作和交流环境。特别强调企业本地部署和国产化系统的支持，这对于那些有数据安全和隐私保护需求的企业来说尤为重要。

J2L3x 的特点如下。

a. 跨平台协作。无论用户身处何地，J2L3x 都能通过 Web、移动或桌面应用无缝接入工作空间，实现实时协作。

b. 本地部署和国产化支持。J2L3x 为企业提供了更高的数据安全性和自主可控性，满足特定行业和地区的合规要求。

c. 多样化的频道渠道形式。J2L3x 支持多种类型的沟通渠道，如文本、语音、视频等，满足不同场景下的沟通需求。

d. 应用集成。J2L3x 能够轻松集成第三方应用和服务，拓展工作空间的功能，扩大适用范围。

② Worktile。Worktile 是一款功能全面的团队协作工具，它不仅涵盖了项目管理的基本需求，还扩展到了日程安排、电话会议、企业网盘、审批、考勤等多个方面，为中小团队提供了一站式解决方案。

Worktile 的特点如下。

a. 全面功能覆盖。Worktile 几乎覆盖了团队协作的各个方面，从项目管理到日常办公都能提供很好的支持。

b. 手机、计算机同步。Worktile 支持手机和计算机端同步使用，让团队成员可以随时随地进行协作。

c. 易用性。Worktile 的界面设计简洁明了，操作流程直观易懂，即使是初次使用的用户也能快速上手。

d. 灵活性。Worktile 提供多种定制化和个性化设置选项，满足不同团队的特定需求。

③ 金山文档。金山文档是一款专注于文档创作和协作的工具软件，它特别强调多人实时协作编辑的功能，为团队成员提供了高效的文档创作功能。

金山文档的特点如下。

a. 多人实时协作。金山文档支持多人同时在线编辑同一份文档，实时同步修改内容，减少沟通成本和时间浪费。

b. 功能丰富。除基本的文档编辑功能外，金山文档还提供了添加、会议、表单、待办事项列表、日历等多种实用功能。

c. 免费使用。金山文档的功能皆免费使用，降低了企业的使用门槛和成本。

d. 云端存储。文档自动保存在云端，确保数据的安全性和可访问性，同时方便团队成员之间的共享和协作。

9.3 沟通技术的发展趋势

传统沟通工具在数字化时代需要通过功能升级与创新、个性化与定制化、跨平台与多设备兼容、安全性强化、智能辅助、数据分析与优化以及知识管理与共享等多方面的努力来满足新时代的需求，应对挑战。

沟通技术的发展趋势是多元化、智能化、远程化和虚拟化，具体如下。

(1) 多元化沟通方式。传统的面对面沟通依然是非常直接、有效的沟通方式之一，但在现代社会，人们越来越多地采用多种沟通方式来满足不同的场景和需求。书面沟通(如电子邮件、即时消息等)和远程视频沟通(如视频会议、网络电话等)已经成为日常工作和学习中不可或缺的一部分。多元化的沟通方式使得人们可以根据实际情况和需求选择最适合的沟通手段，从而提高沟通效率和质量。

(2) 智能化沟通工具。人工智能技术在沟通领域的应用日益广泛。智能聊天机器人、虚拟助手等通过自然语言处理和机器学习算法，能够模拟人类对话，提供个性化、高效的服务。未来，随着情感计算技术的发展，智能系统将更加人性化和贴心，进一步拉近人与人之间的距离。

(3) 远程和虚拟团队沟通。随着工作模式的改变，远程和虚拟团队的数量不断增加。远程和虚拟团队成员之间的沟通面临着时区差异、文化差异、语言障碍等挑战。即时通信技术的不断发展为远程沟通提供了更多便利，如语音通话、视频通话、在线会议等功能，使得远程沟通更加便捷和高效。

(4) 社交媒体和即时通信技术。社交媒体和即时通信技术已经成为人们日常生活中不可或缺的沟通工具。这些沟通工具不仅提供了便捷的信息传递和社交互动方式，还打破了地域和时间的限制，使得人们能够随时随地与他人保持联系。然而，社交媒体和即时通信平台上的信息量巨大，信息质量参差不齐，因此人们需要提高辨别和筛选信息的能力。

(5) 区块链技术的应用。区块链技术的出现为沟通的安全性和隐私保护提供了新的解决方案。通过区块链技术，沟通平台可以实现端到端的加密通信，确保信息的安全性和不可篡改性。此外，区块链技术还可以为沟通平台提供身份认证、数据完整性验证等功能，进一步增强了沟通的安全性。

随着科技的不断进步，沟通方式正经历着深刻的变革，以满足人们更高效、更便捷、更个性化的沟通需求。

9.3.1 新兴沟通技术概览

随着互联网技术的飞速发展，新兴沟通技术的不断创新与普及极大地丰富了人类交流的手段和渠道，使得信息传递变得更加迅速、便捷和多样化，极大地拓宽了人们沟通的边界。新兴沟通技术不仅突破了传统沟通工具的时间和空间限制，还通过融合多媒体元素、提供个性化服务等方式，进一步提升了沟通体验和效率，让人类交流进入了一个全新的时代。

从智能通信到人机物通信，再到未来的元宇宙通信，每一种新兴沟通技术的问世无一不昭示着通信领域的一次次重大飞跃。这些技术不仅极大地提升了沟通的效率与质量，更为人类社会的蓬勃发展注入了源源不断的新活力。

以下是对当前几种主要新兴沟通技术的概览。

1. 智能通信

通过人工智能技术的深入辅助与不断创新，智能通信领域取得了前所未有的显著进展。如今，智能通信已经实现了自动翻译、高精度语音识别以及细腻入微的情绪分析等多重功能。这些功能的深度集成与广泛应用不仅极大地提升了通信的便捷性和效率，使得跨语言、跨地域的交流变得无障碍，还显著增强了通信的智能化水平，使得通信过程更加智能、流畅。这些进步为用户带来了更加高效、贴心且个性化的通信体验，让用户在沟通中更加得心应手。

2. 人机物通信

随着物联网技术的不断普及和深入发展，人机物通信已经逐渐成为新的发展趋势，引领通信领域的革新潮流。这一突破性技术不仅打破了传统的人人通信模式，更实现了人、机器、物体之间的全面、无缝连接和高效互动。在这个万物互联的时代，无论是家中的智能设备、办公室的自动化设备，还是城市中的基础设施，都能通过人机物通信技术实现互联互通，形成一个庞大的智能网络。

3. 元宇宙通信

元宇宙通信是未来的发展趋势之一，通过元宇宙平台，用户可以跨越现实世界与虚拟世界的界限，在虚拟空间中进行深度互动和沟通。随着 5G、虚拟现实与增强现实等技术的不断成熟，元宇宙通信将成为未来通信领域的重要组成部分。

9.3.2 沟通技术对团队协作的影响

在当今数字化时代，沟通技术已成为团队协作不可或缺的一部分，对团队协作产生了深远而积极的影响。

1. 提高沟通效率

通过电子邮件、即时通信工具(如 Slack、钉钉等)、视频会议平台(如 Zoom、Teams 等)等沟通方式，团队成员可以跨越地理界限进行实时或非实时的沟通，这极大地缩短了信息传递的时间，提高了沟通的效率。这种即时性沟通确保了项目中的问题能够迅速被发现和解决，加快了项目进度。

2. 促进信息共享

沟通技术为团队成员提供了一个集中的信息共享平台，无论是文档、报告、设计稿还是代码库，都可以轻松地在团队内部共享和更新。这种透明度减少了信息孤岛现象，促进了知识传播和团队学习，提升了整个团队的协作能力和创新能力。

3. 增强团队协作性

远程协作工具包括项目管理软件(如 Trello、Jira 等)和协作文档工具(如 Google Docs、Notion 等)。这些工具使得团队成员可以共同参与任务的规划、分配、执行和监控过程。这种协作方式打破了传统办公室的界限，使得团队成员无论身处何地都能紧密配合，共同为实现团队目标努力。

4. 提升决策速度和质量

借助沟通技术，团队成员可以更快地收集信息、讨论问题并达成共识。此外，一些先进的沟通平台还提供了数据分析功能，帮助团队更准确地评估决策的影响，从而提高了决策的速度和质量。

5. 增强团队凝聚力

虽然沟通技术可能使得团队成员在空间上更加分散，但它也为团队提供了更多非正式交流的机会，如通过聊天室进行轻松对话、共同参与在线活动等。这些互动有助于增进团队成员之间的了解和信任，提升团队的整体凝聚力。

6. 提升工作满意度和绩效

良好的沟通是提升工作满意度和绩效的关键因素之一。沟通技术使得团队成员之间的沟通和协作更加顺畅和高效，减少了误解和冲突的发生。同时，这些工具提供了实时反馈和评估的功能，有助于团队成员及时了解自己的工作表现和进展情况，从而调整工作方法和策略，提升个人和团队的绩效。

9.4 沟通工具与技术应用案例

沟通工具与技术已经广泛应用于各个领域。例如，在远程办公领域，即时通信软件、协作平台等数字沟通工具为远程办公提供了强有力的支持，使得员工可以随时随地保持联系和工作。在客户服务领域，在电商、金融等行业，客服人员通过即时通信软件与客户进行在线沟通，解决客户的问题，满足客户的需求，提升客户的满意度和忠诚度。在项目管理领域，在软件开发、建筑设计等行业，项目管理人员使用协作平台对项目进行全方位的管理和监控，确保项目按时、按质完成。

9.4.1 项目管理软件在大型项目中的应用效果

在大型项目中，项目管理软件的应用对于提升项目效率、加强团队协作、确保项目按时按质完成等具有显著效果。

项目管理软件包括 Microsoft Project、Oracle Primavera P6、SAP Ariba(项目与合同管理软件)、用友 Makeflow 等。项目管理软件在不同领域的大型项目中得到了广泛应用，并取得了显著效果。这些软件通过提供项目计划制订、进度管理、成本管理、质量管理、风险管理、团队管理、资源管理等功能，帮助项目经理实现对项目的全面把控和管理，提高了项目管理的效率和精度。

1. 案例背景

某软件开发企业面临项目交付周期长、资源利用率低等问题，急需提升项目管理效率。

2. 应用与效果

(1) 软件选择。选择一款具有良好口碑、功能齐全的项目管理软件。

(2) 流程优化。对内部项目管理流程进行梳理与优化，以适应项目管理软件的使用。

(3) 培训与提升。进行一系列培训，提高员工对项目管理软件的操作能力。

3. 实施效果

(1) 项目周期缩短。明显缩短了项目交付周期，提高了项目执行效率。

(2) 资源利用率提升。提高了资源利用率，优化了资源配置。

(3) 管理水平提升。整体提升了企业的项目管理水平和竞争力。

9.4.2 即时通信工具在远程团队中高效沟通的作用

随着全球化进程的加速和科技的飞速发展，远程工作已经成为许多企业和团队的一种常态。在这样的背景下，即时通信工具以其即时性、便捷性和灵活性，在远程团队中发挥着至关重要的沟通作用。

1. 案例背景

某科技公司由于业务遍布全球多个地区，拥有众多分布在不同国家的远程团队成员。为了保持团队的紧密协作和高效沟通，公司决定采用即时通信工具作为主要的沟通手段。

2. 市场调研与工具选择

公司首先进行了市场调研，对比了多款即时通信工具的功能、易用性、安全性以及价格等因素，最终选择了一款集文本消息、语音通话、视频会议、文件共享等功能于一体的综合性即时通信工具。

3. 培训与推广

为确保所有团队成员都能熟练使用新的沟通工具，公司组织了一系列在线培训活动，并通过内部宣传渠道推广该工具的使用。

4. 团队架构与群组设置

根据团队的结构和工作需求，公司在即时通信工具中建立了不同的群组，如项目群组、部门群组、兴趣小组等，以便团队成员能够方便地找到相关人员进行沟通。

5. 应用即时通信工具的高效沟通实践

(1) 实时沟通与反馈。团队成员可以通过即时通信工具进行实时文字、语音或视频沟通，确保信息的即时传递和反馈。这大大提高了工作效率，减少了沟通不畅而导致的延误和误解。

(2) 文件共享与协作。即时通信工具支持文件共享功能，团队成员可以轻松上传和下载项目文档、设计方案等文件，实现远程协作。此外，即时通信工具还支持在线编辑和评论功能，进一步提升了协作效率。

(3) 任务分配与进度跟踪。在群组中，项目经理可以方便地分配任务、设置截止日期，并实时跟踪任务的进度。这有助于确保项目按计划进行，并及时调整资源和时间分配。

(4) 情感交流与团队建设。除工作沟通外，即时通信工具还成为团队成员之间情感交流的平台。例如，团队成员通过日常问候、节日祝福等方式，增强了团队的凝聚力和归属感。

9.5 本章小结

沟通工具与技术是软件开发过程中不可或缺的一部分，它们随着科技的进步而不断演进，为团队提供了更加高效、便捷的沟通方式。从早期的电子邮件、即时通信软件，到如今的在线协作平台、智能会议系统，这些沟通工具的每一次升级，都极大地提升了团队协作的效率和质量。这种技术进步不仅促进了软件行业的快速发展，还为社会经济的整体进步提供了有力支撑。在软件开发过程中，掌握并灵活运用沟通工具与技术，对于提升个人能力和团队协作效率至关重要。这要求我们不仅要具备扎实的技术基础，还要具备良好的沟通能力和团队协作精神。

未来，随着技术的进一步发展，沟通工具将更加智能化、集成化。这意味着我们将拥有更加高效、安全的沟通体验，借助这些工具，可以实现更加精准的项目管理和团队协作。这种发展趋势与党的二十大报告中提出的“建设数字中国”目标高度契合，为我们指明了前进的方向。我们要不断提升自己的技术水平和综合素质，为软件行业的未来发展贡献自己的力量。

9.6 本章习题

一、单项选择题

1. 下列哪项不属于传统沟通工具的优势？(　　)

   A. 能够提供即时的非语言信息(如肢体语言)

   B. 受地理限制小，可随时随地进行沟通

   C. 有助于建立信任和亲近感

   D. 有利于解决复杂问题和深入讨论

2. 即时通信工具(如微信、Slack 等)主要解决了什么问题？(　　)

   A. 项目管理的全面规划　　B. 远程团队成员之间的即时信息共享

   C. 会议记录的自动生成　　D. 大型数据集的云端存储

3. 项目管理软件在团队协作中的主要作用是什么？(　　)

A. 提供远程协作平台，增强沟通效率　　B. 替代面对面的项目管理会议

C. 管理项目资金流动　　D. 独立完成项目编码和开发

二、填空题

1. 传统沟通工具中，______和电话会议是实现即时反馈和深度交流的重要方式。

2. 相比传统沟通工具，数字沟通工具在______和______方面具有显著优势。

3. ______软件能够帮助团队成员跨越地理界限，实时协作完成项目任务。

4. ______技术是近年来发展迅速，并对团队协作方式产生深远影响的新兴沟通方式之一。

三、简答题

1. 简述传统沟通工具(如面对面沟通)和数字沟通工具(如视频会议)各自的局限性。

2. 请结合你的学习或工作经历，列举一项你认为最有价值的数字沟通工具，并阐述它在你的团队中如何提升工作效率和沟通效果。

第10章

沟通计划与策略

在软件项目开发管理中，有效的沟通是确保项目开发成功的关键要素之一。一个周密的沟通计划能够促进项目信息的准确传递，增强团队成员之间的协作，有助于及时发现并解决问题，从而推动项目顺利进行。本章旨在制订一个全面的沟通计划，涵盖明确沟通目标、确定沟通对象、选择沟通方式、设定沟通时间、规划沟通内容、分配沟通责任以及评估沟通效果等关键方面。

本章将全面介绍沟通计划与策略，包括怎样制订沟通计划、如何设计以及实施沟通策略、对沟通的效果进行评估、根据评估进行沟通计划的调整以及沟通计划与策略实施案例，旨在帮助读者全面而深入地理解相关内容。

10.1 制订沟通计划

在软件项目开发管理中，沟通是一项至关重要的任务。良好的沟通可以促进项目团队的协作，提高项目的效率和成功率。因此，软件项目开发管理中的沟通计划扮演着至关重要的角色。

沟通计划是项目管理中制订的一项具体计划，它有助于项目团队成员之间的有效沟通和信息交流。一个好的沟通计划应包括明确沟通目标、确定沟通对象、选择沟通方式、设定沟通时间、规划沟通内容、分配沟通责任以及评估沟通效果等方面。

10.1.1 沟通目标与关键信息

1. 沟通目标

(1) 确保项目理解一致。沟通的首要目标是确保项目团队成员、利益相关者以及管理层在项目目标、范围、需求和期望等方面达成共识。这有助于减少误解和冲突，确保项目顺利推进。

(2) 促进团队协作。有效的沟通可以促进团队成员之间的协作与配合。通过有效沟通，团队成员能够明确各自的职责和任务，及时分享信息和资源，共同解决问题。

(3) 提高项目效率。良好的沟通可以优化项目流程，减少重复工作，提高项目执行效率。通过良好的沟通，团队成员能够迅速响应变化，调整工作计划，确保项目按时完成。

(4) 风险管理。通过沟通，可以及时发现项目中的潜在风险和问题，并制定相应的预防和应对措施，降低项目失败的风险，确保项目顺利进行。

(5) 提升客户满意度。与客户的有效沟通能够确保项目需求得到满足，及时解决客户关心的问题，提升客户满意度和忠诚度。

2. 关键信息

(1) 项目目标与范围。明确项目的总体目标和具体范围，包括项目要达到的效果、需要完成的工作以及项目的限制条件等。

(2) 需求信息。详细记录和分析客户需求，确保项目团队对需求有准确的理解。需求信息应包括功能需求、非功能需求、性能要求等。

(3) 进度与计划。定期更新项目进度，并与团队成员和利益相关者分享；计划信息应包括任务分配、时间安排、里程碑等。

(4) 问题与风险。及时报告项目中遇到的问题和风险，并与团队成员和利益相关者共同讨论解决方案。这有助于降低问题对项目进度的影响。

(5) 变更与调整。在项目执行过程中，可能会遇到需求变更或计划调整等情况，这时需要及时与团队成员和利益相关者沟通，确保变更得到妥善处理。

(6) 决策与结果。在关键决策点，与团队成员和利益相关者共同讨论并做出决策。决策结果应及时传达给相关人员，并明确执行方式和时间表。

10.1.2 沟通计划的编写与执行

1. 理解项目沟通

项目组织是以团队的方式开展工作的，而团队作业需要更多的思想沟通和信息交流。为了更好地理解项目沟通，需要了解以下几个有关沟通的概念。

(1) 沟通就是相互理解。无论通过什么渠道，沟通的首要问题都是双方是否能够相互理解，如是否能够真正理解相互传递的信息的含义，是否相互理解字里行间或话里话外的真实意思。

(2) 沟通是信息和思想的交流。沟通过程中交换的主要是信息和思想。信息是描述具体事物特性的数据，是支持决策的有用消息；思想是一个人的感情和想法，包括期望、要求、命令等。任何沟通过程都离不开信息的交换和思想的交流。

(3) 沟通是提问和回应的过程。沟通过程中，一方总是向另一方提出各种各样的问题和要求，一方总是希望另一方充当某种角色或做某件事情，或者回答某个问题；而另一方则希望得到一定的回报。沟通就是关注、理解对方的问题和要求，然后给出回应的过程。

(4) 沟通是有意识的行为。在许多情况下，沟通受主观意识的支配，所以沟通的效果在很大程度上受到双方主观意愿和情绪的影响。人们倾向于倾听那些想听的话，而不愿听那些不想听或有威胁的话，所以在沟通过程中，主观意识会造成沟通障碍从而使沟通失效。

理解了这几点，对项目沟通管理也就不难理解了。简单地说，项目沟通管理是确保项目信息及时适当地产生、收集、传播、保存和最终配置所必需的过程。它在成功所必需的因素(如人、想法和信息)之间提供了一个关键连接。涉及项目的任何人都应准备以项目“语言”发送和接收信息，并且必须理解他们以个人身份参与的沟通怎样影响整个项目。

2. 项目有效沟通的基本原则

(1) “WIIFM”原则。“WIIFM”(“WIIFM's in it for me”的缩写)原则强调的是在信息传递过程中，接收信息的一方与所接收的信息之间存在着直接的利益关联。简言之，就是信息接收者会自然而然地思考：“这条信息对我来说有什么好处？我能从中获得什么实际利益？”这一原则提醒信息发布者，在传递信息时，需要充分考虑信息接收者的需求和利益，确保信息内容对他们具有吸引力和价值，从而提高信息的接受度和影响力。比如，在日常生活中，当我们向他人传递信息时，如果这条信息对接收者来说没有明显的利益或好处，他们可能就不会太过在意或积极响应。反之，如果信息直接关系接收者的利益，那么他们自然会更加关注并迅速做出反应。

(2) 沟通要有主动性。项目经理需要主动与项目干系人保持沟通，让他们清楚项目的进展情况以及遇到的问题。客户得到的关于项目运行情况的第一手资料必须来自项目经理。比如，在进行一个项目时，如果出现了问题，项目经理需要第一时间告知客户原因，而不应该等到问题解决了再汇报。因为如果客户不知情，很容易产生不必要的矛盾。

(3) 沟通要简洁高效。沟通讲究效率，过多的信息传播其效果未必好。项目经理与项目干系人进行交流也需要注意“度”，避免“信息拥堵”。比如，如果项目运行良好，下次例会又不会带来额外价值，为什么不取消这次会议呢？项目经理完全可以告诉员工：“因为项目运行良好，所以本次会议取消。”这样对员工传递的是满满的正能量。

(4) 沟通要有始有终。沟通交流始于项目启动而止于项目结束，与项目干系人进行交流没有一劳永逸的方法。但制订有效的沟通交流计划可以提高沟通交流的效率，使在这方面的管理变得简单和有章可循。

(5) 沟通要区别对待。项目干系人所需要的信息是不相同的，对信息需求的紧迫程度及要求的沟通方式也不一样，这就需要项目经理区别对待，管理与他们的沟通与交流。

3. 项目沟通计划的需求分析

项目沟通计划的编制要根据收集的信息，先确定项目沟通要实现的目标，然后根据项目沟通目标和项目沟通需求分析得到项目沟通的任务，进一步根据项目沟通的时间要求安排任务。那么，项目沟通的需求是什么呢？这里我们可以把它的内容提炼为5W，即who、what、when、where、way。

(1) who：与谁沟通。项目经理首先要确定需要沟通的项目干系人。项目经理如果以自己为中心，就需要与A、B、C、D、E五个方面的人建立沟通的关系。

A：项目发起人和投资人，对他们负责。

B：团队成员和技术骨干，授权并激励他们工作。

C：客户和政府相关部门，满足其需求或法规要求。

D：供应商或分包商，获得他们的资源和劳务支持。

E：同业竞争者、新闻媒体、项目支持者和项目反对者。

(2) what：沟通什么内容。其内容包括两个方面：一方面，需要向 who 发布哪些信息，如向上级领导汇报项目进展情况，向下面的员工下达分工任务指令；另一方面，需要从 who 那里获得哪些信息，如从客户处获取他们的质量需求，从供应商处获得其报价。

(3) when：信息需求的时效性和沟通的时间跨度。

(4) where：沟通的场合，项目的沟通可以选择的场合很多，情况不同地点也会不一样，可以在会议室，可以在施工现场，也可以在餐馆等。

(5) way：选择怎样的方式与干系人进行沟通。比如，与上级领导沟通，要看对方是喜欢口头汇报还是书面报告，喜欢看电子文件还是打印文件。

4. 编写沟通计划

(1) 确定利益相关者。

① 识别利益相关者。列出所有与项目有直接或间接关系的人员或组织。明确项目中的关键人员，包括项目团队成员、项目发起人、客户、管理层、供应商等。

② 了解需求。通过访谈、问卷调查或会议等方式，收集利益相关者的沟通需求、期望和偏好，分析每个利益相关者的沟通需求、期望、偏好对项目的影响程度。

(2) 分析沟通需求。

① 需求调研。了解不同利益相关者对项目信息的需求，包括信息频率、形式、内容、沟通渠道等。

② 制订计划。基于需求调研结果，初步制定沟通计划的框架。

(3) 设定沟通目标。

① 明确目标。确定沟通计划的目标，确保其与项目目标一致。

② 制定目标。制定具体、可衡量、可达成、相关性强、有时间限制的目标。

(4) 选择沟通渠道。

① 选择合适的沟通渠道。根据不同的利益相关者和沟通需求，选择合适的沟通渠道，如会议、邮件、即时通信工具、报告等。

② 多元化渠道。确保沟通渠道的多样性和互补性，以满足不同受众的需求。

(5) 确定沟通频率。

① 设定频率。根据沟通内容和重要性，设定不同的沟通频率，如日常进度更新、重要决策通知、项目里程碑报告等。

② 灵活性。保持沟通频率的灵活性，根据项目进展和需要适时调整。

(6) 编写沟通内容。

① 编写内容。编写清晰、简明的沟通内容，确保信息准确传递，并满足不同受众的沟通需求。

② 结构清晰。采用逻辑清晰的结构，如按时间顺序、重要性、因果关系等编排信息。

(7) 制定沟通时间表。

① 制定时间表。为沟通活动制定详细的时间表，确保沟通活动按时进行，并合理安排沟通的频率和时间。

② 预留时间。为突发情况预留一定的缓冲时间，确保沟通计划的灵活性。

(8) 明确沟通责任。

① 确定责任人。明确项目团队中负责沟通的人员，以及每个成员的沟通责任和角色。

② 责任分配。确保每个沟通任务都有明确的责任人，避免出现责任不清的情况。

(9) 编制沟通计划文档。

① 文档编写。将上述内容整合成沟通计划文档，包括封面、目标、受众分析、关键信息、沟通渠道、时间表、责任人等部分。

② 审核修订。对文档进行反复审核和修订，确保内容准确无误。

5. 执行沟通计划

(1) 按计划进行沟通。

① 严格执行。按照沟通计划预定的时间表和频率进行沟通活动，确保信息按时传递。

② 灵活调整。根据项目进展和实际情况，灵活地调整沟通计划，确保计划的有效性和适应性。

(2) 准备沟通材料。

① 提前准备。提前准备好需要传递的沟通内容和材料，确保信息准确、清晰。

② 一致性。在沟通过程中保持一致的风格和信息，避免出现矛盾的信息。

(3) 监控沟通活动。

① 实时监控。监控沟通活动的执行情况，确保沟通按计划进行。

② 收集反馈。收集来自受众的反馈，了解他们对沟通活动的看法和意见。

(4) 评估效果。

① 定期评估。定期评估沟通活动的效果，确认信息是否被准确理解，是否达到预期效果。

② 数据分析。运用数据分析工具和方法，对沟通效果进行量化评估。

(5) 及时调整。

① 进行改进。根据反馈和评估结果，及时调整沟通计划，进行必要的改进。

② 解决问题。如出现沟通问题或误解，及时解决，避免对项目产生不良影响。

10.2 沟通策略的设计与实施

在软件开发过程中，设计并实施有效的沟通策略对于项目的成功至关重要。大软件开发项目中，应采取明确目标与期望、确立沟通原则、建立沟通渠道、制订沟通计划和应对模糊需求等措施，确保团队成员之间的沟通畅通无阻、协作高效有序。同时，通过执行沟通计划、营造良好的沟通氛围、强化沟通效果和定期评估与改进等实施步骤，可以不断优化沟通策略，提高团队的协作能力和项目管理水平。

10.2.1 沟通策略的关键要素

沟通策略的目标是确保信息传递的准确性和高效性，同时促进双方的理解和合作。沟通策略的关键要素包括明确沟通目的与受众、准备充分的内容、选择合适的沟通方式、注重倾听与反馈、非语言沟通的运用、情绪管理与控制、尊重与包容、解决冲突与协商以及持续改进与反思。运用这些要素，可以提高沟通的效率和质量，促进双方的理解和合作。

10.2.2 沟通策略的实施步骤

沟通策略的实施是一个系统而细致的过程，涉及多个步骤，必须确保沟通的有效性和效率。

1. 沟通前的准备

(1) 明确沟通目标。

沟通目标应具体、可衡量，并与项目或团队的整体目标紧密相连。确保所有团队成员都明确知道沟通的目标和期望结果。

(2) 制订沟通计划。

① 顺序合理。根据信息的重要性和紧急性，安排沟通的先后顺序。确定沟通的顺序，即明确先说什么，后说什么。

② 预测并准备应对异议和争执。预设可能的反对意见，并准备好有理有据的回应。

③ SWOT[优势(strengths)、劣势(weaknesses)、机会(opportunities)、威胁(threats)]分析。评估双方的优劣势，以便在沟通中更好地发挥优势，规避劣势。

(3) 选择沟通方式。

根据信息传递的效率、沟通的实时性，以及对方接收信息的方式、偏好，选择合适的沟通方式，如口头交流、书面传达、电子邮件、会议等。

(4) 准备好沟通材料。

① 提前整理好相关资料，确保数据准确、信息完整。

② 对于重要会议或演示，可制作 PPT、报告等辅助材料。

2. 建立沟通环境

(1) 营造开放的氛围。

鼓励自由表达，避免批评和打压不同意见，确保所有参与者能够自由表达意见和想法，不受压力和批评。

(2) 尊重他人观点。

① 无论对方的观点如何，都应保持尊重和耐心。

② 通过积极倾听和反馈，表达对他人的尊重。

3. 阐述观点与提问

(1) 阐述观点。

① 使用简明扼要、清晰明确的语言表达自己的意图和核心观点。强调重点，让对方特别关注重要信息。

② 采用 FAB 原则[属性(feature)、作用(advantage)、利益(benefit)]进行阐述。

(2) 有效提问。

① 使用开放式问题鼓励对方分享更多信息，营造轻松氛围。开放式问题促进深入思考，封闭式问题聚焦关键信息。

② 适时提问，引导对话朝着期望的方向发展。

4. 积极聆听与提供反馈

(1) 积极聆听。

① 全身心关注对方的话语，不打断、不预判。

② 使用倾听回应(如点头、微笑)来表达你在认真听。

③ 及时提问确认未听清的问题，重复对方的内容以表示理解。

④ 归纳总结对方的观点，并表达你的感受。

(2) 提供反馈。

① 在聆听过程中及时给予反馈，确认准确理解对方的意思。

② 表达自己的理解和观点，促进双方更深入地交流。

5. 处理异议与达成共识

(1) 采用柔道法处理异议。

① 不要强行说服对方，而是用对方的观点来说服他。

② 表现出同理心，尊重对方的情绪和意见。

③ 使用“我”语句来表达感受和需求，避免指责对方。

(2) 达成共识。

① 在双方意见趋于一致时，明确达成共识的内容。

② 确认协议的细节和执行计划。

6. 感谢、赞美与庆祝

(1) 表达感谢。

① 对对方的支持和合作表示感谢。

② 对他人的工作结果和额外帮助表示真诚的感谢。

(2) 给予赞美。真诚地赞美对方的贡献和优点。

(3) 共同庆祝。庆祝达成共识或达成沟通目标，增强团队的凝聚力和信任感。

7. 跟进与评估

(1) 收集反馈。向对方收集反馈意见，了解对方对沟通过程和内容的评价。

(2) 调整沟通策略。根据反馈意见调整和改进自己的沟通策略。

(3) 实施并评估结果。

① 双方按照达成的协议共同实施，并评估实施效果。

② 反思沟通过程中的得与失，为下一次沟通积累经验。

10.3 沟通效果的评估与调整

在沟通策略实施后，对其效果的评估与调整是至关重要的一环。这一过程不仅能够帮助我们了解沟通的实际成效，还能够为后续的沟通活动提供宝贵的经验和改进方向。

10.3.1 监控与效果评估

1. 建立监控机制

(1) 设定关键指标。明确沟通成功的关键指标，如信息传递的准确率、受众的响应速度、问题的解决率等。

(2) 实时跟踪。利用项目管理工具、数据分析软件等手段，实时跟踪沟通计划的执行情况，确保各项任务按时完成。

(3) 定期审查。设定固定的时间节点，如每周、每月或项目关键阶段，对沟通活动进行全面审查，确保整体进度与预期相符。

2. 效果评估

(1) 收集反馈。通过设计合理的问卷调查、组织面对面的访谈、观察受众反应等多种方式，广泛收集受众对于沟通效果的反馈意见。

(2) 量化评估。对收集到的反馈意见进行量化处理，如计算满意度评分、统计问题解决比例等，以便更直观地评估沟通效果。

(3) 多维度分析。除量化评估外，还应从信息传递的清晰度、受众的接受度、沟通过程的流畅度等多个维度进行深入分析，以全面了解沟通效果。

10.3.2 调整优化计划

1. 问题识别

(1) 对比分析。将监控和评估结果与预期目标进行对比分析，找出存在的差距和问题。

(2) 原因剖析。深入分析问题产生的原因，如沟通渠道选择不当、信息内容表达不清、受众需求理解不足等。

2. 优化措施

(1) 调整沟通渠道。根据受众的偏好和沟通需求，灵活调整沟通渠道，如增加在线会议、减少不必要的邮件往来等。

(2) 改进信息内容。优化信息内容的组织结构和表达方式，确保信息清晰、简洁、有吸引力。

(3) 加强培训。为沟通参与者提供必要的培训和支持，提升他们的沟通技巧和能力。

(4) 增加互动环节。在沟通过程中增加互动环节，如问答环节、小组讨论等，以激发受众的参与热情和兴趣。

3. 持续改进

(1) 建立反馈循环。将评估结果和优化措施纳入反馈循环，确保每次沟通活动都能得到及时的评估和反馈。

(2) 总结经验教训。每次沟通活动结束后，及时总结经验教训，提炼出成功的经验和失败的教训。

(3) 灵活适应变化。根据项目进展和受众需求的变化，灵活调整沟通策略和方法，以确保沟通效果的最大化。

10.3.3 评估沟通效果的方法

评估沟通效果的方法多种多样，旨在确保信息在传递过程中被准确理解并产生预期的效果。

1. 反馈调查

(1) 问卷调查。设计问卷，问卷应包含关于沟通过程、信息理解程度、满意度及改进建议等方面的问题。问题设计需具有针对性，清晰明了，避免引导性提问。

(2) 分发与收集。通过电子邮件、在线调查平台或纸质问卷等方式，将问卷分发给参与者。确保问卷的分发范围广泛，以收集不同层面的意见。

(3) 数据分析。对收集到的问卷数据进行统计分析，识别共性问题、满意度趋势及改进建议的集中点。

(4) 面谈调查。

① 选取样本。通过沟通活动的性质和目的，选取具有代表性的参与者进行面谈。

② 深入交流。通过面对面交流，深入了解参与者对沟通过程的真实感受、理解程度及具体建议。

(5) 记录与分析。对面谈内容进行详细记录，并进行整理和分析，提炼出有价值的见解和改进方向。

2. 观察记录

(1) 非语言行为观察。观察要点，注意参与者的姿势、表情、眼神交流等非语言行为，这些行为往往能反映其真实态度和情感。

(2) 记录方式。使用专业的观察记录表或笔记，确保记录的客观性和准确性。在条件允许的情况下，可以使用录像、录音等技术手段进行辅助记录。

(3) 语言行为分析。关注参与者的措辞是否准确、语速是否适中，以及表述是否存在模糊、歧义或冗余。

(4) 交流方式。分析参与者之间的沟通方式是否顺畅、是否有效传递了信息以及是否存在误解或冲突的情况。

3. 成果分析

(1) 实际成果对比。

① 设定标准：在沟通活动开始前，明确沟通目标和预期成果，设定具体的衡量标准。

② 对比分析：将沟通后达到的实际成果与预期目标进行对比分析，评估是否达到预期效果。

(2) 绩效与项目评估。考核团队绩效，观察沟通活动对团队氛围、协作效率及工作绩效等的影响。

(3) 项目完成情况。分析沟通活动对项目进度、质量、成本等的影响，评估其对项目整体成功的贡献度。

10.3.4 根据反馈调整沟通策略

1. 提升沟通技巧

针对评估中发现的问题，提升沟通技巧，如学习更有效的倾听、提出清晰明确的表达、使用恰当的语言和措辞等。

2. 加强团队合作

沟通问题可能是团队合作不够密切导致的。定期的团队会议、合作项目的规划和跟进可以促进团队成员之间的沟通和协作。

3. 优化沟通渠道

评估各种沟通渠道的投入效益比，优化投入渠道，提高沟通效率和效果，利用现代技术手段(如电子邮件、即时通信工具和项目管理软件等)提高沟通便利性。

4. 调整沟通内容

如果沟通内容不够吸引人或难以理解，需要调整内容的表达方式或增加趣味性，确保信息准确传递。

5. 建立沟通反馈机制

建立定期沟通反馈机制，鼓励员工提出意见和建议，并及时回应和解决问题。这有助于及时发现问题并进行调整。

6. 案例分析和借鉴

分析成功和失败的沟通案例，从中汲取经验，吸取教训，调整和优化自身的沟通策略。

10.4 沟通计划与策略实施案例

本节围绕两个软件开发实施案例展开，通过实际案例探讨有效沟通策略的重要性。两个案例分别从计划执行和反馈调整两个角度展示了高效沟通的实践。案例“复杂项目中的沟通计划制订与执行”讲解了从沟通计划制订、策略实施到成效反思的过程。案例“根据反馈动态调整沟通策略的实践”讲解了如何根据用户反馈动态调整沟通策略的实践，包括反馈收集与分析、动态调整策略以及成效与持续优化等。

10.4.1 复杂项目中的沟通计划制订与执行

1. 案例背景

某科技公司承接了一个复杂的软件开发项目，该项目涉及多个子系统、多个开发团队以及跨地域合作。为了确保项目顺利进行，项目经理制订了一套详尽的沟通计划。

2. 制订沟通计划

(1) 明确沟通目标。项目经理首先与所有团队成员共同明确项目总体目标和阶段性目标，确保每个人对项目目标有清晰的认识。

(2) 确定沟通对象。根据项目组织结构，项目经理识别出关键沟通对象，包括项目发起人、各子系统负责人、开发团队成员、测试团队、客户代表等。

(3) 选择沟通方式。根据项目特点，项目经理选择了多种沟通方式，包括定期会议(如周会、月度评审会等)、即时通信工具(如钉钉、Slack 等)、项目管理软件(如 Jira、Trello 等)以及电子邮件等，以确保信息的及时传递和反馈。

(4) 设定沟通时间。项目经理制定详细的沟通时间表，包括会议时间、报告提交时间、进度更新时间等，确保沟通活动的有序进行。

(5) 规划沟通内容。项目经理明确每次沟通活动的主题、议程和预期成果，确保沟通内容具体、明确且有针对性。

(6) 分配沟通责任。项目经理为每位团队成员分配明确的沟通职责，确保信息能够准确无误地传递到目标受众。

3. 执行与调整

(1) 在执行过程中，项目经理密切关注沟通效果，通过收集反馈和观察团队成员的沟通行为，及时发现并解决沟通障碍。

(2) 针对发现的问题，项目经理及时调整沟通计划，如增加临时会议、优化沟通流程、引入新的沟通工具等，以确保沟通效率和质量。

通过持续的努力和调整，项目团队形成了良好的沟通氛围和协作机制，项目进展顺利，最终成功交付。

10.4.2 根据反馈动态调整沟通策略的实践

1. 案例背景

某软件开发团队在开发过程中遇到了用户反馈集中、需求频繁变更的问题，这些问题导致原有的沟通策略无法满足当前的需求。为了解决这一问题，团队决定根据用户反馈动态调整沟通策略。

2. 沟通策略调整过程

(1) 收集并分析反馈。团队首先通过问卷调查、用户访谈、社交媒体监听等多种方式收集用户反馈，并对其进行深入分析，识别出用户的主要关切点和需求变更点。

(2) 评估沟通效果。基于收集到的反馈数据，团队对当前的沟通效果进行评估，找出沟通中的不足之处和需要改进的地方。

(3) 设计新的沟通策略。针对评估结果和用户需求变更情况，团队设计了一套新的沟通策略，包括增加用户代表参与产品开发过程、设立快速反馈通道、定期举办用户见面会等。

(4) 实施新策略并监测效果。团队将新的沟通策略付诸实践，并密切监测其实施效果。通过设立关键绩效指标(KPIS)如用户满意度、反馈处理速度等来衡量沟通效果。

(5) 持续优化与调整。根据实施效果和对用户反馈的持续收集与分析，团队不断优化和调整沟通策略，确保其始终能够满足用户需求并提升沟通效率。

3. 成果与启示

通过根据用户反馈动态调整沟通策略的实践，该软件开发团队成功地提升了用户满意度和反馈处理速度，增强了产品的市场竞争力。这一案例启示我们，在项目管理中，沟通策略不是一成不变的，而是应根据项目实际情况和用户需求的变化进行动态调整和优化。

10.5 本章小结

在软件项目开发管理的广阔天地里，沟通不仅是技术传递的桥梁，更是团队协作的纽带。本章深入探讨了如何在软件项目开发中构建高效的沟通管理体系。

在制订沟通计划时，要关注技术层面的细节，如确定沟通对象、选择沟通方式、设定沟通时间等。这意味着要明确，沟通不仅仅是信息的传递，更是价值观的共享和团队精神的塑造。因此，在规划沟通内容时，不仅要涵盖项目进度、技术难题等具体事务，还要融入团队合作的理念、社会责任的担当以及持续学习的态度。

在执行沟通计划时，团队成员应秉持诚信、尊重、包容的沟通原则，确保信息在团队内部畅通无阻。同时，通过定期的思政教育活动，如团队建设活动、道德讲堂等，增强团队成员的凝聚力和向心力，为项目的顺利进行提供坚实的思想保障。

在实施沟通策略时，通过分析项目特点，不仅要关注技术难题的解决，更要注重培养团队成员的问题意识和创新精神。在识别沟通需求时，强调倾听与理解的重要性，鼓励团队成员之间建立基于信任和尊重的沟通关系。

在制订实施计划和执行策略时，强调团队协作和共同目标的重要性，确保沟通活动既服务于项目本身，又促进团队成员的个人成长和全面发展。

评估沟通效果是确保沟通计划有效性的关键环节。评估沟通效果不仅要关注沟通活动的直接成效，如信息传递的准确性和及时性，还要关注其对团队成员思想观念、道德品质的影响。因此，本章介绍了多种评估方法，旨在全面、客观地了解沟通活动的成效。

在评估过程中，注重收集和分析团队成员的反馈意见，了解他们在沟通活动中的收获和困惑。同时，通过思政教育的引导，帮助团队成员识别沟通不仅是技术层面的需求，更是个人成长和团队协作的重要途径；通过持续改进和优化沟通计划，致力于构建一个更加和谐、高效的团队沟通环境。

10.6 本章习题

一、单项选择题

1. 沟通计划的编写不包括以下哪个环节？（　　）
   A. 识别利益相关者　　B. 设定具体的沟通频率
   C. 确定项目的具体技术方案　　D. 制定信息发送的时间表
2. 哪种方法常用于评估“沟通是否达到预期效果”？（　　）
   A. 项目进度表分析　　B. 团队成员满意度调查
   C. 技术性能测试　　D. 财务报告审计

二、填空题

1. 制订沟通计划时，首先需要明确沟通的__________和__________，以确保信息的有效传递。
2. 沟通策略的设计应包括__________、渠道选择、时间安排和__________等关键要素。
3. 评估沟通效果通常通过__________、反馈收集以及结果分析等方法来实现。
4. 在复杂的项目中，制订详尽的沟通计划可以显著提高__________和__________。

三、简答题

1. 请举例说明沟通计划中沟通目标与关键信息的重要性。
2. 实施沟通策略时，为什么渠道选择和时间安排尤为重要？请阐述你的理由。

第11章

团队沟通与协作

在快速变化的软件开发与项目管理领域，高效的团队内部沟通不仅是项目成功的基石，更是团队成员间建立信任、促进协作、激发创新的关键。

本章将全面介绍团队内部沟通机制，包括团队沟通的基本原则、建立有效的团队沟通流程、促进团队协作的沟通技巧与沟通策略、团队冲突的沟通管理、团队沟通与协作实践案例等，旨在深入探讨团队内部沟通的核心要素与实践策略，为读者搭建起一套系统的知识体系，助力其在职场中脱颖而出，同时为软件产业的持续发展贡献力量。

11.1 团队内部沟通机制

所谓团队，是指一群才能互补、相互团结的人，他们为承担共同责任，秉持统一的目标和标准而共同努力，奉献自我。团队不仅强调每个成员的工作成果，更强调团队的整体业绩。团队所依赖的不仅仅是集体讨论和决策以及信息共享和标准强化，更强调通过团队成员的共同贡献，能够得到实实在在的集体成果。这个集体成果超过团队成员个人业绩的总和，即团队成果大于各部分之和，团队的核心是共同奉献。

11.1.1 团队合作的特征

1. 共同的目标

一个优秀的团队必须有一个共同的目标。这个共同的目标是一种意境，团队成员应花费充分的时间和精力来讨论、制定他们共同的目标，并在这一过程中使每个团队成员都能够深刻地理解团队的目标。无论遇到任何困难，这一共同的目标都会为团队成员指明方向。目标对团队来说非常重要，它是团队运作的核心动力，是团队决策的前提，更是团队合作的旗帜。一个团队一般至少要有两个基本目标：保证完成团队任务和维护团队成员间融洽的关系。

2. 建立信任感

一个具有凝聚力的团队，最为重要的就是建立信任感。这就要求团队成员认识到自己与团队之间以及自己与团队内其他成员之间的相互信任是不可或缺的。

3. 牺牲精神

对于现代的社会和企业，个人的成功并不能代表企业的成功，只有团队的成功才是企业的成功。一个团队至少由 3 个团队成员组成，且每个团队成员都有自己的思考方式和做事方法。团队成员的想法可能与团队目标、计划有差异或冲突，但是团队成员必须按团队共同确定的目标去执行。团队成员在这个过程中可以充分发表个人的意见，保留个人的想法，但同时要坚决地按团队的计划和目标去执行，并且要勇于为团队目标的实现牺牲自己的利益。

4. 凝聚力

任何团队都需要一种凝聚力。凝聚力能使团队成员之间顺利地完成思想的沟通，从而引导团队成员产生共同的使命感、归属感和认同感，并逐渐将其强化升华为团队精神。凝聚力可分为向心力和团结力，向心力对团队和团队成员具有吸引力，而团结力对团队成员具有吸引力。

5. 良好的沟通

在团队中，团队成员之间信息交流畅通可以使团队的业绩成果远远大于每个人业绩成果的总和。持续沟通是使团队成员更好地发扬团队精神的重要渠道，团队成员应秉持对话精神，有方法、有层次地发表意见并探讨问题，汇集大家的经验和知识，凝聚团队的共识，从而激发自身和团队的创造力。

6. 核心领导

一个团队首先要有一个核心领导，核心领导的作用是当团队成员意见不一致时做出关键决定，督促团队成员按照其决定执行。核心领导有充分的人、财、物的指挥权，充分的协调能力，以及充分的决策权，有大局观，注重细节，能够听取正、反方的意见。团队的核心领导往往担任的是教练员或后盾的角色，他们为团队提供指导和支持，而不是控制下属。

11.1.2 团队协作中的沟通技巧

在团队协作的过程中，掌握并运用高效的沟通与协作技巧，是通往成功不可或缺的钥匙。深入理解这些技巧，并将其融入日常实践，不仅能极大地提升团队的工作效能，还能促进成员间的和谐，为团队目标的顺利实现铺平道路，同时为个人的成长与进步提供坚实的基石。

沟通，作为团队协作的桥梁，其技巧的运用直接关系到团队运作的顺畅与高效。以下是团队协作中至关重要的几点沟通技巧。

1. 确立沟通目标

每次沟通都应明确沟通的核心目标与期望成果。这如同一盏明灯，指引讨论的方向，确保话题聚焦，沟通高效。

2. 倾听的艺术

倾听是沟通中最宝贵的。在团队交流中，全心全意倾听成员的意见与疑问，不仅能加深彼此的信任，更能准确把握他人的需求与想法。团队讨论时，应尊重每位成员的发言，避免打断或急于评判，让沟通成为真正的双向交流。

3. 清晰表达的力量

清晰、简洁的表达是沟通中的金科玉律。用直白易懂的语言阐述观点，避免使用冗长复杂的术语，让信息一目了然。同时，注意言辞的礼貌与温和，避免情绪化的表达，营造和谐的沟通氛围。

4. 妥协与冲突解决

团队协作中，意见不合在所难免，学会在尊重与理解的基础上寻求妥协，是成熟沟通的标志。面对冲突，保持冷静与耐心，共同努力寻找双赢的解决方案，让团队在差异中成长。

5. 沟通方式的灵活性

根据情境选择最合适的沟通方式，无论是面对面的深入交流，还是电话、邮件、即时通信的便捷沟通，每种方式都有其独特优势。灵活运用沟通方式，让沟通更加高效与贴心。

6. 会议的高效管理

会议是团队协作的重要环节。会前明确议程，确保会议有的放矢；会中鼓励成员发言，及时给予反馈；会后总结确认，确保决策得到有效执行。这样的会议，才是团队前进的加速器。

7. 团队的建设

定期的团队建设活动是增强团队凝聚力与归属感的秘诀。通过互动与沟通，加深成员间的了解与信任，让团队成为无坚不摧的集体。

8. 日常沟通实用技巧

此外，还有几项在日常沟通中尤为实用的技巧，值得每位项目成员掌握。

(1) 真诚的肯定。在沟通中，不吝啬你的赞美之词。真诚的肯定是对他人价值的认可，能激发团队的正能量，让沟通更加顺畅。

(2) 幽默的调味。适当的幽默是沟通的调味剂。它能缓解紧张气氛，化解小摩擦，让团队在轻松愉悦中前行。

(3) 开放的心态。接受并尊重不同的意见是团队协作的基石。无论是来自上级的指导，还是下级的建议，都应以开放的心态接纳，共同推动团队进步。

(4) 数据的说话。数据是沟通中最有力的语言。用具体的数据说话，让目标、成本、时间等抽象概念变得具体可感，沟通因此更加精准有效。

(5) 简洁明了的表达。沟通时，力求语言简洁明了，避免晦涩难懂。让信息一目了然，减少误解与沟通障碍。

掌握并运用这些沟通技巧，让团队在协作中如虎添翼。只有如此，才能在沟通的海洋中游刃有余，推动团队向着目标勇往直前。

11.1.3 团队成员之间相处的技巧

(1) 无论发生什么事情，都要先思考自己是不是做错了。如果确认自己没错，那么就站在对方的角度，体验一下对方的感受。

(2) 低调一点，低调一点，再低调一点(要比临时工还要低调)。

(3) 嘴要甜，平常不要吝惜喝彩(夸奖会让人产生愉悦感，但不要夸过头，否则会令人反感)。

(4) 有礼貌。打招呼时要看着对方的眼睛。尤其是对于年纪大的人，与其沟通时更要注重礼貌。

(5) 少说多做。言多必失，在人多的场合尽量少说话。

(6) 不要把别人的好视为理所当然，要懂得感恩。

(7) 不要推脱责任。

(8) 在一位同事面前不要说另一位同事的坏话，要坚持在背后说别人好话。

(9) 避免和同事公开对立。

(10) 经常帮助别人，但是不能让被帮助的人觉得理所应当。

(11) 对事不对人；或对事无情，对人有情；或做人第一，做事次之。

(12) 忍耐是人生的必修课。

(13) 新到一个地方，不要急于融入其中哪个圈子。过一段时间后，属于你的那个圈子便会自动接纳你。

(14) 有一颗平常心。

(15) 待上以敬，待下以宽。

11.1.4 建立有效的团队沟通流程

在快速变化的工作环境中，建立一套高效、顺畅的团队沟通流程对于提升团队协作效率、促进项目成功至关重要。

1. 评估团队的沟通需求

在制订团队高效沟通计划之前，首先需要对团队的沟通需求进行评估。

(1) 团队成员之间的沟通方式和频率是怎样的？

(2) 有哪些特定的项目或任务需要在团队内进行密切沟通？

(3) 团队成员之间是否有文化或语言差异？这可能会对沟通造成哪些困难？

(4) 是否有特殊的沟通需求，如远程团队成员或客户的参与？

2. 建立沟通渠道

根据团队规模、地理位置、工作性质等因素，选择合适的沟通渠道。常用的沟通渠道如下。

(1) 会议。安排定期会议，提供一个团队成员互相交流和分享信息的平台；确保会议有明确的议程，并记录会议要点和行动项。

(2) 邮件和即时消息。设定明确的邮件和即时消息使用规则，确保信息传递及时和准确。

(3) 内部网站或平台。创建一个共享平台，可以在其中发布团队更新信息、文件和资源，以便团队成员可以随时访问。

(4) 远程会议工具。如果团队成员分布在不同地区或远程工作，可以使用远程会议工具(如Zoom、Skype 等)进行虚拟会议。

(5) 一对一沟通。鼓励团队成员进行一对一的面对面或虚拟会议，以便更深入地讨论和解决问题。

3. 制定沟通规范

建立一套明确的沟通规范，包括语言风格、信息格式、回复时间等，以确保沟通的一致性和效率；制定并分享沟通指南，要求团队成员遵守。同时，通过定期回顾和调整来不断完善规范。

4. 角色与责任分配

明确团队成员在沟通流程中的角色和责任，以确保每个人都清楚自己的职责范围和期望的沟通行为。根据团队成员的能力和专长分配角色，并设立明确的沟通责任人，确保团队成员之间能够相互支持、协作和补充。

5. 监控和评估

通过定期监控和评估，了解团队沟通流程的效果和效率，并根据结果进行优化和改进。

(1) 定期调查。调查团队成员对沟通计划的满意度，并收集反馈意见和建议。

(2) 回顾会议记录和沟通日志。通过回顾会议记录和沟通日志，识别任何潜在的沟通问题或瓶颈，并采取适当的纠正措施。

(3) 定期评估团队目标的实现情况。评估团队的沟通是否对团队的成功产生积极影响。

11.2 促进团队协作的沟通技巧与沟通策略

在团队协作中，沟通技巧与沟通策略起着至关重要的作用，它们是确保团队合作和高效运行的关键。因此，有效的沟通技巧与沟通策略是每个团队成员必须掌握的重要技能。

11.2.1 促进团队协作的沟通技巧

沟通技巧对于团队的成功是至关重要的。了解这些沟通技巧并且坚持实践它们，可以使团队工作更加高效，并且改善成员之间的关系，最终达成团队目标的同时帮助个人获得自我提升和成长。每个团队成员都应掌握以下沟通技巧。

1. 明确沟通目标

在每次沟通前，明确沟通的具体目标和期望结果。这有助于确保讨论内容不偏离主题，提高沟通效率。

2. 认真倾听

认真倾听是建立良好沟通的关键。在与团队成员交流时，认真倾听他们的观点和问题，不仅可以建立良好的关系，还可以有效地理解其他人的想法和需求。同时，在团队讨论中要尊重其他团队成员的发言，不要打断或批评他们的意见。

3. 清晰明了地表达

清晰明了地表达自己的观点和想法也是沟通技巧的关键。在表达时，应尽可能简洁明了，不使用过于复杂的词汇和术语；同时，要注意言谈举止，不要出现愤怒的情绪或不礼貌的言辞。

4. 学会妥协和解决冲突

在团队协作过程中，难免会出现意见分歧或者冲突。学会妥协和解决冲突也是非常重要的沟通技巧之一。与其他成员沟通时，要以尊重和理解为基础，尽可能寻求妥协和解决方案。即使有问题不能得到解决，面对困难时也不要失去耐心，要保持冷静。

5. 灵活选择沟通方式

根据具体情境选择合适的沟通方式，如面对面交流、电话、电子邮件、即时通信工具等。不同的沟通方式各有优势，应根据实际情况灵活选择。

6. 会议有效与反馈

会议前明确议程和讨论要点，确保会议有的放矢，避免无意义的闲聊和偏离主题的讨论。会议中应鼓励团队成员提出问题和建议，并及时给予反馈。会议结束后进行总结和确认，确保决策得到贯彻执行。

7. 团队建设与协作

通过定期的团队建设活动增强团队成员之间的互动和沟通，提高团队成员的归属感和团队凝聚力。

11.2.2 促进团队协作的沟通策略

促进团队合作的沟通策略包括增强沟通能力、明确共同目标与愿景、及时表扬与认可、组织团队建设活动以及促进知识共享等。这些策略的实施将有助于提升团队的整体效能和凝聚力，推动团队朝着共同的目标不断前进。

1. 增强沟通能力

为团队成员提供沟通技巧培训，包括有效倾听、清晰表达、非语言沟通等方面的知识。通过专业培训，帮助成员提升沟通效率和质量。

2. 明确共同目标与愿景

团队领导者应与团队成员共同制定清晰、具体的目标，并确保每个团队成员都理解并认同这些目标。共同目标能够激发团队成员的归属感和动力，促使他们朝着同一方向努力。构建一个共同的愿景——团队期望实现的长期目标和美好前景。共同愿景可以激发成员的归属感和动力。

3. 及时表扬与认可

对团队成员的贡献和成就给予及时反馈和认可。这不仅能够增强团队成员的自信心和满足感，还能够激发他们的工作热情和积极性，增强团队凝聚力。

4. 组织团队建设活动

定期组织团队建设活动，如户外拓展、团队聚餐、文化沙龙等。这些活动有助于增进团队成员间的相互了解和信任，打破隔阂和界限。

5. 促进知识共享

为团队成员提供知识共享的平台，如内部论坛、知识库、在线协作工具等。这些平台有助于团队成员之间分享经验、资源和信息，提升团队整体能力。

11.3 团队冲突的沟通管理

在团队协作过程中，冲突是不可避免的。有效的冲突管理不仅能够化解矛盾，还能增进团队成员之间的理解，增强协作，提升团队的整体效能。本节将从“识别与处理团队冲突”和“沟通在冲突预防中的作用”两个方面探讨团队冲突的沟通管理。

11.3.1 识别与处理团队冲突

1. 团队冲突的类型

团队冲突是组织冲突的一种特定表现形态，是团队内部或外部某些关系难以协调而导致的矛盾激化和行为对抗。冲突管理就是引导这些冲突的结果向积极的、协作的而非破坏性的方向发展。在这个过程中，项目经理是解决冲突的关键，他的职责是运用正确的方法解决冲突，并通过冲突发现问题、解决问题，促进项目更好地开展。

那么，为什么会产生冲突呢？从冲突的指向来看，冲突可以划分为资源分配冲突、技术意见与工作内容冲突、项目优先权冲突、管理程序冲突、进度计划冲突、人力资源冲突和成员间个性冲突七个方面，具体内容如下。

(1) 资源分配冲突。资源分配冲突也称为费用冲突，即在进行项目工作的分解或分包的过程中，资金和资源数量的多少等很容易引起冲突。

(2) 技术意见与工作内容冲突。在项目管理中，关于如何完成工作或工作以什么样的标准完成，以及在项目实施中的技术问题、性能要求、实现性能的手段等，不同的部门成员可能会有不一样的看法，从而引发冲突。

(3) 项目优先权冲突。对于项目的具体活动和任务的次序，不同的部门成员看法不一。这不仅会发生在项目内部，也会发生在项目之间。影响项目优先权的因素包括技术风险、财务和竞争风险、预期成本、利润增长和投资回报、对其他项目的影响、对分支部门或组织的影响等。

(4) 管理程序冲突。许多冲突来自项目管理，项目干系人会在项目经理的职责和权限、项目经理的上下层隶属关系、界面关系、项目范围、运行要求、实施的计划、与其他组织协商的工作协议、管理支持程序等方面产生冲突。

(5) 进度计划冲突。进度计划冲突来源于对完成项目工作任务所需时间长短、次序安排和进度计划等方面的不同意见。它同样可能发生在项目内部，也可能发生在项目组和支持职能部门之间。

(6) 人力资源冲突。项目团队成员往往来自其他职能部门，如果这些部门的领导仍拥有项目团队成员的人员支配权，就会引起冲突。更具体地讲，这种冲突体现在人员需求的范围、技能要求、任务分配、职责分配等方面。

(7) 成员间个性冲突。项目团队成员之间因个人价值观及态度方面的差异也会发生冲突。成员间个性冲突经常是“以自我为中心”造成的，并且这种冲突往往被表面的沟通问题或技术争端所掩盖。

2．解决冲突的五种方法

项目管理中产生的各种冲突常常会使项目经理处于矛盾和不确定的困境中，这时就需要项目经理选择解决冲突的最佳方法并及时处理，从而保证项目顺利进行。可供选择的冲突解决方法多种多样，通常采用以下几种。

(1) 协商。冲突的各方进行面对面协商，尽力解决争端，这是协作与协同的方法，因为各方都需要获得成功。这需要双方以“取舍”的态度进行公开对话。问题解决就是冲突各方一起积极地定义问题、收集问题的信息、制订解决方案，直到选择一个最合适的方案来解决冲突，此时为双赢或多赢。但在这个过程中，需要公开地协商，这是冲突管理中最理想的一种方法。

(2) 合作。合作是一种理想的解决冲突的方法，即团队冲突双方高度合作，并且高度武断。这就是说冲突双方既要考虑和维护自己的要求和利益，又要充分考虑和维护对方的要求和利益，并最终达成共识。也就是双方彼此尊重对方意愿，同时不放弃自己的利益，最后可以达到双赢的结果，形成皆大欢喜的局面，但这不容易达到。

(3) 妥协。妥协是指为使各方在离开的时候都能够得到一定程度的满足而寻求的一种解决方案。妥协常常是面对面协商的最终结果。一些人认为妥协是一种“平等交换”的方式，能够产生双赢的结果。也有一些人认为妥协是一种双败的结果，因为任何一方都没有得到自己希望的全部结果。

(4) 回避。回避是日常工作中常用的一种解决冲突的方法，是指双方都想合作，但既不采取合作性行为，也不采取武断性行为，“你不找我，我不找你”，双方对事情进行回避。不过，采用回避的方式会导致更多的工作被耽误，更多的问题被积压，更多的矛盾被激发，解决不了实质性问题。

(5) 缓和。缓和是指尽力排除冲突中的不良情绪，它的实现要通过强调意见一致的方面，淡化意见不同的方面。缓和并不足以解决冲突，但却能够说服双方继续留在谈判桌上，相当于求同存异，因为还存在解决问题的可能。在缓和的过程中，一方可能会牺牲自己的目标以满足另一方的需求。

3. 处理团队冲突的具体步骤

项目团队能否有效地解决团队冲突，是项目成败的关键。因此，项目团队不仅要有处理团队冲突的多套方案，更要有一套规范、具有创造性和能够有效解决冲突的具体步骤。一般而言，在处理团队冲突时应该按照以下步骤进行。

(1) 对冲突做出说明。冲突发生时，第一时间要对冲突做出书面的描述说明，明确冲突的含义和内容，只有这样，团队成员才能对冲突更加明确，并提出一致的解决意见。冲突的说明要尽可能具体、确切，包括对冲突程度的定量描述，如数字、标准等内容。

(2) 寻找产生冲突的原因。对冲突做出说明后，就需要仔细查找产生冲突的原因，因为一个已经或正在发生的冲突会有许多原因，特别是技术性的冲突更是如此。

(3) 收集数据。在冲突解决过程初期，团队常常忙于应对冲突的症状，而顾不上研究冲突的原因。一定要让团队避免出现这种情况，应在得出可行方案之前，收集足够的数据，掌握实际情况。

(4) 得出可行方案。在解决冲突过程中，团队成员要认真仔细，不要轻率地接受最先提出的方案或者最明显的方案。如果这种最先提出的或最明显的方案行不通，他们还要从头重新做。

(5) 评估可行方案。对于得出的各种可行方案，团队有必要对它们进行评估，在这一步骤中，负责解决冲突的团队一定要首先对进行评估的可行方案建立起标准，依据评估标准对提出的各种方案进行评估。

(6) 选定最佳方案。最佳方案决策的依据与解决冲突团队成员的知识和技术水平密切相关，只有拥有丰富的相关知识的团队成员才能依据评估标准做出正确的决策。

(7) 对项目计划进行修订。有了最佳方案后，接下来就要进入实施阶段。此时要明确具体任务，包括成本费用和工时以及每个任务所需的人员和资源，负责制订方案的成员要了解这些计划情况，要把这些情况与项目的全面计划结合起来，确定这个方案对项目其他部分的影响。

(8) 实施方案。制订出实施最佳方案的计划后，负责制订方案的成员就要着手行动起来，进行冲突的处理工作。

(9) 判断冲突是否解决。方案实施后，团队需要用到步骤(1)中对冲突的说明，把实施方案的结果与冲突说明中明确的情况进行比较，看是否解决了冲突。如果冲突没有解决，需要重新找出产生冲突的其他根源，再重复上述步骤，直到冲突完全解决为止。

11.3.2 沟通在预防冲突中的作用

沟通在预防冲突中发挥着至关重要的作用。沟通是人际交往的基石，也是解决潜在矛盾、增进理解与信任的重要途径。

1. 建立信任基础

通过有效的沟通，个人或团队能够向他人展示自己的诚意和关心，这种积极的互动有助于建立起基于信任的关系。当信任建立后，面对潜在冲突时，双方更愿意通过对话而非对抗来解决问题。

2. 通过倾听促进理解与共鸣

在沟通中，倾听是至关重要的一环。通过认真倾听对方的观点和感受，团队成员可以更好地理解对方的立场和需求，从而减少误解和冲突。同时，清晰、准确地表达自己的观点和需求也是必要的，这有助于一方更好地了解另一方，避免因为表达不清而产生矛盾。当双方都能够真诚地表达自己的想法和感受，并认真倾听对方的观点时，双方更容易在情感上产生共鸣。这种共鸣有助于增进双方之间的理解和支持，从而减少冲突的发生。

3. 提前识别并解决潜在问题

通过日常的沟通，团队成员可以及时发现并解决潜在的问题和矛盾。当问题还处于萌芽状态时，通过沟通来澄清误会、协调利益，可以避免问题进一步扩大和激化。通过协商和讨论，可以找到双方都能接受的解决方案，从而预防冲突的发生。

4. 建立健康的沟通模式

在团队中建立开放性和包容性的沟通模式至关重要。这意味着团队成员能够自由地表达自己的观点和想法，同时能够尊重和接纳他人的不同意见。健康的沟通模式有助于营造一种和谐、稳定的团队氛围，从而减少冲突的发生。

11.4 团队沟通与协作实践案例

在当今快速变化的工作环境中，团队沟通与协作的能力直接决定了项目的成败与团队的整体效能。以下介绍一些综合性的团队沟通与协作实践案例，旨在通过具体案例展示如何有效提升团队沟通与协作能力。

11.4.1 高效沟通流程的建立与运行

1. 案例背景

某科技公司为了提升产品研发效率和市场响应速度，针对其核心研发团队，决定建立与运行高效沟通流程。该团队由项目经理、开发人员、测试人员、设计师和市场营销人员组成。团队成员背景多样，沟通需求复杂。

2. 建立阶段

(1) 明确团队目标与角色。首先，团队明确了共同目标：在 6 个月内完成一款创新型软件产品的开发并上市。接着，详细划分了每位团队成员的职责和角色，确保每位团队成员都清楚自己的任务和期望成果。

(2) 制定沟通规则。团队共同制定了沟通规则，如保持礼貌、准时参与会议、尊重不同意见、积极提供反馈等。

(3) 明确了沟通渠道。团队明确了具体的沟通渠道，包括面对面会议、电子邮件、即时通信工具(如 Slack)、在线协作平台(如 Trello)等，以满足不同场景下的沟通需求。

(4) 营造沟通氛围。项目经理作为领导者，积极营造开放、互信、尊重的沟通氛围，鼓励团队成员大胆表达观点，接受不同意见；通过团队建设活动，如户外拓展、团队聚餐等，增强团队凝聚力，为高效沟通打下基础。

3. 运行阶段

(1) 制订沟通计划。团队制订了详细的沟通计划，包括周例会、项目进度汇报会、临时协调会等，确保信息流通的及时性和准确性；明确了会议议程和参会人员，确保会议高效有序进行。

(2) 利用在线协作平台共享文件、协同编辑、跟踪任务进度，提高团队协作效率。

(3) 定期反馈与评估。建立了定期工作绩效评估机制，对团队成员的工作成果进行反馈，及时发现并解决问题。

(4) 在项目实施过程中，强调跨部门合作，打破部门壁垒，实现资源共享和优势互补。

4. 成果展示

经过一段时间的实施，该团队在高效沟通流程的支持下，取得了显著成果。

11.4.2 协作技巧在软件开发团队中的应用

1. 案例背景

某软件开发团队负责开发一款面向教育行业的 SaaS(软件运营服务)平台，该平台旨在通过数字化手段优化教学流程，提升教学质量。项目团队由产品经理、UI/UX(用户界面/用户体验)设计师、后端开发工程师、前端开发工程师、测试工程师以及项目经理等多个角色组成。面对紧迫的开发周期和复杂的技术需求，团队决定采用敏捷开发模式，并注重协作技巧的应用。

2. 协作技巧的应用

(1) 制定清晰的目标和计划。在项目启动阶段，团队首先明确了项目的总体目标和具体需求，制定了详细的目标和计划，确保每位团队成员对项目都有清晰的认识。项目计划包括里程碑、任务列表、资源分配和时间表等。通过这种方式，团队能够在后续的开发过程中保持一致的方向和节奏。

(2) 使用适当的项目管理工具。为了有效跟踪项目进展、分配任务和实时协作，团队选用

Jira 作为项目管理工具。Jira 不仅帮助团队记录了所有任务和子任务，还通过看板和报表功能，让团队成员能够实时了解项目的整体进度和各子任务的状态。此外，团队还利用 Git 进行版本控制，确保代码的安全性和可追溯性。

(3) 设立沟通渠道。团队建立了多种沟通渠道，包括定期的项目例会、即时通信工具(如 Slack)和视频会议工具(如 Zoom)。在项目例会中，团队成员汇报工作进度、讨论问题和制订下一步计划；在即时通信工具中，团队成员可以实时交流和分享信息；在视频会议中，团队能够更直观地沟通和解决问题。这些沟通渠道确保了信息的及时传递和问题的迅速解决。

(4) 采用敏捷开发方法。团队采用了 Scrum 敏捷开发框架，将开发过程分为多个迭代周期。在每个迭代中，团队会设定明确的目标和可交付成果，并通过每日站会、迭代评审和迭代回顾等会议形式，确保团队始终保持高效和灵活。敏捷开发方法让团队能够更好地应对需求变化和项目风险，提高项目的可预测性和可控性。

(5) 强调团队合作和角色清晰。为了确保团队成员之间的有效协作，团队在项目初期就明确了每个团队成员的角色和职责。团队成员对项目目标和各自的责任有清晰的认识，形成了良好的团队合作氛围。在开发过程中，团队成员积极分享知识、相互支持，共同解决问题。同时，团队通过定期培训和分享会，提升团队成员的技能和素养。

(6) 追踪项目进展和风险。团队利用项目管理工具的报表和仪表盘功能，实时追踪项目进度和关键指标。在开发过程中，团队会定期进行风险评估和识别潜在的风险点，并采取相应的措施进行缓解。通过这种方式，团队能够确保项目按计划进行，及时发现问题并解决。

(7) 持续学习和改进。团队注重持续学习和改进。在每个迭代结束后，团队都会进行复盘会议，总结经验和教训，找到改进的机会和方法。通过不断反思和学习，团队逐渐形成了一套高效的工作流程和协作模式。同时，团队鼓励成员提出新的想法和建议，不断挑战和改进现有的开发方式。

11.5 本章小结

在软件开发项目中，团队沟通与协作至关重要。一个项目成功与否，很大程度上取决于团队成员之间的沟通和协作能力。掌握团队内部沟通机制的核心知识与技能，是提升个人竞争力、推动团队乃至组织成功的必经之路。通过遵循沟通的基本原则、建立有效的沟通流程、掌握协作技巧、运用促进团队合作的策略以及妥善管理团队冲突，我们能够构建更加和谐、高效、富有创造力的团队环境，为软件产业的蓬勃发展贡献力量。

在软件开发这一高度协同的领域，沟通与协作不仅是技术交流的桥梁，更是团队灵魂所在。党的二十大精神强调团队协作与集体智慧，一个团队的强大，不仅仅在于个体具有较高的技术能力，更在于团队能够形成合力，共同应对挑战。

党的二十大精神倡导创新驱动发展，而沟通机制的核心知识与技能正是创新的基础。团队成员需要掌握有效沟通的技巧，如倾听、表达、反馈等，以确保信息的准确传递和接收。同时，团队内部需要达成共识，建立统一的沟通标准和流程，提升整体协作效率。这不仅有助于个人能力的提升，更能推动团队乃至组织的持续进步。

在软件开发项目中，遵循沟通的基本原则(如诚实、尊重、及时等)是构建团队信任的关键。同时，建立有效的沟通流程(如定期会议、工作汇报、问题追踪等)，可以确保信息的透明化和可追溯性，减少误解和冲突。这些原则和流程共同构成了团队信任的基石，为项目的顺利进行提供了有力保障。

在软件开发团队中，掌握协作技巧，如任务分配、角色定位、时间管理等，可以确保团队成员各司其职，高效协同。同时，运用促进团队合作的策略，如团队建设活动、知识分享会、激励机制等，可以激发团队成员的积极性和创造力，为项目的成功注入源源不断的动力。

11.6 本章习题

一、单项选择题

1. 在软件开发项目中，以下哪项不是沟通与协作重要性的体现？(　　)

   A. 提高开发效率　　B. 减少误解和错误

   C. 降低团队成员之间的信任度　　D. 促进创新和问题解决

2. 沟通的基本原则不包括以下哪项？(　　)

   A. 清晰明了　　B. 及时性

   C. 回避冲突　　D. 尊重与倾听

3. 下列哪项不是建立有效沟通流程的关键步骤？(　　)

   A. 明确沟通目的　　B. 选择合适的沟通渠道

   C. 避免所有形式的非正式交流　　D. 设定沟通的频率和时机

二、简答题

1. 简述团队沟通的基本原则。

2. 简述团队合作中处理冲突的重要性，并给出两种处理冲突的有效方法。

3. 如何通过团队建设活动来增进团队成员之间的了解和信任？请给出至少三个具体的活动建议。

第 12 章

沟通技巧的持续提升

在当今这个信息爆炸、协作至上的时代，有效沟通不仅是个人成功的关键，也是组织发展与壮大的基石。本章将深入探索沟通技巧持续提升的路径，从个人沟通技巧的自我精进，到组织沟通能力的系统性培养，再到沟通技巧的终身学习理念，旨在为读者构建一个既全面又深刻的沟通知识体系，助力其在个人成长和职场成长的过程中游刃有余。

12.1 个人沟通技能的自我提升

在快节奏的现代生活中，良好的沟通能力不仅是职场成功的关键因素，也是日常生活中建立和维护良好人际关系的桥梁。

12.1.1 认识自我

1. 自我意识与情绪管理

(1) 自我反思。

① 设立日记或反馈机制。定期记录自己在沟通中的感受、行为和结果，反思哪些做法有效，哪些需要改进。

② 寻求外部反馈。向同事、朋友或导师寻求关于自己沟通方式的反馈，以便更全面地认识自己。

(2) 情绪智能。

① 情绪识别。学会快速识别自己的情绪状态，了解触发因素，以便及时调整。

② 情绪调节。通过深呼吸、冥想、运动等方式，在情绪激动时迅速冷静下来，避免冲动行为。

③ 积极情绪培养。保持乐观的心态，用正面的情绪去感染和影响他人，使沟通氛围更加

和谐。

(3) 培养同理心。

① 换位思考。尝试站在对方的角度思考问题，理解对方的感受和需求。

② 观察与倾听。通过细致观察和认真倾听，捕捉对方的非语言信息，更深入地理解对方。

③ 反馈验证。用同理心回应对方，并通过提问或反馈验证自己的理解是否正确。

2. 清晰表达与倾听艺术

(1) 结构化表达。

① 准备充分。在沟通前明确沟通的目的和要点，准备好相关信息和论据。

② 逻辑清晰。按照一定的逻辑顺序组织语言，使表达有条理、易于理解。

③ 简明扼要。用简洁明了的语言表达核心观点，避免冗长和复杂的表述。

(2) 有效倾听。

① 保持专注。在对方讲话时给予充分的关注，避免分心或打断对方。

② 积极反馈。通过点头、微笑或简短的肯定语句来回应对方，表示自己在认真倾听。

③ 提问与澄清。在必要时提出问题或要求对方澄清，以确保自己对信息的准确理解。

(3) 非语言沟通。

① 肢体语言。注意自己的姿势、动作和面部表情，确保肢体语言与所表达的信息相符。

② 声音语调。运用合适的声音语调和节奏来增强表达的效果，使沟通更加生动有趣。

③ 环境营造。选择合适的沟通环境和方式，以减少非语言信息的干扰和误解。

3. 冲突解决与协商技巧

(1) 冲突认知。

① 正视冲突。认识到冲突是沟通中的正常现象，不应回避或恐惧。

② 理性分析。对冲突进行客观的分析，找出问题的根源和双方的利益点。

(2) 双赢思维。

① 寻找共同点。在冲突中寻找双方的共同目标和利益点，以此为基础建立合作关系。

② 创新解决方案。开放思维，探索多种可能的解决方案，寻求双方都能接受的平衡点。

(3) 协商策略。

① 明确需求。在协商前明确自己的需求和底线，以便在协商中做出合理的让步。

② 提出建设性意见。以积极、合作的态度提出自己的建议和方案，促进双方的对话和讨论。

③ 妥协与折中。在必要时做出合理的妥协和折中，以达成双方都能接受的协议。同时，确保妥协不会损害自己的核心利益。

12.1.2 持续学习与个人成长

在快速变化的现代社会中，持续学习不仅是个人适应环境、保持竞争力的关键，更是推动个人全面成长与发展的必经之路。

持续学习与个人成长是一个动态的过程，需要我们在知识、技能、心态、领导力、人际沟通、创新思维、自我反思以及职业规划等方面不断努力提升。通过不断学习、实践和反思，我们可以不断超越自我，实现个人价值的最大化。

1. 知识更新与深化

(1) 紧跟时代步伐。关注行业动态、新技术、新理论，保持对知识的敏感性。

(2) 终身学习理念。树立终身学习的理念，不断拓宽知识边界，深化专业知识领域。

(3) 多元化学习渠道。利用书籍、在线课程、研讨会、工作坊等多种途径获取新知。

2. 技能提升与实践

(1) 明确技能需求。根据职业规划和市场需求，识别并确定需要提升的技能。

(2) 理论学习与实践结合。在掌握理论知识的基础上，通过实践项目、模拟演练等方式提升技能水平。

(3) 反馈与调整。在实践过程中收集反馈，不断调整学习策略和方法，以达到最佳效果。

3. 心态调整与韧性培养

(1) 积极心态。保持乐观、自信的心态，面对挑战时保持冷静和理性。

(2) 抗压能力。通过锻炼，提升抗压能力，学会在逆境中寻找机遇和成长点。

(3) 韧性培养。从失败中吸取教训，不断反思和调整策略，培养坚韧不拔的意志力。

4. 领导力与团队管理

(1) 领导力培养。学习并掌握领导力的基本原理和技巧，如目标设定、团队激励、决策制定等。

(2) 团队管理。了解团队成员的特点和需求，构建高效协作的团队文化。

(3) 冲突解决。学会识别和处理团队内部的冲突与分歧，促进团队和谐与稳定。

5. 人际沟通与协作

(1) 有效沟通。掌握沟通技巧和方法，确保信息准确、及时地传递和接收。

(2) 建立信任。通过诚实、可靠的行为赢得他人的信任和尊重。

(3) 协作能力。培养团队合作精神，学会在团队中发挥自己的优势并弥补他人的不足。

6. 创新思维与问题解决

(1) 培养创新思维。勇于尝试新思路、新方法，不拘泥于传统观念和框架。

(2) 问题导向。以问题为导向，通过深入分析和思考，找到问题的根源和解决方案。

(3) 创造力激发。通过跨界学习、头脑风暴等方式激发创造力和想象力。

7. 自我反思与评估

(1) 定期反思。定期回顾自己的学习和成长过程，总结经验和教训。

(2) 自我评估。采用客观的标准和方法评估自己的学习成果及成长进步。

(3) 持续改进。根据反思和评估的结果制订改进计划并付诸实践。

8. 职业规划与目标设定

(1) 明确职业方向。根据自己的兴趣、能力和市场需求明确职业发展方向。

(2) 设定具体目标。将职业规划分解为可操作、可衡量的具体目标。

(3) 行动计划。制订实现目标的详细行动计划并付诸实践。

12.1.3 自我评估与技能提升计划

1. 自我评估

(1) 目标设定。清晰地界定自己在沟通技能方面的期望目标，包括个人希望达到的专业水平和希望克服的障碍。

(2) 识别当前沟通技能中的强项，如清晰表达、积极倾听等，以及待加强的弱项，如非语言沟通、冲突解决等。

(3) 工具使用。问卷调查，即利用标准化的沟通技能评估问卷，如DISC[支配性(dominance)、影响性(influence)、稳定性(steadiness)、服从性(compliance)]性格测试、沟通风格问卷等，以获取更全面的自我认知；360度反馈，即邀请同事、上司、下属或合作伙伴从多个角度提供关于自己沟通能力的反馈。

(4) 自我反思日记。每日或每周记录沟通经历，反思自己的表现，识别成功与失败之处。

(5) 结果分析。深入分析收集到的数据和信息，识别出具体的改进领域；设定优先级，确定哪些方面是当前最需要改进的。

2. 制订计划

(1) 短期目标。设定具体、可衡量且短期内可实现的目标，如“在接下来的一个月内，我将在每次会议中至少主动提出一个问题以展现积极倾听”，将这些目标分解为每日或每周的小任务，以便于执行和跟踪。

(2) 长期规划。制订一个全面的长期提升计划，覆盖多个技能领域。例如，阅读沟通技巧相关书籍、参加线上或线下的培训课程、参与模拟谈判或辩论活动等。设定定期检查点，确保长期计划与实际工作和个人发展相契合。

(3) 行动计划。列出实现每个目标所需的具体步骤、时间表和资源。为每个步骤设定明确的责任人和完成期限。确保行动计划具有灵活性，以便根据实际情况进行调整。

3. 执行与调整

(1) 执行计划。严格按照制订的计划执行，确保每个步骤都得到落实。使用学习日志或日记来记录学习过程和成果，以便后续回顾和总结。

(2) 定期评估。设定固定的评估周期(如每月或每季度)，对计划的执行情况进行全面的评估。检查是否达成了短期目标，并评估长期计划的进展情况。分析存在的问题和挑战，找出原因并制订解决方案。

(3) 反馈循环。积极寻求他人的反馈，包括同事、上司、导师或专业培训师等。将收集到的反馈与自我评估结果相结合，识别出需要进一步改进的方面。根据反馈结果调整后续的计划，确保持续改进和提升沟通技能。

12.2 组织沟通能力的培养

组织文化对内部沟通环境有着深远影响。组织沟通能力的培养是一个全面而系统的过程，需要组织在多个方面进行持续努力和改进。通过提升倾听技巧、清晰表达、非语言沟通应用、冲突解决策略、团队建设与协作、跨文化沟通意识、信息反馈机制建立以及领导力与激励技巧等方面的能力，组织可以建立起高效、和谐的沟通环境，推动团队和组织的持续发展。

12.2.1 组织文化与沟通

组织文化与沟通是企业管理中不可或缺的两大要素，它们相互交织、相互促进，共同塑造着企业的内在气质和外在形象。

1. 组织文化对沟通的影响

组织文化对沟通具有深远影响，具体表现在以下几个方面：

(1) 沟通风格。不同的文化背景可能形成不同的沟通风格，如直接或委婉、开放或保守。

(2) 沟通渠道。文化影响企业选择何种沟通渠道更为有效。

(3) 沟通内容。文化决定了哪些话题是合适的，哪些是不宜触及的。

(4) 沟通效果。共同的文化背景有助于增强沟通的理解力和信任度。

2. 沟通与文化结合

为了实现企业的长远发展，需要将沟通与文化紧密结合。具体做法包括如下：

(1) 强化文化认同。通过培训、活动等方式，增强员工对组织文化的认同感和归属感。

(2) 文化导向的沟通策略。根据组织文化特点制定沟通策略，如鼓励开放、透明的沟通氛围。

(3) 跨文化沟通培训。对于跨国企业或多元文化背景的团队，提供跨文化沟通培训，提升团队成员的沟通技能和适应能力。

(4) 建立反馈机制。通过定期的员工满意度调查、意见箱等方式，收集员工对组织文化和沟通的反馈，不断优化和完善。

12.2.2 培养组织内部沟通能力的环境

在现代企业中，构建开放、透明、高效的内部沟通环境至关重要。这样的环境不仅能够促进信息的自由流动，增强团队协作，还能激发员工的创造力和积极性，为企业的发展注入源源不断的动力。

1. 明确沟通的重要性

组织需要从高层开始，明确沟通在组织文化建设和管理中的重要性。通过培训、会议和内部宣传，强调沟通对于提升工作效率、解决问题、促进创新和增强团队凝聚力的关键作用。只有当所有成员都认识到沟通的价值时，才能形成良好的沟通氛围。

2. 建立明确的沟通渠道

为了确保信息顺畅地传递，组织需要建立多样化的沟通渠道。这包括正式沟通渠道(如会议、报告、电子邮件等)和非正式沟通渠道(如员工聚餐、团建活动、社交媒体群组等)。同时，要明确每个渠道的使用场景和规则，确保信息的准确性和及时性。

3. 鼓励开放和诚实地沟通

组织应该鼓励团队成员之间进行开放和诚实的沟通。这意味着团队成员可以自由地表达自己的观点、意见和建议，而不必担心受到批评或惩罚。为了营造这种氛围，组织可以设立匿名反馈机制，保护团队成员的隐私和权益；同时，领导者应该以身作则，展示出开放和包容的沟通态度。

4. 培养倾听能力

倾听是有效沟通的重要组成部分。组织需要培养团队成员的倾听能力，让他们学会关注他人的观点和需求，理解并尊重不同的意见。定期培训和团队建设活动，可以提高团队成员的倾听技巧，增强员工的同理心和协作精神。

5. 强化跨部门沟通

在大型组织中，跨部门沟通往往是一个挑战。为了打破部门壁垒，促进信息共享和协作，组织可以采取一些具体措施，如设立跨部门项目组、定期召开跨部门协调会议、建立信息共享平台等。通过这些措施，可以加强不同部门之间的联系和沟通，提高整个组织的协同效率。

6. 反馈与改进

建立有效的反馈机制是培养沟通能力的关键。组织应该鼓励团队成员提供关于沟通效果的反馈意见，并根据反馈结果不断改进沟通策略和流程。同时，对于在沟通中表现突出的个人或团队，组织应该给予认可和适当的奖励，以激发其他团队成员积极参与沟通活动的热情。

7. 倡导平等与尊重

平等与尊重是沟通的基石。组织应该倡导平等，尊重每个团队成员的个性和差异。组织可以通过制定公平合理的制度和政策，保障团队成员的权益和利益；同时，在沟通过程中要注重礼貌和尊重，避免使用侮辱性或歧视性的语言。

12.3 沟通技能的终身学习

在快速变化的现代社会中，沟通技能既是个人职业发展的基石，也是实现有效合作、解决问题和推动创新的关键能力。因此，将沟通技能的提升视为一项终身学习的任务，对于每个人来说都至关重要。

12.3.1 终身学习的重要性

在日新月异的社会环境中，终身学习已成为个人与社会发展的必然需求。它不仅是一种理念，更是一种行动指南，引领着所有团队成员在不断变化的世界中持续成长与进步。

1. 适应变化

当今世界，科技迅猛发展，知识更新速度空前加快。只有不断学习，才能跟上时代的步伐，适应快速变化的环境。终身学习使团队成员具备灵活应变的能力，能够在面对新事物、新挑战时保持敏锐的洞察力和适应性。

2. 技能升级

随着行业的变革和技术的进步，旧有的技能可能会逐渐被淘汰，而新的技能需求不断涌现。终身学习使团队成员能够不断升级自己的技能库，掌握行业前沿的知识和技术，从而保持竞争力。无论是专业技能还是通用能力，都可以通过持续学习得到提升。

3. 思维拓展

学习不仅仅是获取知识的过程，更是思维拓展和视野开阔的过程。通过终身学习，团队成员可以接触不同的思想、文化和观念，从而打破思维定式，培养创新思维和批判性思维。这种思维拓展有助于我们更好地理解和应对复杂多变的世界。

4. 个人成长

终身学习是个人成长的重要途径。通过学习，团队成员可以不断提升自我认知、情感管理和人际关系处理能力，实现个人潜能的最大化。这种成长不仅是外在技能的提升，更是内在品质的升华，使团队成员成为更加完善、成熟的人。

5. 职业发展

在职业生涯中，终身学习是晋升和发展的重要驱动力。通过不断学习新知识、新技能，团队成员可以拓宽职业道路，增加晋升机会。同时，终身学习使团队成员能够更好地应对职业挑战，保持职业竞争力。

6. 领导能力

领导能力不仅取决于天赋和经验，更依赖于持续的学习和提升。通过终身学习，团队成员可以不断提升自己的领导力和管理能力，学习如何更好地激励团队、制定战略和解决问题。这种领导能力的提升有助于团队成员在职业生涯中取得更大的成就。

7. 社会责任感

终身学习不仅关乎个人成长和职业发展，更关乎社会责任感的培养。通过学习，团队成员可以更加深入地了解社会问题和挑战，增强对社会的责任感和使命感。这种社会责任感将驱使团队成员积极参与社会公益活动，为社会进步贡献自己的力量。

12.3.2 个人沟通技能提升策略

在人际交往中，良好的沟通技能是建立和谐关系、促进合作与理解的关键。为了不断提升自己的沟通效能，我们需要从多个维度去努力。

个人沟通技能的自我提升是一个全面而系统的过程。通过增强自我认知、训练倾听能力、清晰化表达、提升非语言沟通技能、提升情绪智能、给予和接受反馈、理解多元文化以及持续学习与实践等八个方面的努力，团队成员可以不断提升自己的沟通技能水平，在人际交往中更加自信、有效地表达自己并赢得他人的尊重和信任。

1. 增强自我认知

自我认知是沟通技能的基础。团队成员只有深入了解自己的优点、缺点、情绪状态及沟通风格，才能更加准确地把握自己在沟通中的角色和定位。通过自我反思、心理测试或寻求专业咨询等方式，团队成员可以不断增强自我认知，从而在沟通中更加自信和有效地表达自己。

2. 训练倾听能力

有效倾听要求我们集中注意力，理解对方的信息、情感和需求，并给予恰当的回应。为了提升倾听能力，团队成员可以进行专门的训练，如主动询问、复述对方观点、避免打断和保持眼神接触等。同时，保持开放和尊重的态度也是倾听的关键。

3. 清晰化表达

清晰的表达是沟通成功的重要因素。为了让自己的想法和观点被准确理解，团队成员需要学会组织语言，简明扼要地阐述观点，并避免使用含糊不清的词汇。此外，团队成员还应注意语速、语调和音量的控制，以确保信息的传递流畅和准确。

4. 提升非言语沟通技能

非语言沟通(如肢体语言、面部表情和声音语调等)在沟通中扮演着重要角色。它们能够传达出比语言更为丰富和复杂的信息。

为了提升非语言沟通技能，团队成员需要学习如何运用这些元素来增强表达效果，如保持自然的姿势、微笑示好、用眼神交流等。同时，团队成员需要学会解读他人的非语言信号，以更好地理解对方的意图和情感。

5. 提升情绪智能

情绪智能，即情商，是管理自我情绪和理解他人情绪的能力。在沟通中，情绪智能的高低直接影响沟通的效果。

为了提升情绪智能，团队成员需要学会识别和管理自己的情绪，如保持冷静、控制愤怒或焦虑等。同时，团队成员需要具备同理心，能够理解和感受他人的情绪状态，并给予适当的关怀和支持。

6. 给予和接受反馈

沟通是一个双向互动的过程。为了确保沟通的有效性和准确性，团队成员需要学会给予和接受反馈。给予反馈时，团队成员要注意表达方式和语气，避免让对方感到被批评或指责。接受反馈时，团队成员要保持开放和诚实的态度，认真倾听对方的意见和建议，并根据实际情况进行必要的调整和改进。此外，团队成员还需要具备适应变化的能力，在沟通中灵活应对各种情况和挑战。

7. 理解多元文化

在全球化的背景下，跨文化沟通已成为常态。为了与不同文化背景的人进行有效沟通，团队成员需要具备多元文化理解能力。这包括对不同文化的尊重、理解和接纳，以及对不同文化背景下的沟通习惯、价值观和行为规范的认识。通过学习多元文化知识、参与跨文化交流活动或结交来自不同国家的朋友等方式，团队成员可以不断提升自己的跨文化沟通能力。

8. 持续学习与实践

沟通技能的提升是一个持续不断的过程。为了保持竞争力并适应不断变化的环境，团队成员需要不断学习新知识、新技能和新理念，并将其应用到实际沟通中。同时，团队成员要勇于实践、敢于尝试新的沟通方式和策略，并在实践中不断总结经验教训、完善自己的沟通技能。通过持续学习与实践相结合的方式，团队成员可以不断提升自己的沟通效能和人际关系质量。

12.3.3 沟通艺术的终身修炼

沟通技能作为人际交往和职业发展的核心要素，对其的终身学习不仅关乎个人成长，更是推动社会和谐与进步的重要力量。这一过程涉及多个维度和层次的学习与实践，沟通技能的终身学习是一个全面而系统的过程。基础表达训练、倾听与反馈技巧、情绪智能管理、跨文化沟通理解、非语言沟通艺术、冲突解决策略、演讲与呈现能力以及持续自我反思等方面的学习和实践，可以不断提升个人的沟通技能，为个人的职业发展和社会的和谐进步贡献力量。

1. 基础表达训练

(1) 语言精准性。提升词汇选择、语法运用和句子结构的准确性，确保信息传达清晰无误。

(2) 逻辑性。通过逻辑思维训练，使表达条理清晰，层次分明，便于听众理解和记忆。

(3) 适应性。根据不同场合、对象和目的调整表达方式，使沟通更加贴切和有效。

2. 倾听与反馈技巧

(1) 主动倾听。全神贯注地关注对方讲话，理解对方的意思和情感。

(2) 有效反馈。通过点头、提问或总结等方式，及时给予对方反馈，展现尊重和理解。

(3) 深度理解。努力理解对方的观点、需求及其背后的原因，为更好地沟通奠定基础。

3. 情绪智能管理

(1) 自我情绪认知。准确识别自己的情绪状态，理解情绪对沟通的影响。

(2) 情绪调节。学会控制和管理自己的情绪，避免情绪化沟通，保持冷静和理性。

(3) 同理心。培养对他人的情感共鸣和理解能力，使沟通更加贴心、有效。

4. 跨文化沟通理解

(1) 文化敏感性。尊重和理解不同文化的差异性和多样性，避免产生文化冲突和误解。

(2) 跨文化适应能力。学习不同文化背景的沟通习惯和价值观，灵活应对跨文化沟通中的挑战。

(3) 全球视野。拓宽国际视野，了解全球趋势和多元文化，为国际交流和合作做好准备。

5. 非语言沟通艺术

(1) 肢体语言。掌握和运用恰当的肢体语言来传达信息和情感。

(2) 声音语调。通过声音的变化来增强表达的效果和感染力。

(3) 面部表情。用丰富的面部表情来展现自己的情感和态度。

6. 冲突解决策略

(1) 冲突认知。正确认识冲突是沟通中的自然现象，避免逃避或过度反应。

(2) 协商技巧。学习并运用有效的协商策略，如积极沟通、寻求共识和妥协等。

(3) 双赢思维。寻求双方都能接受的解决方案，促进合作而非加剧对立。

7. 演讲与呈现能力

(1) 准备充分。在演讲前做好充分的准备工作，包括内容规划、PPT 制作和演练等。

(2) 互动能力。在演讲过程中保持与听众的互动，增强演讲的吸引力和效果。

(3) 应变能力。面对突发情况或意外挑战时能够迅速应对和调整。

8. 持续自我反思

(1) 定期反思。定期回顾和总结自己的沟通经历和表现，识别优点和不足。

(2) 学习新知识。保持对新知识、新技能的学习热情，不断地更新和提升自己的沟通技能。

(3) 持续改进。根据反思结果和学习收获调整自己的沟通策略和方法，实现持续进步。

12.4 沟通技巧提升案例

本节围绕两个沟通案例展开：第一个案例从个人沟通的角度出发，第二个案例则转向团队沟通层面。它们分别从个人沟通和团队沟通两个角度展示了沟通策略的实践，展示了沟通策略在不同场景下的实践应用及其带来的积极影响。

12.4.1 个人沟通技能提升计划的实施与成果

1. 案例背景

小李是一名新入职的销售经理，发现自己在与客户沟通时缺乏说服力。

2. 计划实施

(1) 短期计划。参加沟通技巧培训课程，学习构建有效的沟通框架和提问技巧。

(2) 中期计划。每日模拟销售场景进行角色扮演练习，邀请同事给予反馈。

(3) 长期计划。阅读销售心理学书籍，深入理解客户需求和沟通心理。

3. 实施成果

经过 3 个月的努力，小李的沟通能力显著提升，客户满意度和销售额均有所增长。

12.4.2 组织内部沟通环境的持续优化

1. 案例背景

某科技公司发现内部沟通效率低下，部门间协作不畅。

2. 计划实施

(1) 初期计划。建立跨部门沟通小组，定期召开会议，讨论共同问题。

(2) 中期计划。引入项目管理软件，实现任务分配、进度跟踪和资源共享的透明化。

(3) 后期计划。举办团队建设活动，增强员工间的信任与默契；设立“沟通之星”奖项，表彰在沟通方面表现突出的员工。

3. 实施成果

经过一年的努力，公司内部沟通环境显著改善，团队协作效率大幅提升，项目成功率显著提高。

12.5 本章小结

在当今这个信息爆炸、协作至上的时代，沟通已不再局限于简单的信息传递，而是成为连接个人成功与组织繁荣的关键桥梁。本章在探讨沟通技巧的持续提升路径时，不仅聚焦于个人沟通技巧的精进，更将视野拓宽至组织沟通能力的系统性培养，以及沟通技巧终身学习理念的树立，这与党的二十大精神相契合，即共同推动个人与组织的全面发展。

个人沟通技巧的自我精进被赋予了新的内涵。通过意识觉醒，个人开始认识到沟通不仅是信息的交流，更是情感的共鸣、思想的碰撞和价值观的传递。在基础构建阶段，个人需掌握倾听、表达、情绪管理、非语言沟通等关键技能，这些技能的提升不仅增强了个人在职场中的影响力，更为其成长和职业发展奠定了坚实基础。党的二十大精神鼓励个人不断学习、勇于创新，这一理念在沟通技巧的提升中同样适用，促使个人在沟通中展现出更加自信、开放和包容的姿态。

组织沟通能力是组织成功的关键要素之一。本章深入剖析了组织文化与沟通机制的关系，引导读者理解如何根据组织特性制定并执行有效的沟通策略。同时，组织应建立健全沟通机制，确保信息的准确、及时传递，促进组织内部的协同合作和决策效率。

党的二十大精神强调终身学习的重要性，这一理念在沟通技巧的提升中同样具有重要意义。个人和组织都应树立终身学习的观念，将沟通技能的提升视为一个持续不断的过程。在快速变化的信息时代，沟通方式和技巧也在不断演进，个人和组织需要不断学习新知识、新技能，以适应不断变化的环境。

12.6 本章习题

一、单项选择题

1. 下列哪项不属于个人沟通技能自我提升的有效方法？（　　）

   A. 定期参加专业培训　　B. 忽视他人反馈

   C. 阅读相关书籍和文章　　D. 参与行业研讨会

2. 在组织内部沟通能力培养的环境中，以下哪项措施最为关键？（　　）

   A. 设立严格的等级制度　　B. 鼓励跨部门合作与信息共享

   C. 限制员工之间的沟通渠道　　D. 忽视员工对沟通环境的反馈

3. 下列哪项体现了终身学习对于沟通技能的重要性？（　　）

   A. 终身学习确保了沟通技能的过时和无效

   B. 终身学习使个人能够适应快速变化的工作环境

C. 终身学习限制了个人在沟通方面的创新

D. 终身学习与沟通技能的提升无关

二、填空题

1. 在个人沟通技能的自我提升过程中，__________是不断进步的基石。
2. 在进行自我评估和制订技能提升计划时，首先需要进行的是__________。
3. 组织文化对__________环境有着直接的影响，开放包容的文化有助于促进有效沟通。
4. 沟通技能的__________学习强调了在不同阶段和情境下持续进步的重要性。

三、简答题

1. 简述持续学习与个人成长在提升个人沟通技能中的作用。
2. 在制订个人沟通技能提升计划时，如何进行有效的自我评估？
3. 简述组织文化如何影响内部沟通环境，并给出改善建议。

参考文献

[1] 周苏，刘冬梅. 项目管理与应用[M]. 北京：清华大学出版社，2022.

[2] 庄恩平. 跨文化商务沟通教程：阅读与案例[M]. 上海：上海外语教育出版社，2022.

[3] 闫洪雨，王妍，高龙. 职业沟通与团队合作[M]. 苏州：苏州大学出版社，2022.

[4] 张传杰，黄漫宇. 商务沟通：理论、案例与训练：微课版[M]. 2 版. 北京：人民邮电出版社，2022.

[5] 罗宾斯，亨塞克. 管人的艺术：团队沟通的方法和技巧：原书第 6 版[M]. 樊登，马思韬，译. 北京：机械工业出版社，2022.

[6] 德维托. 掌控对话:高效的沟通技巧：原书第 4 版[M]. 周晓宣，译. 北京：西苑出版社，2022.